区域规划研究与案例分析

Research and Case Studies on Regional Planning

陈文晖 鲁静 编著

社会科学文献出版社
SOCIAL SCIENCES ACADEMIC PRESS (CHINA)

序

陈栋生[*]

区域规划是国家规划体系的重要组成部分，是区域和城市实现科学发展、和谐发展和可持续发展的关键环节。区域规划与相应区域政策相匹配，更是国家推动区域协调发展、拓展发展新空间的重要手段与路径。国家"十一五"规划纲要突出强调了要"强化区域规划工作，编制部分主体功能区的区域规划"，仅2009年中央政府审批的跨省（直辖市、自治区）的区域规划和区域性规划就有"关中—天水经济区发展规划"、"促进中部地区崛起规划"；涉及省内部分地域的区域规划有"辽宁沿海经济带发展规划"、"江苏沿海地区发展规划"、"黄河三角洲高效生态经济区发展规划"和"鄱阳湖生态经济区规划"等。"长江三角洲区域发展规划"、"京津冀都市圈发展规划"和"成渝经济区发展规划"等有望在今年出台。

早在20世纪50年代，配合国家第一个五年计划大规模工业建设的需要，我国区域规划工作就已起步；改革开放初期，冠名"国土规划"的区域规划工作亦曾广泛开展。随着经济社会发展阶段的推进和宏观指导方针的加强，区域规划的内容、编制方法变化很大；至于不同类型、不同空间尺度的区域规划，自身在内容取舍、编制方法上就有差异。这些特点决定了这一领域的研究与著述，特别需要百花齐放。

《区域规划研究与案例分析》的两位作者，一位是中国国际工程咨询公司的陈文晖研究员，一位是中咨海外咨询有限公司的鲁静高级工程师。近十年来他们主持和参与了几十项区域规划的编制，本书正是他们理论与实

---

[*] 中国社会科学院荣誉学部委员，中国区域经济学会原副会长。

践交融的结晶,具有下述几个鲜明特点。

第一,注重规划预测。作者在对规划预测的论述中,除了强调原有的预测和分析手段外,还适当引入了数学模型等现代数学分析手段,用以预测和分析区域经济将来可能的发展规模和发展前景,较之原有的手段更加科学合理。

第二,明确政府引导功能。作者正确诠释了市场经济条件下,地方政府与市场在经济发展中的相互关系,即,在当前新的经济运行背景下,政府只能通过一系列政策措施去引导投资方到相关地区投资。在区域规划的编制中,突出政府优惠的引导政策,是保证规划顺利实施的前提条件。

第三,全方位多角度研究。作者将区域发展规划、空间布局规划、城镇发展规划、区域环境规划纳入研究对象,确定其特征,研究其规划工作的特殊性。

第四,理论分析与案例研究相结合。作者在对港口城市经济发展规划、老工业基地振兴规划、资源型城市发展规划和欠发达地区经济发展规划的分析中,在一般规范论述的同时,都配以相应的案例,使读者在理论认知的基础上,能实际操作运用。

相信本书的出版,能对我国区域规划编制的实际工作提供有益帮助,对区域规划的理论研究部门也具有较高的参考价值。

是以为序。

2010 年 3 月 5 日于北京

目　　录

第一章　绪论 /1
第一节　区域的概念与类型 /1
一　区域的概念 /1
二　区域的基本特征 /2
三　区域的类型 /3
第二节　区域研究 /3
一　区域研究的发展 /3
二　区域研究的特征 /4
第三节　区域研究、区域理论与区域规划 /5
一　区域研究与区域理论 /5
二　区域理论与区域规划 /6

第二章　区域规划概述 /8
第一节　区域规划的性质、任务与作用 /8
一　区域规划的性质 /8
二　区域规划的任务 /9
三　区域规划的作用 /10
第二节　区域规划在规划体系中的地位 /12
一　区域规划与国民经济和社会发展长期计划的关系 /12
二　区域规划与经济区划、国土规划的关系 /13
三　区域规划与城市规划、专业规划的关系 /14
第三节　区域规划的类型与范围 /15

一　区域规划的类型 ………………………………………… / 15
　　　二　区域规划范围的确定 …………………………………… / 17
　第四节　区域规划的依据和基本原则 ………………………………… / 17
　　　一　区域规划的依据 ………………………………………… / 17
　　　二　区域规划的基本原则 …………………………………… / 19

第三章　区域规划的编制 ……………………………………………… / 23
　第一节　区域规划工作进行的方式和编制程序 …………………… / 23
　　　一　区域规划工作进行的方式 ……………………………… / 23
　　　二　区域规划工作的编制程序 ……………………………… / 24
　第二节　区域规划编制基础资料的搜集和应用 …………………… / 25
　　　一　区域规划基础资料的搜集 ……………………………… / 25
　　　二　区域规划基础资料的分析 ……………………………… / 26
　　　三　常见的区域规划方法 …………………………………… / 27
　第三节　区域规划的编制方法 ………………………………………… / 33
　　　一　多方案分析比较方法 …………………………………… / 33
　　　二　决策分析模型 …………………………………………… / 35
　　　三　区域规划成果的编制 …………………………………… / 38
　第四节　我国三大经济圈的发展状况与趋势分析 ………………… / 40
　　　一　三大经济圈战略调整与经济增长 ……………………… / 40
　　　二　三大经济圈的发展状况评价与趋势判断 ……………… / 43

第四章　区域规划数学模型技术 …………………………………… / 48
　第一节　产业结构功能分析模型 …………………………………… / 48
　　　一　投入产出模型 …………………………………………… / 48
　　　二　层次分析模型 …………………………………………… / 49
　第二节　经济社会发展预测模型 …………………………………… / 55
　　　一　回归预测模型 …………………………………………… / 55
　　　二　时间序列模型 …………………………………………… / 62

第五章 区域发展规划 /73

第一节 区域发展规划的确定 /73
一 基本含义与研究内容 /73
二 区域发展规划新理念 /77

第二节 区域发展目标的抉择 /78
一 区域发展目标理论依据 /78
二 区域发展目标体系 /79
三 区域发展目标的抉择 /81

第三节 区域发展战略规划的内容 /85
一 区域发展战略的内涵 /85
二 区域发展战略的理论模式 /86
三 区域发展战略方案的内容构成 /90

第四节 案例分析 /92
一 案例背景 /92
二 该市"十一五"计划的指导思想与发展目标 /93
三 该市经济发展与结构优化目标 /95
四 树立科学发展观,发展循环经济 /99

第六章 经济空间规划 /101

第一节 经济活动的空间表现 /101
一 空间结构的含义 /101
二 影响空间结构形成的要素 /102
三 经济活动的空间表现 /104

第二节 地域结构的构成理论 /105
一 现代空间结构理论发展回顾 /105
二 我国空间结构理论研究的回顾 /107
三 几种区域发展空间结构理论评述 /109

第三节 经济空间规划内容 /112
一 新形势下经济空间规划的影响因素 /112
二 新形势下经济空间规划的重要意义 /113
三 经济空间规划的具体方法 /114

四　经济空间规划的编制原则……………………………/ 116
　第四节　案例分析………………………………………………/ 123
　　　一　案例背景……………………………………………/ 123
　　　二　该市产业结构空间布局……………………………/ 124
　　　三　该市空间功能区划…………………………………/ 126
　　　四　该市空间开发秩序研究……………………………/ 128
　　　五　有关协调空间开发的政策建议与对策措施………/ 130

第七章　城镇发展规划………………………………………/ 132
　第一节　我国城镇化发展的基本思路…………………………/ 132
　　　一　城镇发展历史………………………………………/ 132
　　　二　我国城镇化道路的争论……………………………/ 134
　　　三　我国城镇化发展道路的基本思想…………………/ 139
　　　四　新型农村小城镇建设试点的经验…………………/ 140
　第二节　城镇发展规划与编制…………………………………/ 142
　　　一　城镇规划的内涵……………………………………/ 142
　　　二　城镇规划工作的任务和特点………………………/ 144
　　　三　城镇规划工作的指导思想…………………………/ 146
　　　四　城镇规划工作的步骤………………………………/ 147
　第三节　城镇总体布局…………………………………………/ 149
　　　一　城镇总体布局的任务与内容………………………/ 150
　　　二　城镇总体布局的基本原则…………………………/ 152
　　　三　城镇总体布局的基本方法…………………………/ 155
　　　四　城镇总体艺术布局…………………………………/ 155
　第四节　案例分析………………………………………………/ 157
　　　一　案例背景……………………………………………/ 157
　　　二　该规划的基本原则及主要任务……………………/ 158
　　　三　该市城市发展现状和存在的问题…………………/ 159
　　　四　该市城市总体发展战略……………………………/ 161
　　　五　该市城市空间功能区划……………………………/ 163
　　　六　该市城市主导产业发展战略………………………/ 165

第八章　区域环境规划 /167

第一节　区域环境和区域环境问题 /167
一　区域环境的概念 /167
二　世界性环境问题 /168
三　区域环境问题 /170
四　我国区域环境存在的主要问题 /170

第二节　区域环境规划的原则与依据 /173
一　环境规划的基本概念 /173
二　环境规划的基本原则 /173
三　制定环境规划的理论基础 /178
四　环境评价的理论与方法 /180

第三节　环境容量指标体系的确定 /182
一　环境容量的概念与内涵 /182
二　环境容量指标体系的确定原则 /184
三　环境容量指标体系的筛选方法 /185
四　环境容量指标体系的确定 /186

第四节　区域环境规划的编制 /188
一　环境规划的类型 /188
二　环境规划研究的一般内容 /190
三　环境规划前期的准备工作 /191
四　环境调查评价 /192
五　环境与发展问题预测分析 /193

第五节　案例分析 /195
一　案例背景 /196
二　该市生态环境存在的主要问题 /196
三　环境容量分析及区划 /198
四　环境建设的思路和措施 /200

第九章　港口城市经济发展规划 /203

第一节　港口城市经济发展的特征 /203
一　世界港口的发展历程 /203

二　港口的发展规律……………………………………………………/ 208
第二节　港口城市经济发展的制约因素………………………………………/ 210
　　一　港口城市经济发展需要考虑的因素……………………………………/ 210
　　二　港口城市经济发展的制约因素…………………………………………/ 211
　　三　对港口城市经济发展的建议……………………………………………/ 212
第三节　港口城市经济发展规划的内容………………………………………/ 214
　　一　当前我国港口产业发展的外部环境……………………………………/ 214
　　二　港口城市经济发展规划的指导思想……………………………………/ 217
　　三　港口城市经济发展规划的主要内容……………………………………/ 218
　　四　编制港口城市经济发展规划应注意的问题……………………………/ 219
第四节　案例分析………………………………………………………………/ 221
　　一　案例背景…………………………………………………………………/ 221
　　二　规划编制的基本思路……………………………………………………/ 221
　　三　该省临港产业的发展现状与问题………………………………………/ 222
　　四　该省临港产业发展总体构想……………………………………………/ 224
　　五　该省临港地区主导产业选择……………………………………………/ 225

第十章　资源型城市经济发展规划……………………………………/ 229
第一节　资源型城市经济发展的特征…………………………………………/ 229
　　一　资源型城市的定义………………………………………………………/ 229
　　二　世界资源型城市发展的普遍规律………………………………………/ 230
　　三　中国资源型城市经济发展的特征与规律………………………………/ 231
第二节　资源型城市经济发展的制约因素……………………………………/ 232
　　一　部分城市资源面临耗竭，主导产业出现衰退现象……………………/ 233
　　二　企业规模相差悬殊，企业间条块分割严重……………………………/ 233
　　三　服务业发展缓慢，不能适应市场经济要求……………………………/ 233
　　四　环境污染日趋严重，生态环境恶化加速………………………………/ 234
　　五　城市空间结构松散，城市功能不够健全………………………………/ 234
第三节　资源型城市经济发展规划的内容……………………………………/ 235
　　一　资源型城市经济规划的原则……………………………………………/ 235
　　二　资源型城市经济发展规划的内容………………………………………/ 237

第四节 案例分析 / 243
　一 发展条件与存在的主要问题 / 243
　二 实施优势资源就地转化战略的必要性 / 246
　三 该地区总体发展战略 / 248
　四 发展目标与发展重点 / 249
　五 资源开发与可持续发展研究 / 251
　六 保障措施与对策建议 / 257

第十一章 老工业基地经济发展规划 / 264
第一节 老工业基地经济发展的特征 / 264
　一 老工业基地的内涵 / 264
　二 老工业基地的特征 / 265
　三 老工业基地的分类 / 265
第二节 老工业基地经济发展相对衰退的主要因素 / 267
　一 企业历史负担沉重，经济缺乏活力 / 267
　二 经营理念落后，发展政策严重滞后 / 268
第三节 老工业基地经济发展规划的内容 / 270
　一 目标 / 270
　二 模式 / 270
　三 老工业基地经济改造规划 / 272
第四节 案例分析 / 274
　一 发展现状与存在的主要问题 / 274
　二 发展优势与劣势 / 276
　三 老工业基地功能定位与总体思路 / 278
　四 总体目标和时序安排 / 280
　五 支柱产业选择和发展规划 / 283

第十二章 欠发达地区经济发展规划 / 285
第一节 欠发达地区经济发展的特征 / 285
　一 经济欠发达地区的含义 / 285
　二 欠发达地区的经济特点 / 286

第二节 欠发达地区经济发展的主要制约因素……………………/ 288
  一 地理环境与发展基础……………………………………/ 288
  二 资源供给与配置效率……………………………………/ 289
  三 经济增长方式与经济政策………………………………/ 290
第三节 欠发达地区经济发展战略的选择……………………/ 291
  一 战略指导思想……………………………………………/ 291
  二 战略目标…………………………………………………/ 292
  三 开发的原则………………………………………………/ 293
  四 欠发达地区经济发展战略模式的选择…………………/ 294
第四节 案例分析………………………………………………/ 298
  一 案例背景…………………………………………………/ 298
  二 实施生态移民及易地创业致富工程的重大意义………/ 298
  三 指导思想、基本方针和基本原则………………………/ 299
  四 主要目标、建设方案与实施计划………………………/ 302
  五 总体构想、重点项目布局与资金筹措…………………/ 304
  六 配套政策和保障措施……………………………………/ 309

参考文献……………………………………………………………/ 312

后　记………………………………………………………………/ 314

第一章　绪论

人类经济社会发展的区域性差异，是人类社会的共同现象。对人类经济社会活动各个方面呈现出的区域现象的探索，包括如何描述和度量区域差异性的特征、解释区域差异性的形成因素和内在机理、寻求最有利的方式促进本区域的发展，等等，实际上构成了一系列的、多学科参与的区域研究领域。

第一节　区域的概念与类型

一　区域的概念

区域是个非常广泛的概念，人类的任何生产、生活活动都离不开一定的区域。由于研究对象不同，不同学科对区域的概念有不同的界定。政治学认为区域是国家管理的行政单元；社会学则将区域看做具有相同语言、相同信仰和民族特征的人类社会聚落；经济学视区域为人的经济活动所造成的、具有特定地域特征的经济社会综合体；地理学把区域定义为地球表面的地域单元，认为整个地球是由无数区域组成的。目前对区域比较全面和本质化的界定是由美国地理学家惠特尔西（D. Whittlesey）提出的。20世纪50年代由惠氏主持的国际区域地理学委员会研究小组在探讨了区域研究的历史及哲学基础后，提出"区域是选取并研究地球上存在的复杂现象的地区分类的一种方法"，认为"地球表面的任何部分，如果它在某种指标的地区分类中是均质的话，即为一个区域"，并认为"这种分类指标，是选取出来阐明一系列在地区上紧密结合的多种因素的特殊组合的"。

二 区域的基本特征

(一) 区域的可度量性

每一个区域都是地球表面的一个具体部分，可以在地图上被画出来。它有一定面积，有明确的范围和边界，可以度量。区域的边界可以用经纬线和其他地标物控制。例如，我国的国界有着明确的经纬度范围，国界线用界碑来控制。

与可度量性紧密联系的是区域和区域之间位置上的排列关系、方位关系和距离关系。如我国位于亚洲东部，与俄罗斯、蒙古、印度等国相邻；上海在我国的东部沿海，与江苏、浙江两省接壤；山东省在山西省以东，与山西省最近距离为140km；等等。

(二) 区域的系统性

区域是系统的，区域的系统性反映在区域类型、区域层次和区域内部要素的系统性三个方面。

区域的性质取决于具体客体的性质。具体客体的多样性决定了区域类型的多样性，地表上的任何自然客体、社会经济客体都要落脚到一定的区域。

每一类区域都可以分层次，有一级区、二级区、三级区等层次。以行政区为例，我国分成省、自治区、直辖市，它们又可分成县、旗，县、旗又可分成乡、镇。每一个区域都是上一级区域的局部，除了最基层的区域，每一个区域都由若干个下一级区域组成。若干个下一级区域在构成上一级区域时，不是简单的组合，而是会发生质的变化，出现新的特征。我国由32个省、自治区、直辖市和香港、澳门两个特别行政区组成，这34个区域组成国家后产生了新的内容：成为人口众多，幅员辽阔，对世界有重大影响的国家。

每一个区域都是内部各要素按照一定秩序、一定方式和一定比例组合成的有机整体，不是各要素的简单相加。例如，每一个自然区域是自然要素的有机组合，每一个经济区域是经济要素的有机组合。

(三) 区域的不重复性

按同一原则、同一指标划分的区域体系，同一层次的区域不应该重复，也不应该遗漏。行政区的区域划分如有重叠，就会引起不必要的纠纷。行政区划如果不能覆盖全地域，出现遗漏，出现"三不管"的"独立王国"，那就会后患无穷。

三 区域的类型

区域的类型根据不同的划分标准有多种划分方法。

根据地壳上的物质多样性的标准，区域可以分成自然区域和社会经济区域两大类。在自然区域中，有综合自然区、地貌区、土壤区、气候区、水文区、植物区、动物区等；在社会经济区域中，有行政区、综合经济区、部门经济区、宗教区、语言区、文化区等。

美国地理学家惠特尔西根据区域功能和内在联系程度等的不同，将区域划分为三大类。第一类是单一特征的区域，如坡度区。第二类是多种特征的综合区域，其中又可分为几个亚类：第一亚类是产生于同类过程、形成高度内在联系的区域，如气候区、土壤区、农业土地利用区等；第二亚类是由不同类过程作用，形成较少内在联系的区域，如根据资源基础及其综合利用而划分的经济区；第三亚类是仅具有松散的内在联系的区域，如按地理环境要素的结合划分的传统自然区。第三类是根据人类对地域开发利用的全部内容而划分的总体区域，即为研究和教学服务的一般地理区。

任何划分标准的区域类型系统，均可再归并为两类，即根据区域内部各组成部分之间在特性上存在的相关性，将区域分成均质区和枢纽结节区。均质区具有单一的面貌，是根据内部的一致性和外部的差异性来划界的。其特征在区内各部分都同样表现出来，气候区即是均质区，农业区也具有均质区的特色，城市内部根据职能分化而出现的与周围毗邻地域存在着明显职能差别的区域，如城市中成片的住宅区、工厂区、商业区、文教区等，都可看成是均质区。枢纽结节区的形成取决于内部结构或组织的协调，这种结构同生物细胞相似，即包括一个或多个核以及围绕核的区域。枢纽结节区的内部靠核向外引发流通线路来联结周围一定的地域，起到功能一体化的作用，如城市内部商业中心和其服务范围共同形成的区域即可看成是枢纽结节区。

第二节 区域研究

一 区域研究的发展

区域研究最早来源于地理学的发展，早在17世纪就出现了以区域为对象的宇宙志式的记述性的地方地理学（chorography）和小地区地理学（topography）。19世纪后期，近代科学的大分化使得大量的自然、生物和社会科学从地理学中独立出来，地理学也形成了自然、人文和区域三大分支。区域问题一方面仍吸引着大批的地理学者，另一方面也引起了大批经济学、政治学、社会学、工程学和生态学工作者的关注和研究。经过100多年的发展，各国的区域研究团体都已先后成立。世界上有几百所大学的研究机构和政府部门在从事此项研究，联合国不仅成立了专门机构——地区发展研究中心，而且还频繁地召开区域资源开发和经济社会发展的专门会议。我国也在1990年创立了由不同学科、不同部门的学者、专家和政府部门的官员参与的中国区域科学协会。可以说，区域研究由于直接涉及区域规划、国土开发与整治、生产力和交通布局、区域和城市就业、住房和公共福利的地方政策等一系列重大问题，已成为当代最使多学科学者感兴趣，又深为政府和企业决策部门所关注的学科之一。

二　区域研究的特征

首先，任何一个区域都存在着自然、生物、社会、经济和生态等一系列跨区域分布的系统，其各自的运行法则和规律都是自成一体的。以自然系统的气候而言，区域的气候虽也受到其本身的海陆位置和地形因素的影响，但起主导作用的是大气系统的环流特征。再以一个地区的经济发展而言，虽然有若干区域性的因素（如矿产资源、本土资源等）在起作用，但更多的是一般经济系统要素（劳动力、土地、资本积累、技术进步和社会经济制度）有效配置和优化组合的结果。因此，经济、社会、自然各个系统和区域范围的对应系统的关系，是整体和局部的关系。区域研究的基本出发点之一就是把区域问题看做各个系统自身运转发展的一个方面，由此也形成了区域研究的多系统特征。

其次，区域是经济、社会、自然多系统的地域综合，区域内多个系统在形成发展和相互并存过程中总是相互影响、相互作用的。区域研究也一直是建立在对各种区域现象因果关联的探索之上。早期的环境决定论学派认为区域的自然条件、资源和位置制约着区域经济方式、人口分布和文化特征，其后的文化决定论学派（或称景观学派）认为景观变化的主力是人类集群，当今热点的人类生态学派和可持续发展理论则更为强调人类对自然与生物环境的和谐发展。由上述各学派的主要观点可以看出，区域研究的特色即把不同起源的事物和事态看做在特定地域上的相互联结和影响的综合作用整体，由此也形成了区域研究的综合性特征。

最后，区域内多系统由于受其本身和相互间非均质作用过程的影响，既可能在区际间形成本区域和其他区域间显著的差异特征，又可能在区域内部形成特定的空间差异和重新组合格局。区域差异或称空间差异的存在，实际上是区域研究存在的基本前提，而对区域发展和空间分布组合格局优化的不懈追求，更推动了区域研究的发展。尤其是19世纪后期近代科学的分化，促使区域研究更为注重空间分析专门技术的发展。对区域位置、结构、类型和网络等一系列空间概念的关注和引入，是区域研究的特有方法，由此也形成了区域研究的空间性特征。

第三节 区域研究、区域理论与区域规划

一 区域研究与区域理论

区域研究与区域理论的关系可以概括为两个基本的方面。

首先，区域理论是区域研究的理论内核。区域研究按现代学科专业的划分，它并不是一门独立的学科，不具有自身独有而不属于其他学科研究领域的研究对象。它所涉及的主要课题，包括经济、社会、自然系统的空间分布及其结构、地域中各个系统间的相互关系以及各系统空间联系和分布的变化规律等，是地理学、经济学、社会学、政治学、生物学、气候学、生态学、工程学和规划学等共同的、各自从不同角度加以探讨和研究的基本领域。同时，众多区域研究工作相互间又是统一的，这种统一性的基础就是对人类经济社会活动的空间分布及其在区域中的相互关系和作用规律的基本分析思想、方法和理论观点，即区域理论。基于区域理论的重要地位，越来越多的区域研究学者开始注重从区域研究中探索区域理论，如地理学中的区域概念和空间结构理论、经济学中的区位理论和区域计量模型理论、社会学中的区域景观理论和文化地域理论、生态学中的生态社区持续发展理论，等等，这些理论构成了区域研究领域中最具稳定性和包容性的核心部分。

其次，区域研究与区域理论的发展是相辅相成的，区域研究是区域理论发展的基础，区域理论又促进了区域研究的深化和拓展。就区域研究对区域理论的基础作用而言，区域理论是区域研究发展到一定阶段的产物，是其系统化、科学化的理论概括，区域理论的更新和完善建立在区域研究发展和更新的基础上。同时，区域理论一旦形成和完善，又会大大促进区域研究的深化和拓展。如现代区域理论中的空间系统理论，从大量的区域研究中提炼出五个基本的空间要素：空间位置、距离、方向、扩展（空间广度）和继承性（动态尺度），并认为其相互不同的组合可形成空间类型、网络、流动、传播、演替、近便性等一系列衍生的空间现象，从而大大完善了区域研究的方法论基础，有利于各领域内区域研究的进一步深化发展。区域理论对区域研究的深化和拓展作用的一个重要表现反映在，早期的区域研究多停留在方志式的记述阶段，而近代区域理论的出现则使区域研究进入了解释性研究和空间量化研究的阶段；区域理论对区域研究的深化和拓展作用的另一个重要表现是促进了区域规划的产生和发展，也促成了以区域规划为代表，注重区域预测和对策研究为特征的区域研究新阶段的出现。

二　区域理论与区域规划

区域理论与区域规划，是建立在区域研究基础上的两个既紧密相关、又相互区别的研究方向。从其相互区别而言，区域理论是关于人类经济社会各项活动空间分布及其在区域中的相互关系和作用普遍规律的系统学说，其研究多从一个假想的普适区域出发，通过对空间活动要素的理论抽象，揭示某项或者相互关联的几项活动的内在规律；而区域规划是在一定地区范围内对整个社会经济建设的总体部署，是区域经济开发和布局的具体安排，其研究多立足于各个具体而真实的目标区域，综合考虑区域内的自然资源和社会经济基础的各个方面，最终提出区域社会经济开发和布局的具体安排和对策措施。由此可见，区域理论的普适性、抽象性和单要素特征，与区域规划的地区性、应用性和综合性特征形成较为明显的差异。

同时，区域规划和区域理论又是相互联系、紧密相关的。区域规划必须遵循区域理论所揭示的区域发展的基本规律，是多种区域理论结合具体区域特征的应用和发展，其科学性直接取决于所运用的区域理论的科学性。同时，区域规划的日益普及，也为区域理论的深入和完善提供了广泛的实证机会和持续的发展动力，极大地推动了区域理论向新的广度和深度发展。

第二章 区域规划概述

区域规划是在一定地区范围内对该地区国民经济建设进行总体的战略部署，它是以国家和地区的国民经济和社会发展长期计划为指导，以区内的自然资源、社会资源和现有的技术经济构成为依据，在综合考虑地区发展的各种物质要素的基础上，研究确定经济的发展方向、规模和结构，合理配置资源，强调协调发展，获得最佳的经济效益、社会效益和生态效益，为生产和生活创造最有利的环境。

第一节 区域规划的性质、任务与作用

一 区域规划的性质

区域规划为制订国民经济和社会发展长期计划奠定基础，为城市规划和专业工程规划提供宏观的技术经济依据，它也是基本建设前期工作的一个重要组成部分。因而它对所规划地区的整个经济建设的重要决策具有指导性意义。因此，它具有宽泛性、政策性、综合性强的特点。

区域规划要求规划工作者要以辩证唯物主义与历史唯物主义的思想为指导；努力学习有关专业知识，具有较高的理论修养和广博的知识；善于从宏观着眼，微观着手，运用现代科学技术手段和方法进行综合分析与论证，全面规划统一布局，协调各方面的矛盾，使规划方案在经济上合理，技术上先进、适用，建设上现实、可行。

二 区域规划的任务

区域规划的任务，简言之，就是要建立合理的区域生产和生活体系。具体而言，即在规划地区，从整体与长远利益出发，统筹兼顾，因地制宜地正确配置生产力和居民点，全面安排好地区经济和社会发展长期计划中的生产性和非生产性建设，使区域布局合理、比例协调、发展速度合理，为居民提供最优的生产环境、生活环境和生态环境。区域规划工作，应包括以下几个主要方面的工作。

（一）掌握地区经济和社会发展的基础资料

编制地区发展的规划纲要需通过调查研究，搜集有关地区经济和社会发展长期计划以及各项基础技术资料。

在搜集整理资料过程中，必须对本地区的资源作全面分析与评价。所谓资源，包括自然资源（土地、水、气候、生物、矿产、天然风景等）、社会资源（男女劳动力数量、年龄构成、就业比重、劳动技能、文化教育水平等）和经济资源（指地区内已积累的物质财富，包括工农业生产、交通运输、水利能源、城乡建设等物质技术基础）。通过对本地区的资源分析与评价，明确地区经济和社会发展的性质、任务和方向，确定地区工农业生产发展的专业化和综合发展的内容与途径，以便编制地区发展的规划纲要。

（二）搞好地区内工农业生产力的合理布局

工业合理布局是区域规划的主要任务之一。首先，要对工业分布的现状进行分析，揭露其问题和矛盾，以便从根本上去解决。其次，要根据地区发展的规划纲要，结合地区经济、社会、历史以及地理条件，将各类工业合理地组合布置在最适宜的地点，使工业布局与资源、环境以及城镇居民点、基础设施等建设布局相协调。

农业是国民经济的基础。农业的发展与土地的开发利用关系特别密切。发展农业，就要结合农业区划提供的情况，因地制宜地安排好农、林、牧、副、渔等各项生产用地；加强城郊副食品基地的建设，妥善解决工、农业之间以及农业与各项建设之间在用地、用水、能源等方面的矛盾。

（三）拟订地区城镇居民点体系的发展规划

人口是开发利用土地、发展生产必不可少的社会资源，而发展生产的主要目的则是为了满足人民日益增长的物质和文化生活的需要。区域规划的任务是处理好人与自然的关系,在开发利用土地的同时,要搞好地区城镇居民点规划。这就要求对地区城镇人口的变化及其增长趋势进行预测,引导人口的合理分布,拟订与工农业发展相互适应、不同等级、不同规模、各具特点、互相联系的城镇居民点体系,为地区城镇居民提供良好的工作、居住和生活环境。同时以各级中心城市(镇)为依托,带动广大地区的发展。

（四）统一规划区域性公用基础设施

发展生产和改善城乡人民生活都离不开交通运输、能源供应、给排水、生活服务等公用基础设施。这些基础设施的构成、布局必须同工农业生产和城镇居民点体系的布局互相协调配合。单项工程的建设要根据各自特点与要求进行布局,使之既能形成本身的完整体系,同时又要与其他专业工程设施的建设相协调。例如水利建设,在开发利用水资源时,规划区域就要综合考虑并解决部门之间和地区之间用水的合理分配,再进行地区水利建设规划。

（五）建立区域生态系统的良性循环

由于社会化大工业生产和资源的大量开发,引起了生态环境的变化和环境的污染,环境保护已成为人们普遍关心的问题。防止水源地、城镇居民点与风景旅游区的污染,保护有科学意义的自然区和历史文物古迹,建设供人们休息的场地,已成为人们普遍的呼声。区域规划应力求减轻或免除自然灾害的威胁,恢复已被破坏的生态平衡,使生态向良性循环发展;另外区域规划还应进一步改善和美化环境,对局部被人类活动改造过的地表进行适当修饰,搞好大地绿化和重点园林绿地规划,丰富文化设施,增加休息的活动场所。

（六）统一规划综合平衡以求最优社会经济效果

统一规划、综合平衡是区域规划的路径方法之一,通过进行多方案的技术经济论证与比较选择经济上合理、技术上先进、建设上可行的最佳方案,以求达到最大的经济效益、社会效益和生态效益。

三　区域规划的作用

区域规划是国民经济和社会发展长期计划与城市规划的中间环节,是使地区生产力合理布局,各项建设事业协调发展的重要手段与步骤。积极开展区域规划工作，对于加速我国现代化建设，无论从理论上还是从实践上都具有十分重要的意义和作用。

（一）合理配置生产力，提高布局的经济效益

区域规划的主要目的是合理配置生产力，进行工农业布局，布局合理是取得多方面经济效益的重要前提。

我国幅员辽阔，发展工农业的资源、自然、经济技术、社会历史等条件千差万别。同一工业（农业）部门在不同地区发展会产生截然不同的经济效果。在同一地区内，发展某些工业部门（或某类种植业）特别有利，而发展另一些工业部门（或另一类种植业）则获利很少甚至得不偿失。因此，合理布局，发挥优势，才能取得良好的经济效益。在基本建设上，布局合理能使得投资少、上马快、环境协调、营运费用小，并能加快现代化建设进程，取得多方面的经济效益。比如某重点工业项目的建设，由于有了规划，提供了科学的建设依据，解决了水、土、交通运输、原材料、市场等多方面的协调配合，因而上马快，避免了工业布置中的各自为政、盲目建设的混乱现象，节约了大量投资，特别是布局合理而节约的营运费，社会综合效益更为可观。按照国民经济有计划按比例协调发展，可逐步改善生产力分布不合理的状况，能促进地区经济全面发展。

所以，合理配置生产力，在社会主义建设中是一项具有长远性质和全局性质的工作，是一项带有战略意义的工作。

（二）合理配置城镇居民点体系，提高布局的社会效益

我国是一个人口众多的大国，在人口的地域分布上，不能走西方的老路，要发展我国社会主义的城镇居民点体系。区域规划对城镇居民点体系进行合理布局，为各类城镇的性质、规模、布局结构和发展方向的确定提供了科学的基础，从而为城市规划提供了科学依据。这有利于贯彻"控制大城市规模，合理发展中等城市，积极发展小城市"的城市建设方针。

（三）合理开发利用自然资源，提高生态效益

通过国土规划、区域规划，正确处理人和自然的关系，保护和改善环境，使生态平衡向良性循环方向发展。

总之，区域规划是一项战略性、综合性、地区性很强的工作。通过对区域内工业、农业、交通运输、城镇居民点等的合理布局、综合部署，使区域内各项事业有计划地协调发展，提高国民经济的综合效益，为区域的生产和生活创造良好的环境。因此，区域规划在国民经济建设中具有十分重要的意义和作用。

第二节　区域规划在规划体系中的地位

从国民经济长期计划到年度计划，从综合规划到专业规划，从经济区划、区域规划到城市规划，构成了相互联系的、各有特定任务与内容的、一环扣一环的整个国民经济的规划体系。区域规划仅仅是整个规划体系中的一个环节。为了进一步掌握区域规划的性质，就必须弄清它在规划体系中的地位，以及它与有关规划的区别与联系。

一　区域规划与国民经济和社会发展长期计划的关系

国民经济计划，包括短期的年度计划，中期 5~10 年的计划和 10 年以上的长期计划。其内容是非常广泛的：从生产、分配、流通、消费到积累，从发展指标到基建投资，从部门比例到地区比例，从资源分配到生产力布局等等。近年来，还把人口、就业、住宅、福利、环境保护等方面的社会问题，也纳入计划的内容。

国民经济和社会发展长期计划，一般由部门规划体系和地区的综合规划体系交织而成。与区域规划关系最密切的是地区经济和社会发展长期计划中的有关生产力布局、人口、城乡建设以及环境保护等部分的发展计划。这部分发展计划通过地区的综合平衡，落实到地区发展的建设布局中去。由于地区经济和社会发展计划的重点是放在该地区怎样发展上，因此对生产力布局和居民生活的安排，只作了一个轮廓性的考虑。而区域规划则要将这些考虑落实到地面的布局上，并且使它们各得其所，能更好地促进该地区生产的发展，以适应城镇居民物质和文化生活的需要。在规划落实过程中，往往会对计划项目提出修改和补充。同时，通过区域规划，在对地区资源与建设条件进行全面调查与综合评价的基础上，就有可能科学地预测地区经济的合理结构和远景发展方向，从而为编制地区经济和社会发展计划提供反馈信息。

二 区域规划与经济区划、国土规划的关系

经济区划，是按照地域经济的相似性和差异性，对全国各地区进行战略划分和战略布局，从而构成具有不同地域范围、不同内容、不同层次，各具特色的经济区，如农业区、林业区、大城市地区、流域地区、工农业综合发展地区，等等。

开展经济区划的主要目的是在综合分析和比较各地区经济发展的有利条件和不利因素的基础上，解决各地区如何因地制宜，发挥地区优势，为人类创造更多的物质财富。不同层次的经济区划，有助于明确各地区在全国或大的地域范围内的地位和作用，明确某一地区和相邻地区分工和协作关系及其经济与社会合理发展的长远方向。所以，经济区划工作既可为编制地区经济与社会发展长期计划提供重要的科学依据；同时，也为开展区域规划打下良好的基础。

经济区划在我国尚未普遍进行。在一些尚未进行经济区划工作，而建设任务又迫切需要开展区域规划的地区，区域规划应当把某些属于经济区划的内容纳入到其主要任务中来。如明确规划地区的合理范围，该地区经济发展方向，以及与相邻地区的分工协作关系等等，然后再按区域规划工作进行。

国土规划是对国土资源的开发、利用、治理和保护进行全面规划，其内容包括土地、水、矿产、生物等自然资源的开发利用，工业、农业、交通运输业的布局和地区组合与发展，环境保护以及影响地区经济发展的要害问题的解决等。

国土规划与国民经济计划相比，国土规划主要是对自然资源和社会资源合理开发的战略布局进行规划，它包括对重大项目建设的可行性研究，但对重大项目的建设方案、选址定点、计划安排等，并不做出具体的规定。从这一方面来说，它同国民经济长远计划并不重复。国土规划是经济建设结合开发方案性的规划，从这一方面说，它为国民经济长远计划提供了可靠的依据。

国土规划与区域规划均以国土开发利用和建设布局为中心，从战略高度进行地域性的规划。区域性的国土规划，就是区域规划。因此，区域规划与国土规划的关系是局部与整体的关系，区域规划是国土规划的组成部

分,但它们各有特点和侧重。一般来说,国土规划比区域规划涉及的内容、范围更为广大,考虑的问题更为长远。而区域规划则着重于一个地区建设的空间部署。

三 区域规划与城市规划、专业规划的关系

区域规划与城市规划关系十分密切,两者都是在明确长远发展方向和目标的基础上,对特定地域的各类建设进行综合部署。广义的城市,包含受其影响的地区,如大城市及其郊区或"市带县"地区。广义的城市规划,简称城市地区规划,这种规划本身就具有区域规划的性质。狭义的城市,即中心城或者小城市(镇),其规划,简称城镇规划。这种规划要受区域规划的制约,即城镇发展的方向、性质、规模甚至规划结构都要受地区的条件制约。就这个意义讲,城市规划可以说是区域规划的继续和具体化。反过来,区域规划也因城市规划而充实和完善,有了比较扎实的基础。

在尚未进行区域规划的地区进行城市规划,城市规划得首先进行城市发展的区域分析。要调查研究与城市有密切联系的区域范围内的资源利用与分配,经济条件的发展变化,以及对生产力布局和城镇间分工合理化的客观要求,为确定城市的性质、规模和发展方向寻找科学依据。然后,再进行城市的规划布局。

专业规划就是部门或行业规划。区域规划是特定地域的综合性规划,它以本地域的专业规划为基础。它们之间的关系是综合与专业的关系,是地区与部门、横的系统与纵的系统之间的关系。因此,在进行专业发展规划时要有整体观念、服从全局的思想。

国民经济和社会发展长期计划、经济区划、国土规划、城市规划与专业规划都与区域规划有着紧密的联系,它们共同构成了一个完整的规划体系。在不同国家、不同的社会制度、不同的历史发展阶段、不同的地区特定情况下,规划的任务、程序、进行方式将有所差别。但一般而言,国民经济与社会发展长期计划更偏重于地区经济和社会发展目标的预测和方针原则的制定。而经济区划则着重于经济地理特点的地域分析,指明经济区域的有利条件与限制因素及其经济发展方向,也包括其内在弱点和问题,为计划和规划的制订奠定科学的调查研究的基础。至于国土规划和区域规划,主要是运用技术经济论证的手段,揭示区域开发建设和发展的经济性、

合理性和可行性。国土规划着重国土资源的开发利用、治理和保护，为人类的生存繁衍创造一个良好的环境。它的任务是保护人类赖以生存、极其宝贵、唯一有限的土地空间。而区域规划的使命则是使国土规划的课题，通过区域内各部门规划的空间协调和平衡形成区域的整体；综合地解决建设布局中的矛盾，从而使整个区域的开发、建设和发展得以落实。最后，区域规划通过城市规划与专业规划得以实现。

第三节　区域规划的类型与范围

一　区域规划的类型

区域规划是以一定地区的建设布局为研究对象的。地区是指某一地域整体的组成部分，即地域单元区域类型是多种多样的。为了研究简便或者规划容易掌握要领，常将地域划分成若干类型。出于观察和分析地域单元的角度不同，对地区常有不同的划分。根据我国建设的具体情况，需要开展区域规划的地区，一般可分为两大类。

（一）按建设地区的经济地理特征划分

按建设地区的经济地理特征来划分，区域规划一般可分为以下类型。

1. 城市地区区域规划

主要指以大城市或特大城市为中心，包括周围若干小城镇和郊区、县的大城市地区，如上海、北京、天津、武汉、重庆等特大城市地区；大中小城市集聚地区的区域规划，如苏州、无锡、常州地区，湘中（长沙、湘潭、株洲）地区等。这类地区一般都是地理位置优越，交通方便，综合性加工工业发达，为全国或全省的经济核心地区。规划的重点是要解决城市之间的合理分工与协作，工业布局的调整与改善，大城市市区规模的控制，中小城镇的发展与建设，基础设施的加强，区域性的环境治理与保护，以及副食品供应基地的安排等主要问题。

2. 工矿地区区域规划

主要指在开发利用自然资源的基础上而形成和发展的地区。这类地区，在规划上要着重解决以下问题：合理开发利用自然资源，发展何种加工工业及其位置，合理解决矿区开发、工业建设与农业生产之间的矛盾，治理

"三废"和提高环境质量的措施，以及对外交通和居民点的布置等。

工矿区区域规划按其主导工业部门划分为：煤炭燃料动力工业地区规划，如山西、两淮、鲁西南等煤矿地区规划；石油及石油化工工业地区规划，如大庆、胜利等油田与石油化工地区规划；冶金工业地区规划，如鞍山、攀枝花等冶金工业地区规划；森林及其加工工业地区规划，如伊春；等等。

3. 农业地区区域规划

指农业基础较好或发展潜力较大，工业以农产品加工为主的地区，如黑龙江三江平原地区、湖北江汉平原地区等。这类地区要解决的问题有土地的开发和利用，交通运输网和排灌系统的建设，农机具修配站、农产品加工以及居民点的安排，农林牧的合理布局等。

4. 风景旅游及休疗养地区区域规划

如桂林、峨嵋山等旅游地区的区域规划。这类地区规划的特点是山水自然风景的保护，防止工业和旅游业对环境的污染，改善交通联系，增辟新的休息与游览地，调整工农业生产布局使其为旅游业服务等。

5. 大中河流综合开发利用的流域规划

如红水河流域梯级开发水资源综合利用规划。这类规划的重点将侧重于河流的整治，水资源的综合开发利用，对防洪、灌溉、发电、航运、渔业、旅游等经济效益进行综合论证，流域范围内其他各种资源的开发，水库淹没地区的征地和迁移，以及工农业生产和城乡居民点的合理布局等。

（二）按我国各级行政管理的区域划分

基本上按我国各级行政管理的区域来划分，区域规划可划分成省区、地区和县区三级。我国20世纪50年代进行的区域规划，不少是属于省级以下经济区的区域规划，如朝阳地区的区域规划等。

此外，还有按地区开发程度为标志，划分为新开发地区规划和已开发地区规划等。

第一大类的划分是以区域形成的基本因素为基础的地域单元，同时，每种类型各有若干相似规划特点的部门，集中反映了该地域类型单元的发展以及布局的实质和特点。特别是在没有全面开展经济区划的情况下，为了适应某一地区经济和社会发展的需要，开展这类规划较为有利。第二大类的划分则是以整个地区的综合发展规划为基础，以解决整个地区生产力综合配置的问题。由于其与现行行政管理体制一致，易于实施，因此有较大的现实意义。但是规划涉及的各项内容往往受现行行政区的局限，因此最好是从大到小逐级进行。同时，区域规划应根据区域经济上的联系性，允许打破现行行政界限，对区域范围进行适当的调整。

二　区域规划范围的确定

区域规划范围的确定，应着重考虑以下主要条件。

（一）经济上的联系

从充分开发利用自然资源、技术经济条件和发展地区国民经济出发，区域规划范围的确定要有利于合理组织工农业各部门之间以及工农之间、城乡之间的良好联系，互相促进，使地区经济得以顺利发展。

（二）工程技术上的协作关系

从工业、农业和城镇等建设需要以及建设的合理性出发，区域规划范围的确定应统一考虑、充分利用已建的交通、能源、水利等工程设施，合理安排新建、扩建和改建的较大型工程项目，以确保地区国民经济各部门之间能协调发展。

（三）地理上的完整性

应结合地区的山脉、河流、湖泊等大地形的天然界线以及其他自然地理特征的相似性来考虑地理上的完整性。

（四）行政区划上的一致性

现行的行政辖区与经济区划的合理性常有矛盾，应作适当调整。

在少数民族地区确定区域规划范围时，还要考虑地区的民族构成、社会宗教、风俗习惯等因素。

总之，区域的合理区界是对社会、经济、环境等多方面的因素进行综合分析，并权衡利弊来确定的，切忌以点代面，以偏概全，主观武断，不重视科学分析的做法。

第四节　区域规划的依据和基本原则

一　区域规划的依据

进行区域规划，应遵循马列主义的基本原理，贯彻党中央制定的我国社会主义建设的路线、方针、政策，并结合规划地区的实际情况。

一般所谓区域规划的依据，指的是规划的前提与技术经济条件，也就是地区经济赖以发展的物质因素。

（一）地区资源条件

这是地区经济发展的物质基础，主要指矿产资源、河湖水库及地下水资源、海洋资源、森林资源、生物资源、农业资源、劳动力资源以及自然景观资源等。要求提供的资源应是查明可供规划期内开发利用的那部分资源，而不是潜在的资源。过去，有些规划由于提供的资源没有达到这个要求，致使规划无法落实。

地区的资源条件直接影响地区经济的发展方向、经济结构和具体内容。例如，一项具有全国或全省意义的重要资源，往往会成为地区经济发展的支柱。所以，资源查明与否，是能否顺利开展区域规划的重要条件。

（二）地区自然条件

主要指农业生产和其他经济部门所要求的自然条件。前者，应根据农业现代化要求，对影响农业生产发展的自然条件，主要指气候、土壤、地貌和水文等条件进行全面调查，综合评定，充分利用有利因素，克服和改造不利因素，拟出综合开发利用的规划方案。后者，指对工业和其他经济部门（交通、建筑、基础设施等）在建设、布局上有影响的自然条件如地质、地形、气候和水资源等条件以及对各类工程在一定程度上影响至巨的自然灾害，如地震、台风、滑坡等，必须认真进行综合评价与分析。

（三）地区技术经济条件

包括地区生产力发展的历史、现有基础及其构成、经济水平和技术特点等。一个地区的经济基础是经过长期发展形成的，也是该地区进一步发展的重要因素。对原有基础应深入调查研究，扬长避短，贯彻挖潜、革新、改造和提高的方针。对基础薄弱地区往往要求规划的新建项目多，但不能门类齐全。必须贯彻因地制宜，发挥优势，有重点地建设。在具体安排时，点不能太分散，要适当集中；同时，要注意加强协作，考虑必要的配套工程。

（四）国家对地区经济和社会发展的长期计划和要求

国家对某一地区的国民经济和社会发展长期计划中明确规定了该地区在全国或全省所处的地位和作用，以及今后其发展的规模、速度和方向等，这也就给区域规划提供了最基本的依据。在尚未制订国民经济和社会发展长期计划的地区，应当对区域经济的发展方向，如区域的经济结构、发展速度进行预测。

规划方案的确定，必须有充分的依据，否则，将是"纸上谈兵"。规划方案最终能否实现要看规划是否符合地区实际和发展的需要。那种认为找依据，就是"唯条件论"，是完全错误的。因此，在做规划方案前要做大量细致的综合考察和周密的调查研究工作，使规划的依据充分可靠。

二 区域规划的基本原则

区域规划有了充分可靠的依据，还必须从全面发展地区各项建设事业着眼，遵循以下基本原则。

（一）全国"一盘棋"的原则

在规划中，一定要从我国国情出发，树立全国"一盘棋"的思想，统筹兼顾，全面安排，综合平衡。要正确处理整体与局部、重点与一般、工业与农业、生产与生活、近期与远期的关系。

一个地区的发展和建设中，往往在工业企业之间、工业企业与国民经济其他部门之间、与相邻地区之间会发生许多问题和矛盾。有时从个别企业、个别部门甚至本地区的观点看，是有利的，也是可行的。但是，从全局和长远利益的观点看，就不一定有利，也不一定可行，这是经常发生的。过去，某些建设就由于就事论事，急于上马，只注意部门利益，忽视全局利益，只注意眼前利益，忽视长远利益，只注意经济效益，忽视社会和生态效益，到头来付出了很大的代价。这些教训是应吸取和尽量避免的。

（二）承认和自觉地运用地区经济发展不平衡的规律

我国是一个人口众多、疆域辽阔而经济比较落后的大国。各地自然条件与资源蕴藏优劣多寡不一，原有经济和技术基础强弱不等，因而投资效果相差悬殊。在生产力布局上有两种做法：一种是强求各地区经济发展达到同一速度，一起实现现代化；另一种是集中国家有限财力、物力优先利用和开发那些投资效益高、见效快的地区，保证这些重点地区经济更快地发展，以加快整个国民经济的发展速度。前者，主观愿望是好的，结果往往事与愿违，谁也发展不了，谁也发展不快，到头来延缓了整个国民经济的发展。后者，则以有限的投资争取了较高的发展速度与较多的积累，然后才有力量去支援条件较差地区的发展，切实有效地逐步缩小地区之间经济发展水平的差距。

承认地区经济发展不平衡，通过每个时期有重点、不平衡的发展，才能在一个较长的历史时期内逐步实现地区经济发展的相对均衡化，缩小各地区经济发展水平间的差距。这种"相反相成"的道理，不仅为我国30多年来加工业布局的经验教训所证明，也为其他许多国家工业布局演变的历程所证明。

（三）因地制宜，发挥优势

遵循社会劳动地域分工的客观经济规律，扬长避短，发挥优势。马克思说："一个民族的生产力发展的水平，最明显地表现在该民族分工的发展程度上。"[①] 这既包括部门、企业间的分工，也包括把一定生产部门固定在国家一定地区的地域分工。

各地自然资源与自然条件不同，同类资源"自然丰度"的地区差异是劳动地域分工的自然基础。各地现有经济发展水平与特点和经济地理位置的不同，生产的集中化、专业化效益不同，各地区生产诸要素的不同，以及供求关系与地区价格差异，是劳动地域分工的经济基础，最终反映为不同地区同种产品生产费用的区间差异。充分利用地区分工的绝对利益和比较利益，趋利避害，扬长避短，因地制宜地确定各地区经济发展的重点部门与行业，围绕地区优势部门，适当综合发展，建立符合各地不同特点的地区经济结构，破除不顾条件、各地都要自成体系的"老框框"，杜绝不必要的重复布点、重复建设，这是提高经济效益的必由之路。

（四）合理布局，保护环境，有利生产，方便生活

遵循社会主义基本经济规律和生态平衡的要求，按照有利生产、方便生活和保护环境的要求，确定工业基地与城镇的适当规模，防止工业过分集中与过分分散。

社会主义生产的最终目的是满足人们日益增长的物质与文化生活的需要。这就要求在安排各项生产性项目的建设布局时，必须同时考虑职工与居民的生活服务、文化教育、休息娱乐等生活性设施的建设布局和环境的保护与改善。

---

① 《马克思恩格斯选集》第一卷，人民出版社，第25页。

基本建设的布局要有利于城镇向合理的方向与规模发展。从总体看，要有利于促进全国性、地区性的大、中、小城镇（经济枢纽）体系的形成，并通过多种运输方式组成的综合运输网，把城镇之间和城镇与广大农村联系起来，形成渠道畅通、周转灵活的国民经济整体，以促进工农业和城乡之间的相互支援，逐步缩小城乡差别。

（五）有计划有步骤地发展少数民族地区和边疆地区的经济文化建设

大力扶持各少数民族地区和边疆地区的经济文化建设，逐步缩小和消除历史遗留下来的各民族政治、经济、文化发展水平的不平衡，是社会主义现代化建设中的一项重要历史任务，也是巩固、加强民族团结，保证我们这个多民族国家社会主义现代化建设顺利进行的重要条件。

发展少数民族地区和边疆地区的经济，一定要从地区实际情况出发。对于具有国家急需开发的自然资源，在开发条件基本具备的地区，可以建设一些大中型骨干企业。对于大多数尚不具备重点建设条件的地区，应该从发挥农、林、牧、渔和各种山货土产资源的优势出发，首先兴办对这些资源进行初步加工和直接为开发这些资源服务的工厂，随着各地技术力量的成长和其他条件的逐步具备，再进一步发展各种精细加工工业。同时，要注意扶持、提高地区的民族传统手工业和具有民族特色产品的生产。这样，既可发挥少数民族地区和边疆地区现有的经济优势，满足当地人民的需要，也为今后进一步发展、培养技术力量、积累经营管理的经验打下了基础。

（六）国防安全原则

社会主义国家生产力的布局，既要求在和平时期有利于加快国民经济发展与人民物质和文化生活的改善，也要求在战争时期能经受住战火的考验，有效地抵御帝国主义的侵略和突然袭击。

工业地区布局要妥善处理国防前沿地区和腹地的关系。重要工业与产品的生产能力，应纵深配置，要有利于地区分散布置的同型企业。地点布局要防止过度集中，避免在一个工业区集中过多的重要工厂。对于大多数常规武器和一般军品的生产，根据平时需要量很少、战时需要量激增的特点，应该在民用产品工厂组织"军品动员"生产线，或在军工厂生产民用产品，做到平战结合，使国防安全的原则和提高经济效益的原则得以统一。

上述各项原则，从不同的侧面与层次，反映了社会主义生产力布局客观规律和影响生产力布局的经济规律、自然规律与技术发展规律。各原则之间彼此联系、相互补充，在实践中应融会贯通、综合运用；切忌孤立分割、偏执一端。只有把"一般"要求和不同时期、不同地区、不同部门和企业的具体特点结合起来，才能得到符合客观实际的结论，做出科学的决策。随着社会生产力的发展和科学技术的进步，生产力的布局也将日新月异地变化。指导区域规划的原则，也将随着历史的发展而发展，在实践中得到检验、补充和完善。

第三章 区域规划的编制

区域规划的编制是一个非常复杂的系统工程。其中涉及规划工作的背景，规划基础资料的收集与分析，规划理念的确立与规划编制手段的选择，等等。在规划的确立过程中，还需要运用恰当的技术经济分析论证方法，对多种方案进行选择与优化，其中不同的分析手段与分析方法还存在着不同的优缺点。因此全面掌握规划编制的程序与原则，对正确科学地编制规划具有非常重要的意义。

第一节 区域规划工作进行的方式和编制程序

一 区域规划工作进行的方式

需要开展区域规划的地区有各种类型，但基本上可分为两种不同性质、特点的地区：一种是具有比较突出的国民经济部门的地区，如工业比较集中的地区、建设大型水电站的地区、重大的矿区、农业专业化地区等；另一种是按行政区划或经济区划全面考虑国民经济各部门综合发展的区域，省以下地区或相当于地区范围大小的省以下经济区与城市区域的规划较为普遍，其次是县区、省区或相当于县区、省区范围大小的经济区与城市区域。

由于省区、地区（市域）、县区这三级地域的关系较为密切，因此这里着重讨论有关这三级地区区域规划工作进行的方式。

第一是自上而下。就是先搞省区级的规划，再依次进行地区（市域）级、县区级规划。这种规划方式的最大优点是整体性强，比较全面。因为这一步骤的特点是从大到小，从全体到局部，下一级的规划可以得到上一级规划的指导，有所依据，从而避免了片面性。但其缺点是不容易深入，因为在没有掌握下一级规划的资料时，上一级的规划就难以具体化，往往做得较粗。

第二是自下而上。这种方式相对比较简单，可以依靠地方的力量，发挥地方规划的积极性。通过规划摸清情况，明确本地区的发展及建设方向，做到心中初步有底；同时也为上一级规划积累了丰富的资料，使上一级规划有了比较可靠的依据。但其最大的缺点是局部规划的局限性，对许多问题的考虑和解决有很大的片面性，很可能被上一级规划所否定。

第三是先中间后两头，即先地区级、市级，后省区级、县区级。这种方式兼有上述两种方式的优点，但也同时存在它们的缺点。

总之，无论采用哪一种方式，各级规划都是互相有关联的。上一级规划完成后，确定或校正了下一级规划的发展方向，而下一级规划完成后也补充了上一级规划的不足。这样反复修正，互相补充，使各级规划更臻于完善。各级规划虽然是分阶段完成，但却有一个反复修改的过程。

在条件允许的情况下，在相邻两级开展区域规划是一个较好的办法。因为相邻两级规划间的联系较为密切，同时进行，规划过程中的矛盾易于暴露，也易于解决，并取得一致。但是，以这种方式进行规划的过程较为复杂，机构组织等较为庞大，人员也多。因此需要以极其严密的组织工作加强统一领导，密切协作。

二　区域规划工作的编制程序

区域规划工作一般分为两个阶段进行。第一阶段，拟定国民经济和社会发展的技术经济假定；第二阶段，根据有关领导机关研究后的技术经济假定，编制区域规划草案。

第一阶段的工作主要是汇集规划基础资料，掌握区域经济地理特征，明确工作中要研究解决的问题，根据中央和地方领导机关研究确定的关于本区经济和社会的发展战略，以及工农业生产的现有基础、资源（包括自然资源、经济资源和社会资源）、产业结构和建设条件，拟定国民经济和社会发展的技术经济假定。国民经济和社会发展的技术经济假定，由地方党政领导机关组织工业、交通、农林、水利、电力、城建、环保等各有关部门讨论研究报审后，即可作为编制区域规划草案的技术经济依据。

第二阶段的工作主要是进行现场踏勘和技术经济调查。要求掌握区域内城镇的经济现状和发展条件，查明适合建设新工业、新城市和其他各项工程设施的用地面积、工程地质等建设条件，同时补充搜集有关技术经济和自然条件方面的资料；在现场踏勘和技术经济调查的基础上，根据国民经济和社会发展的技术经济假定，研究并提出工业、农业、交通运输、水利、能源、城镇、环保、风景区、建筑基地等专业规划草案；组织各专业规划单位协作配合，从发挥地区优势、发展本地区国民经济的整体利益出发，合理地解决各项专业规划之间的矛盾；在各项专业规划草案的基础上，进行综合平衡和技术经济论证，编制区域规划草案。

第二节 区域规划编制基础资料的搜集和应用

规划基础资料的搜集，不是规划的目的，而是为了使规划建立在科学的可靠的基础上，防止工作中的主观片面性，从而提高规划成果的质量。由于规划工作的极其繁杂性，因此对资料的要求也是很广泛的。但在规划实践中所运用到的资料有必要的和充分的两方面所以掌握必要的规划基础资料是很重要的。

一 区域规划基础资料的搜集

在规划的不同阶段，对所需资料的要求也不同。在拟定国民经济和社会发展的技术经济假定阶段，必须掌握的基础资料有区域的自然条件及经济特点、经济性质及其发展方向，以此作为编制区域规划技术经济假定的依据。到了编制区域规划草案的阶段，则需要有较为深入细致的资料，以便足以作为规划设计的依据及进行方案比较和技术经济论证之用。

任何一个阶段需要的资料，一般无法一次搜集齐全。因为情况在不断变化——新资源的发现，新工厂企业的建立，新交通线的开辟，农业生产的进一步专业化和综合发展，物质基础的不断扩大、加强以及国家对本区域国民经济发展要求的变化，等等，这就需要我们经常不断地充实新资料，修正已经过时的旧资料。有些自然资料（如气象、水文等方面的资料）更需要长期的积累，这也说明资料工作经常性的必要性。

搜集资料还须从实际出发，视具体情况而定，贯彻因地制宜的原则。区域规划需要的资料有一般的要求，但不同性质特点的区域在规划过程中又各有特殊的要求，因此资料工作的地域特性也不容忽视。

总之，区域规划中的资料工作，具有其独特的广泛性、复杂性、阶段性、经常性和地域性。

资料搜集方法基本有两种：一种是通过各种方式向有关方面了解情况，如发调查表格，访问有关人员，召开座谈会等；通过这些方式所获得的材料往往是第二手的，所以在必要时还采取另一种方法，那就是通过踏勘，从实地观察了解中对材料进行校核、修正和补充。无论采用什么办法，通过什么方式搜集资料，事先都要做好准备工作，先整理检查已经掌握的资料，然后提出搜集资料的提纲。

规划中所需要的资料，由有关的主管和专业部门负责供给，其对应分工如下：关于国民经济和工业企业技术经济指标的资料，由中央和地方的计划、工业、农业、交通、水利、电力等主管部门供给；关于矿产地质的资料，由中央和地方的地质部门供给；关于交通、水利、动力等各项工程建设的规划设计资料，分别由交通、水利、动力等各专业规划设计及其管理机构供给；关于地形、测量资料，由中央和地方的测绘局或有关的专业设计机构供给；关于城建和环保方面的资料由地方城建和环保部门提供。

二 区域规划基础资料的分析

区域规划的基础资料包括四个方面的内容：现状资料、经济资料、发展规划或国民经济计划资料、自然资料。其详细内容主要有以下十四项：

（1）矿产资源的资料；

（2）工业现状及其发展规划的资料；

（3）农业（包括林牧副渔）现状及其发展规划的资料；

（4）商业、金融、外贸、仓储的现状及其发展规划的资料；

（5）交通运输包括铁路、公路、水运、管道、航空、邮电现状及其发展规划的资料；

（6）水资源现状及水利综合利用和给水排水发展规划的资料；

（7）能源供应现状及其发展规划的资料；

（8）城镇居民点现状及其发展规划的资料；

（9）人口和劳动力的资料；

（10）建筑材料供应现状及其发展规划的资料；

（11）科技文教、卫生体育和休疗养事业现状及其发展规划的资料；

（12）地形地貌、水文、气象、工程地质、水文地质等自然地理的情况和特征的资料；

（13）区域环境条件与污染状况及环境保护规划措施的资料；

（14）地形测量资料。

资料工作的目的，既然是为规划提供依据，就必须根据规划的需要对资料进行详细的分析研究，揭露矛盾，提出问题。对于那些有利的条件应促其在规划中得到充分的利用，而对于那些不利的条件，则应想办法加以限制，或在规划中进行定向的改造。总之，对资料的分析应包括两方面的任务：其一，进行资料的核实鉴定；其二，针对资料进行有系统的分析研究，做出各种分析图表。资料的分析工作是通过一系列的数字、表格、图纸和文字的描述进行的，它对规划实践有重大意义。

三 常见的区域规划方法

区域规划方法的选用与规划目的、规划任务、规划工作的时限和经费有关。区域规划工作者必须了解规划区的特性、规划的目的和任务要求，采用相宜的规划方法。

（一）系统法

系统法又称系统分析法。它的理论基础是宇宙间的一切事物都是由彼此相关的多种要素组成的。要素本身也可能是一系统，它相对于原来的系统而言是子系统。这些要素之间存在着一定的组织和结构，而且按照一定的关系组成有机结合的整体。事物的各组成要素都有一定的属性，执行着特定的功能，并且互相联系、互相依存、互相制约、互相作用，形成一个统一体。事物处在不断地运动之中，事物的发展是由量变到质变、由渐变到突变、由低级到高级的运动过程。

根据系统论的原理，区域就是一个复杂的系统。区域系统是由相互有联系的诸要素组成的完整综合体。区域组成要素，如土地、水域、植被、人口、工业、农业、城镇、中心村、各种基础设施、建筑物、生态工程等，都是区域系统中的一个要素、一个子系统。区域诸系统要素组成一定的结构，区域结构就是区域诸要素之间相互联系的特定形式。当然，区域又是更高序列体系中的一个要素或组成部分。

系统法通常由三个基本环节构成，即问题形成、系统分析、系统评价。每个环节都有一系列定性和定量的具体方法可供利用。

1. 系统问题的形成

即确定被研究系统的性质、边界，设计好价值系统并将之综合。在区域规划中相当于确定规划的区域、规划的目的要求和发展总体目标以及具体目标。

2. 系统分析

系统分析是对系统要素的性质、功能、相互关系进行分析。对系统的各种不确定因素，系统的组织、结构、状态和可能的变化，通过综合处理，建立模型，反复验证，以作出判断，并提出抉择方案。

3. 系统评价

即分析设计方案，包括书面报告、图件等提出后，或者分析设计方案实施过程中，根据效益、成本、影响等基本指标，对规划设计方案作出综合评价。评价时要注意方案的可靠性、安全性、先进性、学术性、可操作性、经济性、规范性、生态环境可相容性、社会性及可扩展性、灵活性等，进行总体评价。

在系统分析和系统综合中常常同时采用两种方法。一是演绎法，它是从一般到特殊的研究方法，属于理性分析方法。它一般是从普通的概念、原理、原则出发，结合地区实际，进行逻辑程序推理，然后得出结论。二是归纳法，它是从特殊到一般的研究方法，属于试验性分析方法。它一般是从大量的调查入手，从大量的实证材料出发，通过整理综合，来认识事物的性质，再联系同类事物，进而进行归纳推理，从而得出有关此类问题的结论。

运用系统法来进行区域规划，首先必须把区域规划的对象即规划区域看成一个整体。一方面，这个整体是由许多要素、许多部门、许多地块组成的相互联系的整体或者完整的综合体。另一方面，这个规划区域又是与外界有密切关联的更高序列区域体系中可分解为序列较低的体系中的一分子。

其次，规划区域的各个要素、各个部门、各个地块都有一定的相互联系。通过这些联系的性质、结构、次数、频率和稳定性就可以判定这个规划区域是复杂的还是简单的，是稳定的还是功能活跃的，是静态性的还是动态性的，是多中心的还是单一核心的。

最后，规划区域的面貌、状态是区域要素相互作用和受外界输入因素影响的结果。通过它们相互作用及与外界输入因素的关系的分析，就可以分析区域的特征，全面地认识区域布局的变化趋势，并确定未来发展的抉择方案。

用系统法来进行区域规划，可以比较精确地形成关于研究对象的最基本的概念，确定其发展目标和方案，制订具体实施措施。由此亦可以看出系统法的几个主要特征：①整体性；②联系性；③分解协调性；④动态性，即注意把系统活动的结果再用来调整系统活动，把系统的输出通过一定的途径再返回输入，从而对系统施加影响。所以，规划过程就是一种不断反馈的循环过程。

（二）传统综合方法

传统综合方法是与系统分析法相反的逆向思维方法。它是在系统分析的基础上不断将系统分析结果加以综合从而形成整体认识的一种科学方法。这种方法的特点是在系统思想的统帅下完成综合过程，故又可称为系统综合方法。

按照系统整体化的要求，把各要素合成相应的小系统，再将各个小系统综合成一大系统。这种方法的另一个特点是创造性，它不是将已经分解了的要素再按照原来的联系，机械地重新拼接起来恢复到原来的系统，而是根据系统分析的结果，把各个要素按照要素与要素、要素与系统、系统与外界环境之间的新联系，形成整体优化的新结构，创造出更符合总体目标要求的新系统。

综合平衡法是传统综合方法中的一种，也是国际上区域规划方法中最基本、使用得最广泛的一种。所谓平衡，就是各种关系的处理。如土地利用平衡，就是要处理好农业用地，如耕地、花地、果园、苗圃、牧草地、林地、水产养殖地与非农业用地，如城镇建设用地、农村居民点用地、独立工矿区用地、交通建设用地、军事用地等之间的关系，农业内部各业用地的关系，各项非农业用地之间的关系，同时要处理好各类土地在空间分布上的平衡关系。采用综合平衡法可使部门经济和地区经济有机地结合起来,将地区内国民经济各部分组成有机的整体,使国民经济有计划、按比例地发展。进行多方案比较,选择最优方案,是编制好区域规划、加快建设步伐的一个重要措施,同时也是贯彻群众路线,集思广益,求得经济合理的规划方案的重要手段。

总体说来,区域规划的综合平衡要处理好三个方面的关系:

一是供给和需求的关系。规划应尽可能使需求和供给在品种、数量及质量上相互适应、相互协调。

二是国民经济各部门、各种具体的建设项目的用地关系。要使各种物质要素各得其所,有机联系,密切配合,在空间上相互协调。

三是地区与地区之间的关系。要在讲求效益、公平、安全等原则的基础上,在建设项目的空间布局、建设进度和程序上,合理安排,使地区之间相互协作,共同发展。

综合平衡的具体内容包括以下几个方面。

(1) 原材料的平衡。它是指资源分配,如来自工业的产品、矿产资源和农副产品等。根据各地区的经济特点,选择几种主要品种进行平衡。平衡的目的是为了研究各工业部门在本地区内最适宜的发展规模。

(2) 燃料的平衡。根据充分利用本地区资源的原则,以本地区燃料构成需求量为依据,研究本区燃料资源的余缺。根据各地提供的可能性和运输方式,拟定本区煤矿工业发展的规模和措施。尤其在有大型钢铁厂和大型火电站等用煤量大的地区,这项工作就特别重要。

(3) 电力的平衡。首先分析负荷的情况,计算电力需要总量,然后根据电力资源分布特点选择电源,研究供电方式,确定要修建的电力系统工程。在水力资源丰富的地区,要优先开发水电,研究水、火电的配合,水电站规模、建设进度和工业发展的结合等问题。

(4) 运输的平衡。根据工农业分布现状和远景发展,研究货运量增长和货流方向,配置运输方式,规划交通运输工程,确定各运输枢纽的通过能力,合理组织运输力量,避免造成不合理运输。

(5) 建筑材料的平衡。在重点建设地区,需要统一考虑建筑基地的规划,进行建筑材料的平衡。根据基本建设发展规模和进度,计算主要建筑材料需要量,确定建筑材料工业发展规模和区际调剂的大致数量。

(6) 水资源的平衡。根据水资源综合利用原则,以最少的投资为国民经济各有关方面的发展（防洪、发电、灌溉、航运、工业和城市供水等）创造最大的经济效益。水资源平衡的主要内容是解决各用水部门用水量分配的矛盾和水利枢纽的规划。

（7）劳动力的平衡。概略计算工业生产、基本建设和服务业所需劳动力的数量，研究可能由本区招收和由外区调剂的数量，计算全区人口发展规模，城乡人口的大致比例，并以此分析研究本区各项建设事业发展的可能性。

（8）商品粮的平衡。根据规划中的城市人口规模，估算商品粮的需要量，研究本地区可能提供的数量和调出、调进商品粮的可能性，并以此进一步分析城市人口发展规模和速度的现实性。

综合平衡法的工作步骤一般包括如下三步。

①确定综合平衡的内容和指标体系。

②预测发展需求，包括部门发展和地区发展的预测，确定各项目的需求量。

③综合平衡。通过供需双方的比较，反复调整，最后确定规划方案。在综合平衡过程中，规划工作者往往需要与需求部门和各个地区多商量研究，才能制订出平衡方案。

（三）比较法

比较法是科学研究的基本方法之一，也是地理学认识区域特征和规划学进行方案论证、选择方案的基本方法。实际上，在传统综合法中也常常运用比较法，那就是根据区域经济发展战略，从经济发展总体目标出发，对社会再生产各方面、各环节、各领域的人力、物力、财力的资源和需要进行对比，以调节和处理经济发展中的不平衡和矛盾。

比较法在规划工作中被广泛运用。例如：

第一，认识区域特征，确定区域发展的优势。影响区域经济发展的因素很多，且常常是挑战与机遇并存，因此，只有通过规划区域与全国甚至世界上其他地区的比较，通过区域发展的有利条件和限制因素的对比，才能认识区域的优势，明确其发展方向。

第二，发展目标与具体指标的制定。社会经济发展都有一定的规律性，只要条件类似或大体相同，不同国家、不同地区的同一社会经济现象就会表现出某种共同的特征和发展趋势。所以区域规划目标和具体指标经常是通过对不同发展阶段、不同国家、不同地区的同类指标进行对比和分析才加以确定的。

第三，重点开发地区和经济建设项目布局地点的选定。它们都是以区域的宏观研究为指导，以区域内各地方微观研究为基础，根据资源、环境、基础设施以及地区关系，选择多个方案加以比较的结果。

比较法的工作步骤一般包括三个。

1. 选择比较对象

比较的对象应具有内在的联系性，具有可比性。必须注意不同时代、不同国家、不同地区、不同时期客观条件的差异，切忌生搬硬套。

2. 确定比较标准

针对比较对象，明确比较内容，确定比较标准，使比较的结论有据可依。比较标准一般应对社会效益、经济效益、环境效益进行综合。有时政治因素也会成为比较标准的首选条件。

3. 分析评价

即目标和方案的优选。规划工作中通常要对所选的方案或目标在一定的时间尺度内作纵向的比较并在一定的空间尺度上进行横向的比较。因为区域发展过程中总会留下历史的烙印，从区域的过去会更清晰地认识现状，并且能更准确地预测其未来。对不同国家、地区的环境条件和经济发展状况加以比较，更有利于认识区域的特点，判断规划方案的先进性、可靠性和实施的可能性。

（四）数学模拟法

在区域规划中采用数学模拟法是非常必要的。因为如果规划研究只停留在定性描述、定性分析、定性下结论的话，往往分析不准确，论证不充分，结论不确切。在规划研究中引入数学模拟法，可以使规划建立在更加理论化、科学化的基础上，提高规划成果的质量和实用价值。这里，并不是否定定性分析的必要性及其价值，而是说，仅仅依据职业经验，越来越难于说明和评定可能有的大量的抉择方案，并难于确定区域规划发展方案。另一方面，采用数学模拟法，能比较有效地掌握多方面的大量信息并进行有效的整理，解决多目标、多方案、多种结构所提出的复杂要求。实践表明，自从20世纪90年代以来，电子计算机技术和数学模拟方法应用于区域规划研究，使得以多目标、多要素、复杂结构、多方案和动态变化为特征的区域发展规划的许多问题得到了较为满意的解决。

建立模型是数学模拟法的关键。按照功能和应用范畴，区域规划模型大致可分为如下几类。

1. 区域结构功能分析模型

这类模型着重对区域组成要素的作用、功能进行结构分析，以分析区域发展变化的内因，并构建未来合理的结构，如投入产出模型、层次分析模型、网络模型等。

2. 经济社会发展预测模型

根据经济发展的历史轨迹预测未来，或者根据经济发展过程中各要素变化的相互关系进行预测总体的变化。这类模型有时间序列模型、回归预测模型等。

3. 决策分析模型

这类模型经过详尽的预测分析，虽然能够为规划提供决策方案，但预测的结果不一定符合区域发展的目标。

另外，预测不等于决策。决策过程是拟定方案和对方案可能产生的效果进行评价的过程。所以，决策与评价是不可分割的，并且是交错进行的。这类的模型又可分为两类：单目标决策分析模型，如线性规划模型、非线性规划模型、求极值的模型等；多目标决策分析模型，如线性加权模型、成本效益分析模型、模糊分析模型等。

第三节 区域规划的编制方法

一 多方案分析比较方法

区域规划编制通常采用技术经济论证、多方案分析比较的方法进行。技术经济论证包括技术分析和经济分析两方面，这两者之间是相互关联、相互制约的。每一方案技术经济论证的内容和重点，应根据规划任务和当时的具体情况而定。通常，一般重大的技术经济问题都应该进行技术经济分析，从多方面论证每一方案的经济合理性与技术的先进适用性，并通过比较选择最优方案。

一般需要进行多方案比较分析的内容大致有下列几个方面。

1. 工业企业分布和不同配置方案的比较

内容包括：应该发展哪些工业，数量多少，项目多少，规模多大及厂址选择方案的比较（从技术和经济方面）；工业区组合、性质、内容及其规模；开拓新工业区和调整现有工业区不同方案的比较；矿山基地的选择及其开发程序；交通运输组织；城镇居民区与工厂的相对位置等。

2. 资源综合利用的经济评价

内容包括：如何充分合理地利用资源，区内主要企业所需的大宗原料、燃料中能综合利用的是否都加以综合利用，以及对工业副产品的利用，下脚废料的回收等；如何经济合理地利用资源，重要的资源是否被用到国民经济最急需的部门，如何在资源较缺乏的地区寻找新的资源、组织新的资源来源等。

3. 有关专业部门规划方面的技术经济分析

内容包括：对不同专业部门规划综合性矛盾的分析，如水利电力枢纽规划与其他部门规划的矛盾、利害关系；主要水利工程的综合经济效益分析；新建铁路线规划的技术经济分析等。

4. 土地合理利用及其经济评价

内容包括；土地的自然条件评价及其原有利用情况的合理性分析；国民经济各部门对用地要求及其初步分配利用方案的比较；节约工业和城镇居民点用地、扩大农业用地的措施及其经济效果的分析。

5. 区域环境质量的分析评估

内容包括：区域环境质量的现状情况，引起环境污染的原因、污染源的分布、危害程度等；区域环境质量发展变化的趋势，特别是区域经济开发后对区域环境产生的新影响，以及改善区域环境质量的方案和主要措施等。

技术经济论证的原则不能单纯地考虑技术经济条件，还要考虑政治因素，即应从政治上需要，经济上合理，技术上先进、适用，建设上可行和国防上安全等几个方面，全面地加以考虑。技术经济论证必须是综合性的分析，要从国民经济总的经济效果出发，全面考虑问题。要有全局观点，但也要注意不同部门的不同利益。最后方案的比较还必须根据先进的技术制定，采用先进的技术经济指标进行投资估算及其经济效果的分析；当然也应考虑到采用先进技术的现实性。

国外也有采用被称为"体系分析与经济数学模型"的方法进行区域规

划的。他们把"区域"视作一个体系单元，试图运用生态学原理和数学方法，对体系内的各种因素、结构及其相互制约关系进行综合分析、数量计算。利用电子计算机，对大量有关经济、自然的数学资料（有些是通过自动传输系统搜集）进行处理；在此基础上，编制各种体系单元的经济数学模型（最优模型），然后再应用这些模型编制、论证、选择各种规划方案，预测区域未来的发展。他们认为按最优方案如期发展各部门，实施各种客体的布局方案，就可以避免主观性。

20世纪60年代中期，苏联科学院专门成立了工业生产经济组织研究所，在大量参加区域规划实际工作的同时，着重研究区域经济数学模型的编制工作。这种模型根据不同级别（范围）、特点（类型）的区域，分别研究编制，构成一套模型体系。

在西方，包括美国，为了反映区域内外的经济联系，常常编制各种投入—产出模型，称之为投入—产出表，还有反映区域位置分布的所谓"重力与位势模型"等。

二　决策分析模型

（一）决策树模型

决策树一般都是自上而下生成的。每个决策或事件（即自然状态）都可能引出两个或多个事件，导致不同的结果，把这种决策分支画成图形很像一棵树的枝干，故称为决策树。选择分割的方法有好几种，但是目的都是一致的：对目标类尝试进行最佳的分割。

从根到叶子的节点都有一条路径，这条路径就是一条"规则"。决策树可以是二叉的，也可以是多叉的。

对每个节点的衡量：①通过该节点的记录数；②如果是叶子节点的话，分类的路径；③对叶子节点正确分类的比例。

有些规则的效果可能比其他一些规则要好。决策树对于常规统计方法来说，优点有：①可以生成可以理解的规则；②计算量相对来说不是很大；③可以处理种类字段；④可以清晰地显示哪些字段比较重要。

缺点有：①对连续性的字段比较难预测；②对有时间顺序的数据，需要做很多预处理的工作；③当类别太多时，错误可能就会增加得比较快；④一般算法分类的时候，只是根据一个字段来分类。

(二) 效用概率决策方法

1. 概念

效用概率决策方法是以期望效用值作为决策标准的一种决策方法。

效用：决策人对于期望收益和损失的独特兴趣、感受和取舍反应就叫做效用。效用代表着决策人对于风险的态度，也是决策人胆略的一种反映。效用可以通过计算效用值和绘制效用曲线的方法来衡量。

效用曲线：用横坐标代表损益值，纵坐标代表效用值，把决策者对风险态度的变化关系绘成一条曲线，就称为决策人的效用曲线。

2. 效用曲线的类型

效用曲线可以分为以下三种类型：

（1）上凸曲线，代表了保守型决策人。他们对于利益反应比较迟缓，而对于损失比较敏感。大部分人的决策行为均属于保守型。

（2）下凸曲线，代表了进取型决策人。他们对于损失反应迟缓，而对于利益反应比较敏感。

（3）直线，代表了中间型决策人。他们认为损益值的效用值大小与期望损益值本身的大小成正比，此类决策人完全根据期望损益值的高低选择方案。

3. 使用效用概率决策方法的步骤

（1）画出决策树图，把各种方案的损益值标在各个概率枝的末端。

（2）绘出决策人的效用曲线。

（3）找出对应于原决策问题各个损益值的效用值，标在决策树图中各损益值之后。

（4）计算每一方案的效用期望值。以效用期望值作为评价标准，选定最优方案。

(三) 连续性变量的风险型决策方法

1. 方法描述和几个概念

连续性变量的风险型决策方法是解决连续型变量，或者虽然是离散型变量，但可能出现的状态数量很大的决策问题的方法。连续性变量的风险型决策方法可以应用边际分析法和标准正态概率分布等进行决策。

方法的思想：设法寻找期望值作为变量，随备选方案变化而变化的规律性，只要这个期望值变量在该决策问题定义的区间内是单峰的，则峰值处对应的那一个备选方案就是决策问题的最优方案。这个方法类似于经济学中的边际分析法。

边际利润：指存有并卖出一追加单位产品所得到的利润值。

期望边际利润：指边际利润乘以其中的追加产品能被卖出的概率。

边际损失：指由于存有一追加单位产品而卖不出去所造成的损失值。

期望边际损失：指边际损失乘以其中的追加产品卖不出去的概率。

2. 边际分析法的应用

令期望边际利润等于期望边际损失，求出转折概率，根据转折概率对应结果进行决策。

3. 应用标准正态概率分布进行决策

设有一生产销售问题的风险型决策，如果满足下列两个条件，即：

（1）该决策问题的自然状态（市场需求量）为一连续型的随机变量 x，其概率密度为 $f(x)$；

（2）备选方案 d_1，d_2，…，d_m 分别表示生产（或存有）数量为 1，2，…，m 单位的某种产品或商品。

那么，该风险型决策取得最大期望利润值的方案 d_k，其所代表生产（存有）的单位产品数量 k（最佳方案）由下式决定：

$$(a+b)\int_k^{+\infty} f(x)dx = b$$

其中：a 为边际利润值，即生产并卖出一追加单位产品所获得的利润值；b 为边际损失值，即存有一追加单位产品而卖不出去所造成的损失值。

（四）马尔科夫决策方法

1. 方法描述和转移概率矩阵

马尔科夫决策方法就是根据某些变量的现在状态及其变化趋向来预测它在未来某一特定期间可能出现的状态，从而提供某种决策的依据。马尔科夫决策的基本方法是用转移概率矩阵进行预测和决策。

转移概率矩阵：矩阵各元素都是非负的，并且各行元素之和等于 1，各元素用概率表示，在一定条件下是互相转移的，故称为转移概率矩阵。如用于市场决策时，矩阵中的元素是市场或顾客的保留、获得或失去的概率。$P^{(k)}$ 表示 k 步转移概率矩阵。

2. 用马尔科夫决策方法进行决策的特点

（1）转移概率矩阵中的元素是根据近期市场或顾客的保留与得失流向资料确定的。

（2）下一期的概率只与上一期的预测结果有关，不取决于更早期的概率。

（3）利用转移概率矩阵进行决策，其最后结果取决于转移矩阵的组成，不取决于原始条件，即最初占有率。

3. 转移概率矩阵决策的应用步骤

（1）建立转移概率矩阵；

（2）利用转移概率矩阵进行模拟预测；

（3）求出转移概率矩阵的平衡状态，即稳定状态；

（4）应用转移概率矩阵进行决策。

三　区域规划成果的编制

（一）区域规划说明书的编写

区域规划说明书是规划的主要文件。说明书的编写应根据规划任务、规划方案贯彻实施的要求，以及文件编制时的具体情况而定。一般为了便于领导机关审阅和有关部门参考，说明书往往分为三个部分编写。

1. 总体综合规划

这部分的主要内容是阐述区域的自然和经济条件；分析地区特点，说明本区域与周围地区的经济、社会联系及其在发展国民经济中的地位，提出规划依据，确定发展地区经济的原则；发展地区国民经济的有关控制指标以及规划具体内容上的综合简要说明等，对规划地区的范围、面积和地区界线的确定根据，行政区划、人口、民族等也要作概括说明。

2. 分专业"条条"规划

分专业编写，简要说明各专业规划的一般情况和特点；规划的依据、原则；规划的主要意图和具体内容等。包括的专业一般有：工业、农业、商贸金融、仓储、交通运输、水利和给排水、能源供应、城镇及居民点、建筑基地、科技、文教、卫生、体育事业及风景区、休疗养区的规划等。

除了上述的主要内容外，还可以在说明书中附有必要的附件，例如对实现规划方案的必要措施的建议，资源综合利用的建议等。

说明书的编写，应力求简明确切，必要时可附缩图或照片，引用的基础资料应注明资料来源。编写规划说明书时，应同时缩写一份简明提要，主要供领导机关审阅参考。

(二) 制图

区域规划图纸，一般包括下列内容。

(1) 规划地区位置图（比例尺 1∶300000 或 1∶500000），主要标明规划地区的经济地理位置，与附近地区主要的经济联系。

(2) 土地使用现状图（比例尺 1∶50000 或 1∶100000），主要标明现有和正在建设的城市、县镇、工矿区、乡村、集镇、农林牧副渔用地、风景区、休疗养区及其他专门用地的位置和范围；大中型工矿企业、电站、高压线路、铁路、公路、站场、港口码头、机场等的位置。

(3) 矿产资源分布图（比例尺 1∶50000 或 1∶100000），主要标明各种矿产资源的分布位置、矿区范围、现有和规划的矿井与开采场的位置。

(4) 区域规划总图（比例尺 1∶50000 或 1∶100000），主要标明区域内的城市、县镇、工矿区及乡村、集镇、农林牧副渔地区，大中型工矿企业、铁路和公路的线路与站场、港口码头、机场、电站、高压线路，供水水源及灌溉干渠、排水口，防洪工程，建筑基地、商业、仓储、科技、文教、卫生、体育设施及风景区、休疗养区等位置。

(5) 农业分布规划草图（比例尺 1∶50000 或 1∶100000），主要标明重要农作物的分布地区、国有农场、大型农业设施、大片菜地、果园、林区、防护林、牧区、渔区、水库及灌溉渠道、乡村、集镇等的位置。

(6) 专业规划综合草图（比例尺 1∶50000 或 1∶100000），主要标明交通运输系统、水利及供排水系统、动力系统及其主要工程的位置。

(7) 重要城镇及工矿区规划草图（比例尺 1∶5000，1∶10000 或 1∶25000），主要标明各个城镇和工矿区的工业企业，铁路线和站场、港口码头、机场、仓库、居住用地及主要干道位置。

(8) 区域环境质量现状评价图（比例尺 1∶50000 或 1∶100000），主要标明各城镇及工矿区污染源的性质，分布的位置及污染的范围和程度；河湖水系分布情况，取水口及排水口的位置以及水体被污染的程度；地下水的分布情况、流向及其被污染的程度等。

图纸的内容和张数，可根据地区的具体情况和需要予以增删或合并。

图纸采用的比例尺应根据规划地区的大小,各种图纸拟表现的内容,以及提供图纸的可能性等具体情况和需要而定。

第四节 我国三大经济圈的发展状况与趋势分析

长三角、珠三角和京津冀三大经济圈在2004~2005年期间,经济继续保持稳步发展。2004年,三大经济圈以占全国10%多一点的人口,创造了占全国41%的国内生产总值,对国家经济的支撑作用越来越重要。同时,三大经济圈的经济运行在近期也出现了一些新的动态,成为三大经济圈未来经济发展走势的关键性影响因素。

一 三大经济圈战略调整与经济增长

(一)三大经济圈经济增长态势

由于资料限制和数据完整性方面的要求,对三大经济圈经济发展状况比较采用的是2004年数据;同样,由于数据取得的原因,未使用经济普查后的调整数据。对京津冀经济圈的范围界定按照国家发改委的划分标准进行了相应调整,即在原河北省七市的基础上增加了石家庄市,为北京市、天津市和河北省的石家庄、廊坊、保定、唐山、秦皇岛、张家口、承德、沧州八市。长三角、珠三角和京津冀三大经济圈经济发展仍然保持原有格局,长三角经济增长速度在2003年首次超过珠三角后进一步巩固了"领军"地位。三大经济圈经济实力进一步增强,主要经济指标占全国的比重进一步上升。

1. 生产总值方面

从地区生产总值角度看,长三角为28775.42亿元,大于京津冀(14118.51亿元)和珠三角(13572.24亿元)之和。在长三角,上海地区生产总值为7450.27亿元,是我国经济总量规模最大的城市,作为长三角的核心城市显示出绝对优势;苏州为3450亿元,也是我国经济规模较大的城市;杭州、无锡、宁波均超过2000亿元,南京也接近2000亿元;常州、南通、嘉兴、绍兴、台州均超过1000亿元。在珠三角,广州和深圳的地区生产总值分别超过4000亿和3000亿元;佛山、东莞均超过1000亿元;其余城市均在500亿元以上。在京津冀,北京作为首位城市,地区生产总值超过

4000亿元；次位城市天津则接近3000亿元；石家庄、保定、唐山作为河北经济较发达的城市，均超过1000亿元；而秦皇岛、张家口、承德均在500亿元以下。由此可见，长三角整体发展水平最高，京津冀虽然总量上略大于珠三角，但经济圈内部发展水平差距较大，珠三角则相对均衡。

从人均国内生产总值角度看，珠三角最强，其次为长三角，京津冀则落后于前两个经济圈。珠三角人均国内生产总值为42499元；广州、深圳、东莞超过50000元，按常住人口计算深圳最高，为59271元；珠海、中山、佛山等3个城市超过40000元；惠州、江门在20000元以上；肇庆最低为13920元。长三角平均为35040元；上海、无锡、苏州均超过了50000元，其中苏州最高，为57992元；南京、杭州、宁波等6个城市超过30000元；镇江等4个城市超过20000元；南通等3个城市在10000元以上。京津冀平均为20263元；北京最高，为37058元，天津也超过了30000元；河北8市只有唐山在20000元以上，张家口和承德则低于10000元，落后于全国平均水平，其余城市介于1万~2万元之间。

2. 三次产业方面

三大经济圈均以第二、第三产业为主。从第二、第三产业增加值来看，对比情况与地区生产总值相似，长三角具有绝对优势，珠三角和京津冀则基本持平，珠三角的第二产业增加值略高，京津冀的第三产业增加值则略高。

从三次产业结构看，长三角第二产业所占比重最高，其次为珠三角，京津冀最低；第三产业比重则呈相反态势，由高到低依次为京津冀、珠三角和长三角。长三角三次产业结构为4.6∶55.9∶39.5，16城市全部为"二、三、一"的产业结构，一定程度上显示出长三角经济相对依靠第二产业发展的特征，核心城市上海和南京、苏州、杭州等次级中心城市的第三产业发展相对不足；珠三角三次产业结构为4.4∶53.3∶42.3，各城市中广州、肇庆呈现"三、二、一"的产业结构；京津冀三次产业比重为8.5∶47.3∶44.2，第二产业比重上升，产业结构由2003年的"三、二、一"转变为2004年的"二、三、一"。各城市中，核心城市北京以及秦皇岛为"三、二、一"结构。

3. 三大需求方面

投资方面，从主要经济指标全社会固定资产投资来看，长三角具有明显优势，为13637.93亿元，高于其他两经济圈之和，京津冀则高于珠三角。从绝对量看，上海和北京两大城市投资强劲，全社会固定资产投资额分别为3084.66亿元和2528.3亿元，在所在经济圈占有较大比重。

消费方面，从主要经济指标社会消费品零售总额来看，三大经济圈由高到低仍为长三角、京津冀、珠三角。上海、北京、广州作为核心城市均对所在经济圈体现出较强的拉动作用。

出口方面，长三角和珠三角出口额较高，分别为2083.06亿美元和1824.29亿美元，外向型经济较发达；京津冀则相差甚远，仅为487.92亿美元，且85%集中在京津两市，外向型经济不发达；但京津冀在实际利用外资上增速最快。

4. 核心城市的比较

长三角的核心城市上海，是我国经济最发达的城市，其地区生产总值，第二、第三产业增加值，全社会固定资产投资总额，社会消费品零售总额，进出口总额，出口额，实际利用外资额等主要经济指标在三大经济圈核心城市中均处于首位，表现出较强的经济实力和对经济圈的带动力。但作为区域核心城市，上海的服务业有待进一步发展，产业结构有待进一步优化。

珠三角的核心城市广州，人均国内生产总值为各核心城市之首，呈现"三、二、一"的产业结构，地区生产总值、出口等指标不逊于北京，也表现出较强的竞争力。

京津冀的核心城市北京，在地区生产总值、全社会固定资产投资总额、社会消费品零售总额、实际利用外资额等指标上逊于上海，处于第二位。服务业相对发达，但人均国内生产总值低于上海和广州。天津的固定资产投资总额、社会消费品零售总额、进出口总额、出口额、实际利用外资额等指标与广州相差不大，但地区生产总值、人均国内生产总值落后于其他核心城市，呈现出工业拉动经济增长的态势。

5. 三大经济圈在全国经济中的地位

三大经济圈在我国经济中占有十分重要的地位。2004年，三大经济圈地区生产总值占全国的41%，第二产业和第三产业增加值分别占全国的41%和54%，人均生产总值为全国平均水平的2.9倍，全社会固定资产投资总额、社会消费品零售总额分别占到全国的1/3，进出口总额、出口额分别占全国的3/4，实际利用外资额占全国的4/5。与2003年相比，相关指标所占比重进一步上升，对我国经济的支撑作用越来越重要。

（二）三大经济圈经济增速有升有降

1. 长三角

与2003年比较，2004年长三角的地区生产总值等主要经济指标实现全面增长。但全社会固定资产投资总额、进出口总额、实际利用外资额的增速降幅超过10个百分点，出口增速也在减缓。

从2005年上半年数据看，长三角16个城市中有13个城市的地区生产总值、11个城市的工业产值、11个城市的全社会固定资产投资额、9个城市的社会消费品零售总额等主要指标增速比2004年同期有不同程度的下降。其中核心城市上海和其他主要城市经济增长速度的回落尤其明显。上海的地区生产总值、工业增加值、全社会固定资产投资额、社会消费品零售总额、出口额等指标增速全面回落。浙江的7市增幅减缓势头也较明显，尤其是全社会固定资产投资指标，增速下降幅度较大。

2. 珠三角

与2004年同期相比，2005年上半年珠三角部分城市的地区生产总值、工业产值、出口额等指标增速也出现了不同程度的下降，尤其是各个城市全社会固定资产投资指标的增长幅度普遍出现剧烈下滑。核心城市广州以及深圳的地区生产总值、工业增加值、全社会固定资产投资额等指标增速减缓趋势更为明显。

3. 京津冀

与2003年比较，京津冀2004年各项主要经济指标实现全面增长，全社会固定资产投资额、社会消费品零售总额、出口额等反映三大需求的指标增速出现小幅回落。

二 三大经济圈的发展状况评价与趋势判断

（一）长三角：在战略调整中将继续巩固领先地位

1. 长三角经济发展面临战略转换

长三角经济增长从2004年开始出现小幅下滑，2005年下滑趋势进一步显现，其根本原因在于高投入、高能耗、低技术、低效率的粗放经济增长方式。长三角主要是以制造业基地的区域特征而崛起的，且低端制造业仍然占据很大比例，其竞争优势很大程度上来源于低成本的土地、劳动力等要素所带来的成本和价格优势。在国家宏观调控、资源约束日益突显等相关产业环境和区域环境发生变化而导致制造成本上升时，区域经济的发展必然会受到不利影响。这在一定程度上反映出长三角进行战略转换的重要性和紧迫性。

长三角经济增长方式的转型，首先在于创新能力的提升。长三角以制造业为主导，无论是内生型的还是外生型的，只有进一步提升技术水平和创新能力，才能获得核心竞争力，提升在全球产业链中的位置，提高附加值，实现可持续发展。另外，进行市场创新、组织创新、制度创新，培育自身品牌，也是增强创新能力的重要内容。

长三角经济增长方式的转型，也在于产业结构的进一步升级与优化。长三角作为先进制造业基地，其产业结构优化不仅在于提高制造业的创新水平和附加值，优化在产业链分工、产业间分工、产品分工中的地位，更要借助良好的制造业基础发展服务业，使得两者相辅相成、相得益彰。与自身制造业水平相比，长三角在相关服务业尤其是生产性服务业的发展上存在不足，具有巨大的发展空间。服务业尤其是生产性服务业，建立在发达的制造业的基础上，并在创新能力、要素供给等方面对制造业起到支撑作用。长三角的核心城市上海，如果能在保证高端制造业平稳发展的基础上，大力发展现代服务业特别是生产性服务业，更好地发挥区域服务中心的作用，并与杭州、苏州等次一级中心城市形成合理分工，长三角的产业转型和产业升级必将加速。

总之，如果长三角能正确地迎接挑战、把握机遇，进行战略转型，则在经历一段调整阵痛之后，将会进入新的更高水平的发展阶段。

2. 长三角的扩散效应将进一步显现

进入战略转型期的长三角，从另一个角度看，意味着其聚集效应发展到一定程度，对其他区域的扩散效应将进一步显现。长三角的资本等经济要素已开始向安徽等地扩散。长三角下一步的发展将面临着聚集效应和扩散效应的同时进行，即聚集更高级的经济发展要素，发展更高端的产业，经济增长的知识含量进一步提高；同时转移不再具备发展优势的产业，一些发展要素向其他区域外溢。扩散效应是长三角经济发展到现阶段所面临的必然选择，只有以更高级的聚集效应加以衔接，才能实现经济结构的优化。这实质上是吐故纳新，经济、社会全面升级的过程。

3. 长三角仍将是我国经济最发达的地区

现阶段长三角是我国经济发展基础最雄厚的地区，经济一体化程度最高。正是因为长三角是我国的经济先发地区，所以其必将首先面对转变经济增长方式的挑战。对此，长三角已经有所认识，开始了向科学发展转轨的思考。上海"十一五"规划调低了经济增长速度，确定"十一五"时期生产总值年均增长9%以上，而"九五"时期为11.4%，"十五"时期为9%~11%。市场的力量是理性的，政府的力量是强大的，在市场和政府的双重作用下，长三角的这一战略转型将一步步展开，并一步步取得成就，长三角仍将是我国经济最发达的地区。

(二) 珠三角: 增长方式转换与拓展发展空间

1. 珠三角面临经济增长方式的战略转换

珠三角与长三角几乎同时走出了经济增速下滑的轨迹。粗放型的外源型经济增长模式必然制约珠三角经济的持续快速增长。珠三角以外向型的高新技术制造业和劳动力密集的加工型产业为主导，经济的内生性不强，建立在自主创新能力和自有品牌基础上的核心竞争力薄弱。受国家严格控制土地利用和紧缩银行贷款的宏观政策影响及国内外竞争的多重挤压，珠三角经济增长速度出现下滑。这意味着珠三角与长三角一样，在面临经济增长方式转型的关键时刻，需要尽快将主要以成本为依托的比较优势升级为主要以知识为依托的竞争优势。

珠三角的这一战略转换，首先应提升内源型经济的竞争力。发展外向型经济，应以提高经济内生力为目标。珠三角在现有经济基础上，应提升自主创新能力、保护自主知识产权、培育自有品牌。其次应打造高新技术产业和劳动力密集型加工业的竞争力。对于高新技术产业，珠三角应提高创新能力和技术水平，由此优化在全球产业链条上的位置，提高产业的科技含量和附加值；对于劳动力密集型产业，珠三角应进行市场创新和组织创新，培育自有品牌，提高品牌竞争力。

2. 依托区域支撑，优化区域协作，是珠三角进一步加快发展的突破口

珠三角的崛起，一定程度上得益于与香港"前店后厂"的分工协作。与香港的一体化整合无论过去还是将来，都是珠三角赖以发展的重要形式。香港以其发达的服务业和国际城市的地位，成为支撑珠三角发展的服务中心城市。在现有的经济基础和CEPA实施的新环境下，珠三角与香港如果能实现更高层次和更高水平的分工，则对于珠三角经济发展的转型、升级以及香港经济的可持续发展，都具有十分重要的意义。珠三角的产业高端化，如果能进一步借助香港的服务平台，开拓市场、培育品牌、优化管理、进行资本运营，则能取得较大的进展；同时，香港的服务业如果能进一步与珠三角形成合理分工，向珠三角进行梯度转移，则会有力地促进珠三角相关服务业尤其是生产者服务业的发展。

与泛珠三角其他区域的经济协作则为珠三角的进一步发展拓展了广阔的领域。这将主要涵盖以下层面：丰富珠三角的经济发展资源，拓展市场，进行产业链延伸和产业转移，从而优化产业结构。珠三角对泛珠三角其他区域的扩散效应将逐步显现。这既是珠三角经济发展的必然，也是其向更高层次提升的契机。

3. 珠三角仍将是我国经济发展最活跃的地区

珠三角依托创新的制度发展起了较发达的外向型经济，经济发展中充满了活跃的分子，这一活跃的基因将传承下去。珠三角在大珠三角、泛珠三角等由小到大、由内向外的区域圈层中将继续发挥十分重要的作用。珠三角仍将是我国经济发展最活跃的地区。

（三）京津冀：把握机遇，推进南北平衡

1. 京津冀面临区域发展战略的确立和初步实施

京津冀经济圈的一体化发展启动较晚，是三大经济圈中经济联系较为松散的一个。因此与其他两个经济圈不同，京津冀不存在战略调整的问题，而是面临确立区域发展战略的问题。在区域经济日益重要的趋势下，京津冀各方及国家层面日益认识到促进京津冀整合、实现协调发展的意义并开始积极推动，如有关京津冀区域协调发展的理论探讨日益丰富，京津冀交通一体化已开始实施，等等。京津冀的区域发展战略呈现出实践探索与理论研究双向良性互动的势头。

京津冀区域的发展起步较晚，如果能从一开始就进行更为先进、合理的战略选择，则会实现较强的后发优势。这一后发优势的基础，首先在于北京创新能力和现代服务业发展潜力的发挥，这是京津冀依托创新推动经济增长的关键；其次在于津冀先进制造业以及服务业等相关产业的结构优化与发展，这是京津冀确立和依循高科技含量、高附加值增长和可持续发展道路的主力。

2. 滨海新区和曹妃甸工业区将成为京津冀区域新的重要发展引擎

滨海新区的进一步开发开放已被纳入国家战略，这不但对天津，对京冀也是重要的利好。滨海新区的加快发展，意味着外向型经济、先进制造业和物流等相关产业的加快发展，对天津及其周边区域将起到有力的带动作用，并通过垂直和水平分工与北京形成有效分工协作和竞争，进一步凸显和强化北京的优势。滨海新区将发挥天津和京津冀新增长极的作用。

曹妃甸工业区作为临港重化工业基地，承接了北京钢铁业的产业转移，既发展了自身，也为优化北京产业结构作出了贡献。通过港口的进一步建设和产业的进一步集聚，曹妃甸工业区必将成为京津冀乃至我国北方重要的重化工业发展基地。

3. 抓住机遇，京津冀将实现较快发展

京津冀经济圈正处于历史性的战略机遇期，尤其是我国向以创新为主导的经济发展方式的战略转变，为京津冀下一步的发展指明了方向，也使京津冀有理由对发展前景充满信心。京津冀最大的比较优势在于拥有我国科技创新能力最强的北京，天津的科技创新水平也较高，只要科技创新能有效地与第一、第二、第三产业以及其他经济活动相融合，京津冀区域发展将是可持续的、富有成效的。各方只要能够在产业、科技等经济社会的各方面实现合理的分工合作，有效竞争，形成发展的合力，京津冀必将凸显后发优势，实现跨越式发展。

第四章 区域规划数学模型技术

本章是在第三章的基础上的进一步延伸，侧重运用数学理论与方法，更加准确地判断和预测将来经济和社会发展可能达到的水平与规模。在对区域组成要素的作用、功能进行结构分析时，可以运用的模型主要有投入产出模型、层次分析模型、网络模型等；对经济发展过程中各要素变化及其相互关系进行总体预测时，可以运用的模型有回归预测模型、时间序列模型等。

第一节 产业结构功能分析模型

一 投入产出模型

投入产出法，作为一种科学的方法，是研究经济体系（国民经济、地区经济、部门经济、公司或企业经济单位）中各个部分之间投入与产出的相互依存关系的数量分析方法。

投入产出法，是由美国经济学家瓦西里·列昂惕夫创立的。他于1936年发表了投入产出的第一篇论文《美国经济制度中投入产出的数量关系》；并于1941年出版了《美国经济结构，1919~1929》一书，详细地介绍了"投入产出分析"的基本内容；到1953年又出版了《美国经济结构研究》一书，进一步阐述了"投入产出分析"的基本原理和发展。列昂惕夫由于从事"投入产出分析"，于1973年获得第五届诺贝尔经济学奖。

列昂惕夫的"投入产出分析"曾受到20世纪20年代苏联的计划平衡思想的影响。因为列昂惕夫曾参加苏联20年代中央统计局编制国民经济平衡表的工作。

按照列昂惕夫的说法，"投入产出分析"的理论基础和所使用的数学方法，主要来自于瓦尔拉斯的一般均衡模型（瓦尔拉斯在1874年出版的《纯粹政治经济学要义》一书中首次提出）。因此，列昂惕夫自称投入产出模型是"古典的一般均衡理论的简化方案"。

（一）投入产出法的基本内容

投入产出法的基本内容包括，编制投入产出表、建立相应的线性代数方程体系，综合分析和确定国民经济各部门之间错综复杂的联系，分析重要的宏观经济比例关系及产业结构等基本问题。

通过编制投入产出表和模型，能够清晰地揭示国民经济各部门、产业结构之间的内在联系；特别是能够反映国民经济中各部门、各产业之间在生产过程中的直接与间接联系，以及各部门、各产业生产与分配使用、生产与消耗之间的平衡（均衡）关系。正因为如此，投入产出法又称为部门联系平衡法。此外，投入产出法还可以推广应用于各地区、国民经济各部门和各企业等类似问题的分析。当用于地区问题时，它反映的是地区内部之间的内在联系；当用于某一部门时，它反映的是该部门各类产品之间的内在联系；当用于公司或企业时，它反映的是其内部各工序之间的内在联系。

（二）投入产出法的基本特点

（1）它从国民经济是一个有机整体的观点出发，综合研究各个具体部门之间的数量关系（技术经济联系）。整体性是投入产出法最重要的特点。

（2）投入产出表从生产消耗和分配使用两个方面同时反映产品在部门之间的运动过程，也就是同时反映产品的价值形成过程和使用价值的运动过程。

（3）从方法的角度，它通过各系数，一方面反映在一定技术和生产组织条件下，国民经济各部门的技术经济联系；另一方面用以测定和体现社会总产品与中间产品、社会总产品与最终产品之间的数量联系。

（4）数学方法和电子计算机技术的结合。

二 层次分析模型

人们在对社会、经济以及科学管理领域的问题进行系统分析时，面临的常常是一个由相互关联、相互制约的众多因素构成的复杂而且往往缺少定量数据的系统。层次分析法为这类问题的决策和排序提供了一种新的、简洁而实用的建模方法。

运用层次分析法建模，大体上可按下面四个步骤进行：①建立递阶层次结构模型；②构造出各层次中的所有判断矩阵；③层次单排序及一致性检验；④层次总排序及一致性检验。下面分别说明这四个步骤的实现过程。

（一）递阶层次结构的建立

应用 AHP 分析决策问题时，首先要把问题条理化、层次化，构造出一个有层次的结构模型。在这个模型下，复杂问题被分解为元素的组成部分。这些元素又按其属性及关系形成若干层次。上一层次的元素作为准则对下一层次有关元素起支配作用。这些层次可以分为以下三类。

（1）最高层：这一层次中只有一个元素，一般它是分析问题的预定目标或理想结果，因此也称为目标层。

（2）中间层：这一层次中包含了为实现目标所涉及的中间环节，它可以由若干个层次组成，包括所需考虑的准则、子准则，因此也称为准则层。

（3）最底层：这一层次包括了为实现目标可供选择的各种措施、决策方案等，因此也称为措施层或方案层。

递阶层次结构中的层次数与问题的复杂程度及需要分析的详尽程度有关，一般层次数不受限制。每一层次中各元素所支配的元素一般不要超过 9 个。这是因为支配的元素过多会给两两比较判断带来困难。

下面结合一个实例来说明递阶层次结构的建立。

如：假期旅游有 P_1、P_2、P_3 3 个旅游胜地供你选择，试确定一个最佳地点。在此问题中，你会根据诸如景色、费用、居住、饮食和旅途条件等一些准则去反复比较 3 个候选地点。可以建立如下的层次结构模型。

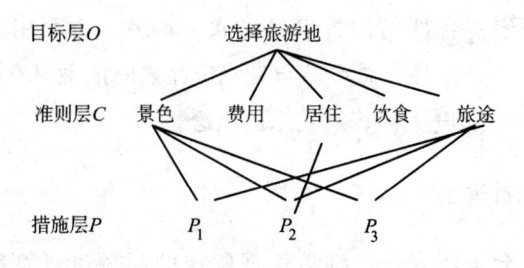

（二）构造判断矩阵

层次结构反映了因素之间的关系，但准则层中的各准则在目标衡量中所占的比重并不一定相同，在决策者的心目中，它们各占有一定的比例。

在确定影响某因素的诸因子在该因素中所占的比重时，遇到的主要困难是这些比重常常不易定量化。此外，当影响某因素的因子较多时，直接考虑各因子对该因素有多大程度的影响时，常常会因考虑不周全、顾此失彼而使决策者提出与他实际认为的重要性程度不相一致的数据，甚至有可能提出一组隐含矛盾的数据。为看清这一点，可作如下假设：将一块重为1千克的石块砸成 n 小块，你可以精确称出它们的重量，设为 $w_1, \cdots, w_n$，现在，请人估计这 n 小块的重量占总重量的比例（不能让他知道各小石块的重量），此人不仅很难给出精确的比值，而且完全可能因顾此失彼而提供彼此矛盾的数据。

设现在要比较 n 个因子 $X = \{x_1, \cdots, x_n\}$ 对某因素 Z 的影响大小，怎样比较才能提供可信的数据呢？Saaty 等人建议可以采取对因子进行两两比较建立成对比较矩阵的办法。即每次取两个因子 x_i 和 x_j，以 a_{ij} 表示 x_i 和 x_j 对 Z 的影响大小之比，全部比较结果用矩阵 $A = (a_{ij})_{n \times n}$ 表示，称 A 为 $Z-X$ 之间的成对比较判断矩阵（简称判断矩阵）。容易看出，若 x_i 与 x_j 对 Z 的影响之比为 a_{ij}，则 x_j 与 x_i 对 Z 的影响之比应为 $a_{ji} = \dfrac{1}{a_{ij}}$。

定义1 若矩阵 $A = (a_{ij})_{n \times n}$ 满足

(i) $a_{ij} > 0$，(ii) $a_{ji} = \dfrac{1}{a_{ij}}$ ($i, j = 1, 2, \cdots, n$)

则称之为正互反矩阵（易见 $a_{ii} = 1$, $i = 1, \cdots, n$）。

关于如何确定 a_{ij} 的值，Saaty 等人建议引用数字 1-9 及其倒数作为标度。表 4-1 列出了 1-9 标度的含义。

从心理学观点来看，分级太多会超出人们的判断能力，既增加了作判断的难度，又容易因此而提供虚假数据。Saaty 等人用实验方法比较了在各种不同标度下人们判断结果的正确性，实验结果也表明，采用 1~9 标度最为合适。

最后，应该指出，一般作 $\dfrac{n(n-1)}{2}$ 次两两判断是必要的。有人认为把所有元素都和某个元素比较，即只作 $n-1$ 个比较就可以了。这种做法的弊病在于，任何一个判断的失误均可导致不合理的排序，而个别判断的失误对于难以定量的系统往往是难以避免的。进行 $\frac{n(n-1)}{2}$ 次比较可以提供更多的信息，通过各种不同角度的反复比较，从而导出一个合理的排序。

表 4-1　1-9 标度的含义

标 度	含 义
1	表示两个因素相比，具有相同重要性
3	表示两个因素相比，前者比后者稍重要
5	表示两个因素相比，前者比后者明显重要
7	表示两个因素相比，前者比后者非常重要
9	表示两个因素相比，前者比后者极其重要
2,4,6,8	表示上述相邻判断的中间值
倒 数	若因素 i 与因素 j 的重要性之比为 a_{ij}，那么因素 j 与因素 i 重要性之比为 $a_{ji} = \frac{1}{a_{ij}}$

（三）层次单排序及一致性检验

判断矩阵 A 对应于最大特征值 λ_{max} 的特征向量 W，经归一化后即为同一层次相应因素对于上一层次某因素相对重要性的排序权值，这一过程称为层次单排序。

上述构造成对比较判断矩阵的办法虽能减少其他因素的干扰，较客观地反映出一对因子影响力的差别，但综合全部比较结果时，其中难免包含一定程度的非一致性。如果比较结果是前后完全一致的，则矩阵 A 的元素还应当满足：

$$a_{ij}a_{jk} = a_{ik}, \forall i,j,k = 1,2,\cdots,n \qquad (4-1)$$

定义 2　满足关系式（4-1）的正互反矩阵称为一致矩阵。

需要检验构造出来的（正互反）判断矩阵 A 是否严重的非一致，以便确定是否接受 A。

定理 1　正互反矩阵 A 的最大特征根 λ_{max} 必为正实数，其对应特征向量的所有分量均为正实数。A 的其余特征值的模均严格小于 λ_{max}。

定理 2 若 A 为一致矩阵，则

(1) A 必为正互反矩阵。

(2) A 的转置矩阵 A^T 也是一致矩阵。

(3) A 的任意两行成比例，比例因子大于零，从而 $rank(A) = 1$（同样，A 的任意两列也成比例）。

(4) A 的最大特征值 $\lambda_{\max} = n$，其中 n 为矩阵 A 的阶。A 的其余特征根均为零。

(5) 若 A 的最大特征值 $\lambda_{\max}$ 对应的特征向量为 $W = (w_1,\cdots,w_n)^T$，则 $a_{ij} = \dfrac{w_i}{w_j}, \forall i,j = 1,2,\cdots,n$，即

$$A = \begin{bmatrix} \dfrac{w_1}{w_1} & \dfrac{w_1}{w_2} & \cdots & \dfrac{w_1}{w_n} \\ \dfrac{w_2}{w_1} & \dfrac{w_2}{w_2} & \cdots & \dfrac{w_2}{w_n} \\ \cdots & \cdots & & \cdots \\ \dfrac{w_n}{w_1} & \dfrac{w_n}{w_2} & \cdots & \dfrac{w_n}{w_n} \end{bmatrix}$$

定理 3 n 阶正互反矩阵 A 为一致矩阵当且仅当其最大特征根 $\lambda_{\max} = n$，且当正互反矩阵 A 非一致时，必有 $\lambda_{\max} > n$。

根据定理 3，我们可以由 $\lambda_{\max}$ 是否等于 n 来检验判断矩阵 A 是否为一致矩阵。由于特征根连续地依赖于 a_{ij}，故 $\lambda_{\max}$ 比 n 大得越多，A 的非一致性程度也就越严重，$\lambda_{\max}$ 对应的标准化特征向量也就越不能真实地反映出 $X = \{x_1,\cdots,x_n\}$ 在对因素 Z 的影响中所占的比重。因此，对决策者提供的判断矩阵有必要作一次一致性检验，以决定是否能接受它。

对判断矩阵的一致性检验的步骤如下。

(1) 计算一致性指标 CI

$$CI = \frac{\lambda_{\max} - n}{n - 1}$$

(2) 查找相应的平均随机一致性指标 RI。对 $n = 1,\cdots,9$，Saaty 给出了 RI 的值，如表 4-2 所示。

表 4-2 平均一致性指标 RT 值

n	1	2	3	4	5	6	7	8	9
RI	0	0	0.58	0.90	1.12	1.24	1.32	1.41	1.45

RI 的值是这样得到的，用随机方法构造 500 个样本矩阵：随机地从 1~9 及其倒数中抽取数字构造正互反矩阵，求得最大特征根的平均值 λ'_{max}，并定义

$$RI = \frac{\lambda'_{max} - n}{n - 1}$$

（3）计算一致性比例 CR

$$CR = \frac{CI}{RI}$$

当 $CR < 0.10$ 时，认为判断矩阵的一致性是可以接受的，否则应对判断矩阵作适当修正。

（四）层次总排序及一致性检验

上面我们得到的是一组元素对其上一层中某元素的权重向量。我们最终要得到各元素，特别是最低层中各方案对于目标的排序权重，从而进行方案选择。总排序权重要自上而下地将单准则下的权重进行合成。

设上一层次（A 层）包含 $A_1, \cdots, A_m$ 共 m 个因素，它们的层次总排序权重分别为 $a_1, \cdots, a_m$。又设其后的下一层次（B 层）包含 n 个因素 $B_1, \cdots, B_n$，它们关于 A_j 的层次单排序权重分别为 $b_{1j}, \cdots, b_{nj}$（当 B_i 与 A_j 无关联时，$b_{ij} = 0$）。现求 B 层中各因素关于总目标的权重，即求 B 层各因素的层次总排序权重 $b_1, \cdots, b_n$，计算按表 4-3 所示方式进行，即 $b_i = \sum_{j=1}^{m} b_{ij} a_j, \ i = 1, \cdots, n$。

对层次总排序也需作一致性检验，检验仍像层次总排序那样由高层到低层逐层进行。这是因为虽然各层次均已经过层次单排序的一致性检验，各成对比较判断矩阵都已具有较为满意的一致性，但当综合考察时，各层次的非一致性仍有可能积累起来，引起最终分析结果较严重的非一致性。

表 4-3 B 层各因素层次总排序权重计算

层A 层B	A_1 a_1	A_2 a_2	…	A_m a_m	B 层总排序权重
B_1	b_{11}	b_{12}	…	b_{1m}	$\sum_{j=1}^{m} b_{1j} a_j$
B_2	b_{21}	b_{22}	…	b_{2m}	$\sum_{j=1}^{m} b_{2j} a_j$
⋮	…	…	…	…	⋮
B_n	b_{n1}	b_{n2}	…	b_{nm}	$\sum_{j=1}^{m} b_{mj} a_j$

设 B 层中与 A_j 相关的因素的成对比较判断矩阵在单排序中经一致性检验，求得单排序一致性指标为 $CI(j)$，$(j=1,\cdots,m)$，相应的平均随机一致性指标为 $RI(j)$ [$CI(j)$、$RI(j)$ 已在层次单排序时求得]，则 B 层总排序随机一致性比例为

$$CR = \frac{\sum_{j=1}^{m} CI(j) a_j}{\sum_{j=1}^{m} RI(j) a_j} \quad (j=1, 2, \cdots, m)$$

当 $CR < 0.10$ 时，认为层次总排序结果具有较满意的一致性并接受该分析结果。

第二节 经济社会发展预测模型

经济社会发展预测模型主要用于根据经济发展的历史轨迹预测未来，或者根据经济发展过程中各要素变化的相互关系进行预测总体的变化。这类模型包括回归预测模型、时间序列模型等。

一 回归预测模型

（一）基本原理

从历史上看，"回归"概念的提出早于"相关"概念的提出，生物统计学家高尔顿在研究豌豆和人体的身高遗传规律时，首先提出"回归"的思

想。1887年，他第一次将"回复"（Reversion）作为统计概念使用，后改为"回归"（Regression）一词。1888年他又引入"相关"（Correlation）的概念。原来，他在研究人类身高的遗传时发现，不管祖先的身高是高还是低，成年后代的身高总有向一般人口的平均身高回归的倾向。通俗地讲就是，高个子父母，其子女一般不像他们那样高，而矮个子父母，其子女一般也不像他们那样矮，因为子女的身高不仅受到父母的影响（尽管程度最强），还要受其上两代共四个双亲的影响（尽管程度相对弱一些），上三代共八个双亲的影响（尽管程度更加弱一些），如此等等，即子女的身高要受到其 $2n$（n 趋近无穷）个祖先的整体（即总体）影响，是遗传和变异的统一结果。

回归和相关现已成为统计学中最基本的概念之一，其分析方法也是最标准、最常用的统计工具之一。从狭义上看，相关分析的任务主要是评判现象之间的相关程度高低以及相关的方向，而回归分析则是在相关分析的基础上进一步借用数学方程将那种显著存在的相关关系表示出来，从而使这种被揭示出的关系具体化并可运用到实践中去。但也常从广义的角度去理解相关和回归，此时回归分析就包含着相关分析。

回归分析最基本的分类就是一元回归和多元回归，前者是指两个变量之间的回归分析，如收入与意愿支出之间的关系；后者则是指三个或三个以上变量之间的关系，如消费支出与收入及商品价格之间的关系等。

进一步，一元回归还可细分为线性回归和非线性回归两种。前者是指两个相关变量之间的关系可以通过数学中的线性组合来描述；后者则没有这种特征，即两个相关变量之间的关系不能通过数学中的线性组合来描述，而表现为某种曲线模型。

总体的简单线性回归模型可表示为

$$Y = A + BX + e$$

上式中，X 称为自变量，Y 称为因变量，e 称为随机误差值。

可以看出相关分析与回归分析有显著区别，在相关分析中通常可以将变量 X 和 Y 视作是某种"对等"的因素，而在回归分析中，它们却是不"对等"的。自变量是解释变量或预测变量，并假定它是可以控制的无测量误差的非随机变量；相反，因变量是被解释变量或被预测变量，它是随机变量，即相同的 Y 可能是由不同的 X 所造成，或者相同的 X 可能引起不同的 Y，其表现正是随机误差项 e。随机误差值 e 是观察值 Y 能被自变量 X 解释后所剩下的值，故又称为残差值，它是随机变量。

A 和 B 为未知待估的总体参数，又称其为回归系数。由此可见，实际观测值 Y 被分割为两个部分：一是可解释的肯定项 $A + BX$，二是不可解释的随机项 e。

与相关分析类似，总体的回归模型 $Y = A + BX + e$ 是未知的，如何根据样本资料去估计它就成为回归分析的基本任务。由此可以假设样本的回归方程如下：

$$\hat{Y} = a + bx$$

上式中，$\hat{Y}$、a 和 b 分别为 Y、A 和 B 的估计值。

如果对变量 X 和 Y 联合进行 n 次观察，就可以获得一个样本 (x, y)，据此就可求出 a、b 的值。

求 a、b 的方法有多种，但一般采用最小平方法。它要求观察值 y 与估计值 $\hat{Y}$ 的离差平方和达到最小值，即

$$Q = \sum (y - \hat{Y})^2 = \sum (y - a - bx)^2 = 最小值$$

满足这一要求的 a 和 b 可由下述标准方程求出

$$\sum y = na + b \sum x$$

$$\sum xy = a \sum x + b \sum x^2$$

解方程得：

$$b = \frac{\sum (x - \bar{x})(y - \bar{y})}{\sum (x - \bar{x})^2} = \frac{n \sum xy - \sum x \sum y}{n \sum x^2 - (\sum x)^2}$$

$$a = \bar{y} - b\bar{x} = \frac{\sum y}{n} - b \frac{\sum x}{n}$$

(二) 离差分析

对于某一个观察值 y_i，其离差大小可通过观察值 y_i 与全部观察值的均值 $\bar{y}$ 之差 $y_i - \bar{y}$ 表示出来，$y_i - \bar{y}$ 又可进一步分解为 $\hat{Y}_i - \bar{y}$ 和 $y_i - \hat{Y}_i$ 两部分，即

$$y_i - \bar{y} = (\hat{Y}_i - \bar{y}) + (y_i - \hat{Y}_i)$$

可以证明，当变量 X 和 Y 之间线性相关时，还进一步存在下述等式关系：

$$\sum (y - \bar{y})^2 = \sum (\hat{Y} - \bar{y})^2 + \sum (y - \hat{Y})^2$$

通常记

$$T = \sum (y - \bar{y})^2$$
$$R = \sum (\hat{Y} - \bar{y})^2$$
$$Q = \sum (y - \hat{Y})^2$$

分别称 T、R 和 Q 为总离差平方和、回归离差平方和和剩余离差平方和。总离差平方和反映了样本中全部数据的总波动程度；回归离差平方和反映了回归估计值自身的离散程度，它是由回归方程及自变量 x 取值不同所造成的，是可以解释的差别；剩余离差平方和是回归拟合后所剩下的部分，是不能解释的变差，故又称为残差平方和。

显然，T 中 R 的比重愈大，或者 Q 的比重愈小，则说明线性回归拟合愈好，反之，拟合就愈差。由此可以建立下述指标

$$r^2 = \frac{R}{T}$$

称 r^2 为样本相关程度的判定系数，$r = \sqrt{\dfrac{R}{T}}$ 为样本相关系数。由此就可直观地看出 r^2 和 r 的特性：①$r^2 \leq 1$ 或 $-1 \leq r \leq +1$；②$|r|$ 越接近于 1，相关程度越强；$|r|$ 越接近于 0，相关程度越弱；③r 取正值时表明正相关，r 取负值时表明负相关；④r 只能表明总体是否可能存在线性相关，当 $|r|$ 很小甚至接近于 0 时，只能说明总体可能不存在线性相关，但是否存在非线性相关还需进一步判定。

从计算角度看，上述几种离差还可表示为

$$T = \sum (y - \bar{y})^2 = \sum y^2 - \frac{1}{n}\left(\sum y\right)^2$$

$$R = \sum (\hat{Y} - \bar{y})^2 = b^2 \sum (x - \bar{x})^2 = b^2 \left[\sum x^2 - \frac{1}{n}\left(\sum x\right)^2\right]$$

$$Q = \sum (y - \hat{Y})^2 = T - R$$

（三）统计推断

依据样本数据得到的经验回归方程，是否能够较好地拟合总体的实际情况，必须通过统计检验加以判断。

可以证明：当变量 Y 服从正态分布时，从中随机抽取样本 (x, y)，回归系数 A 和 B 的最小平方估计值 a 和 b 也服从正态分布，其平均值分别为

$$\bar{a} = A$$
$$\bar{b} = B$$

方差分别为

$$\sigma_a^2 = \frac{\sigma^2 \sum x^2}{n \sum (x - \bar{x})^2} = \frac{\sigma^2 \sum x^2}{n\left[\sum x^2 - \frac{1}{n}\left(\sum x\right)^2\right]}$$

$$\sigma_b^2 = \frac{\sigma^2}{\sum (x - \bar{x})^2} = \frac{\sigma^2}{\sum x^2 - \frac{1}{n}\left(\sum x\right)^2}$$

于是，就可建立两个标准正态统计量

$$z_a = \frac{a - A}{\sigma_a}$$

$$z_b = \frac{b - B}{\sigma_b}$$

并且，σ_a^2 和 σ_b^2 的计算式中 σ^2 一般未知，但其无偏估计量为

$$\hat{\sigma}^2 = \frac{Q}{n - 2} = \frac{\sum (y - \hat{Y})^2}{n - 2}$$

据此对 A 和 B 进行统计假设检验的步骤如下。

（1）检验 A

第一步：建立统计假设

$$H_0: A = 0$$
$$H_1: A \neq 0$$

第二步：计算 z_a 统计量

由于 $\hat{\sigma}^2 = \dfrac{Q}{n-2}$

$$\hat{\sigma}_a^2 = \dfrac{\hat{\sigma}^2 \sum x^2}{n\left[\sum x^2 - \dfrac{1}{n}\left(\sum x\right)^2\right]}$$

因此，检验统计量为

$$z_a = \dfrac{a - A}{\sigma_a}$$

第三步：确定显著水平 α，作出判断

（2）检验 B

同理，可对回归系数 B 进行检验。若统计假设为

$$H_0: B = 0$$
$$H_1: B \neq 0$$

此时

$$\hat{\sigma}_b^2 = \dfrac{\hat{\sigma}^2}{\sum x^2 - \dfrac{1}{n}(\sum x)^2}$$

检验统计量 $z_b = \dfrac{b - B}{\sigma_b}$

与前面的讨论类似，也可对 A 和 B 进行单边检验，以及对 A 和 B 是否显著地与某一确定值相同或不相同进行检验。但通常进行的是对 $A = 0$ 和 $B = 0$ 的检验。对 $A = 0$ 的检验是考察回归直线是否通过坐标原点；由于 B 表示 X 变化一个单位时对 Y 的影响程度，因此对 $B = 0$ 的检验实际是考察这种

程度是否为零,即是否存在线性相关关系。

另外,通过最小平方方法获得的 a 和 b 只是 A 和 B 的点估计量,在此基础上可进一步给出它们的区间估计。

当置信度为 $1-\alpha$ 时,A 和 B 的置信区间分别为

$$a - \Delta_a \leq A \leq a + \Delta_a$$
$$b - \Delta_b \leq A \leq b + \Delta_b$$

这里

$$\Delta_a = z_{1-\frac{\alpha}{2}} \sigma_a$$
$$\Delta_b = z_{1-\frac{b}{2}} \sigma_b$$

(四) 回归预测

拟合的回归方程及其参数通过检验后,经常要应用它去预测,显然,给定 $x = x_0$ 时,Y 的点预测量为

$$\hat{Y}_0 = a + bx_0$$

Y 的置信度为 $1 - \alpha$ 的区间预测量为

$$\hat{Y}_0 - \Delta_{Y_0} \leq Y \leq \hat{Y}_0 + \Delta_{Y_0}$$

这里

$$\Delta_{Y_0} = z_{1-\frac{\alpha}{2}} \sigma_{Y_0}$$

$$\sigma_{Y_0}^2 = \sigma^2 \left[1 + \frac{1}{n} + \frac{(x_0 - \bar{x})^2}{\sum (x - \bar{x})^2} \right]$$

$$= \sigma^2 \left[1 + \frac{1}{n} + \frac{(x_0 - \bar{x})^2}{\sum x^2 - \frac{1}{n}\left(\sum x\right)^2} \right]$$

必须指出的是,给定的 x_0 如果在样本 $(x_1, x_2, \cdots, x_n)$ 的最小值至最大值之间取值,预测过程称为内插预测,否则,称为外推预测。进行外推预测时,误差一般较大,这是由两方面原因引起的:一是 x_0 远离 $\bar{x}$,二是回归方程通过检验后,虽然能代表总体的线性相关关系,但这种关系只能在样本范围内成立,在其之外就有可能出现错误,并且,随着情况的变

化，原样本也可能不再能反映总体的现状，这样，预测的效果就不好甚至失败。

二　时间序列模型

时间序列分析方法（简称时序分析）是在具有先后顺序的信号中提取有用信息的一门学科。它是数理统计学的一个重要分支，是研究随机过程的重要工具。时序分析起源于20世纪20年代，最早是为了市场预测。随着对时序分析的理论和应用这两方面的深入研究，时序分析的应用范围日益扩大，从一般的市场预测到语音识别与模拟，从机械设备的监视到生物生理、心理状态研究，时间序列分析的应用也越来越广泛，越来越深入。

（一）时间序列的含义

在"时间序列"这一学科内，时间序列是指一组有序的随机数据。它固然指按时间先后排列的随机数据，但也可以指按空间的前后顺序排列的随机数据，还可以指按其他物理量顺序排列的随机数据。这里的"时间"是广义的坐标轴的含义。时序分析是指采用参数模型对观测到的有序的随机数据进行分析和处理的一种方法。时间序列一靠数据顺序、二靠数据大小，蕴涵着客观世界及其变化的信息，表现着变动的动态过程。时序分析的任务，就是揭示时间序列本身的结构和规律，认识系统固有特性及其与外界的关系，推断系统或行为的未来状况。

时序分析作为一种现代的数据处理方法，与传统的相关分析Fourier周期图法相比，最根本的区别在于：前者采用参数模型方式（特别是ARMA模型），首先对动态数据建立时序模型，再通过模型来获得动态数据的统计特性。后者却是直接通过对动态数据的处理来获取其统计特性。这一区别导致了它们各自的优缺点：时序模型是动态模型，外延性好，避开了对动态数据直接加工所带来的影响，能获得较为精确的统计特性。时序模型又是参数模型，便于赋予其不同的物理背景，在应用方面，具有传统方法无法给出的功能。例如，采用这一动态模型可以对数据进行平滑、滤波和预测，可以对系统进行识别、分析和控制等。时序模型的参数估计，阶次确定过程，在理论和方法上不如传统方法成熟，同时获取动态数据统计特性不及传统方法快，对要求速度的场合，无疑是不利的。

(二) 建立时间序列模型的步骤

从时间序列模型的建立及实际应用角度看，常见的时间序列分析主要分为以下几个步骤。

1. 获得时间序列数据

要进行时间序列分析，首先要有时间序列数据，这里可以是有时间变量的数据，也可以是物理上的空间变量数据等具有一定前后相关性的数据。

2. 判断时间序列是否平稳

（1）平稳序列的特点。①不同时刻，均值相同。围绕常数的长期均值波动，即均值回复。②方差为常数有界，并且不随时间变化。在每一时刻，对均值的偏离基本相同，波动程度大致相等。③预测的特点是收敛到均值。反之即为非平稳序列的特点。

（2）判断数据是否平稳的方法。①检验序列的平稳性。主要是单位根检验方法。②观察观测数据的折线图。如果折线图有趋势或经常不会到均值线上，说明序列不平稳。③观察样本自相关函数图形。如果样本自相关函数不呈指数衰减趋势，也说明序列不平稳。

（3）如若序列平稳进行下一步，否则需要平稳化。平稳方法主要有差分法。一般是先对数据取对数后再作差分，只要差分足够的次数就一定能得到平稳的数据，但同时要注意不能过度差分，否则会导致模型不能满足可逆条件。判断过度差分的常见方法是看差分后的方差是否会增大，如果是则表示已过度差分。

3. 纯随机性检验

纯随机序列也称为白噪声序列，它满足如下两条性质：

（1）$EX_t = \mu, \forall t \in T$

（2）$\gamma(t,s) = \begin{cases} \sigma^2, t = s \\ 0, t \neq s \end{cases}, \forall t, s \in T$

检验原理：如果一个时间序列是纯随机的，得到一个观察期数为 n 的观察序列，那么该序列的延迟非零期的样本自相关系数将近似服从均值为零，方差为序列观察期数倒数的正态分布：

$$\hat{\rho}_k \stackrel{.}{\sim} N\left(0, \frac{1}{n}\right), \quad \forall k \neq 0$$

原假设：延迟期数小于或等于 m 期的序列值之间相互独立：

$$H_0: \rho_1 = \rho_2 = \cdots = \rho_m = 0, \forall m \geq 1$$

备择假设：延迟期数小于或等于 m 期的序列值之间有相关性：

$$H_1: 至少存在某个 \rho_k \neq 0, \forall m \geq 1, k \leq m$$

拒绝原假设：当检验统计量大于 $\chi^2_{1-\alpha}(m)$ 分位点，或该统计量的 P 值小于 m 时，则可以以 $1-\alpha$ 的置信水平拒绝原假设，认为该序列为非白噪声序列。反之，则接受。

结论：若检验结果显示接受原假设，则此次时间序列分析结束，再做分析没有任何意义。若是结果拒绝，则进行下一步。

4. 模型识别

（1）残差方差图定阶法。如果选择的 n 小于真正的阶数，则是一种不足拟和，因而剩余平方和 Q 必然偏大，$\hat{\sigma}^2$ 将比真正的残差方差 σ^2 大，这是因为我们把模型中本来应有的高阶项略去了，而这些项对于减小残差方差是有明显贡献的。另一方面，如果 n 已经达到真值，那么进一步增加阶数就是过度拟和，这并不会使 $\hat{\sigma}^2$ 有明显减小，甚至还会增加。这样用一系列阶数逐渐递增的模型进行拟合，每次都求出 $\hat{\sigma}^2$，然后画出 n 和 $\hat{\sigma}^2$ 的图形——称为残差方差图。开始时 $\hat{\sigma}^2$ 会下降，达到 n 的真值后会渐趋平缓。残差方差的估计式为：

$$\hat{\sigma}^2 = 模型的剩余平方和/（实际观察值个数-模型的参数个数）$$

（2）自相关函数和偏自相关函数定阶法。MA、AR、ARMA 过程的自相关函数和偏自相关函数有以下特征（见表 4-4）。

表 4-4　MA、AR、ARMA 过程的特征

	MA (q)	AR (p)	ARMA (p, q)
自相关函数	q 步截尾	拖尾	拖尾
偏自相关函数	拖尾	p 步截尾	拖尾

自相关函数的估计方法：

$$\rho_k = \frac{\sum_{t=1}^{n-k}(y_t - \bar{y})(y_{t+k} - \bar{y})}{\sum_{t=1}^{n-k}(y_t - \bar{y})^2} \quad k = 0,1,2,\cdots,k$$

偏自相关函数的估计方法：

解如下方程

$$\begin{bmatrix} \hat{\varphi}_{11} \\ \hat{\varphi}_{22} \\ \vdots \\ \hat{\rho}_{k-1} \end{bmatrix} = \begin{bmatrix} 1 & \hat{\rho}_1 & \cdots & \hat{\rho}_{k-1} \\ \hat{\rho}_1 & 1 & \cdots & \hat{\rho}_{k-2} \\ \vdots & \vdots & \ddots & \vdots \\ \hat{\rho}_{k-1} & \hat{\rho}_{k-2} & \cdots & 1 \end{bmatrix}^{-1} \begin{bmatrix} \hat{\rho}_1 \\ \hat{\rho}_2 \\ \vdots \\ \hat{\rho}_k \end{bmatrix}$$

（3）F检验定阶法。我们把F检验用于ARMA模型定阶，现在以ARMA（n，m）为例加以说明。我们采用过拟合的办法，先对观察数据用ARMA（n，m）模型进行拟和，再假定φ_n，θ_m高阶系数中某些取值为0，用F检验准则来判定阶数降低之后的模型与ARMA（n，m）模型之间是否存在显著性差异。如果差异显著，则说明模型的阶数仍存在升高的可能性；若差异不显著，则模型阶数可以降低，低阶模型与高阶模型之间的差异用残差平方和来衡量。例如，假定原假设为：

$$H_0: \varphi_n = 0, \theta_m = 0$$

记 Q_0 为 ARMA（n，m）模型的残差平方和，Q_1 为 ARMA（n-1，m-1）模型的残差平方和，则

$$F = \frac{Q_1 - Q_0}{2} \Big/ \frac{Q_0}{N - n - m} \rightarrow F(2, N - n - m)$$

其中 N 为样本长度，m+n 是模型参数的总个数，S=2 是被检验的参数个数。如果 F 大于 F_α，则 H_0 不成立，模型阶数仍有上升的可能，否则 H_0 成立，即 ARMA（n-1，m-1）为合适的模型。严格地说，只有当两个模型中有一个是合适的模型时，用这种方法来定阶才是可行的。

（4）信息准则定阶法。如果选择的滞后长度与真实的滞后长度相同，那么模型估计的值与数据的观察值应该误差最小。基于这个思想评价模型的好坏，可以考虑均方差最小。

$$MSE = \frac{\sum_{t=1}^{T}(y_t - \hat{Y}_t)^2}{T}$$

但只要模型的解释变量增加,MSE 就一定会减小。因此这样的模型虽然对数据的拟和程度高,但是预测效果不一定好。从预测的角度看,MSE 是一步预测误差的有偏估计。为了解决这个问题,需要对自由度进行调整。AIC 和 BIC 准则就是对自由度进行调整而得到的。

$$AIC = \exp(2k/T) \frac{\sum_{t=1}^{T} e_t^2}{T}$$

$$BIC = T^{k/T} \frac{\sum_{t=1}^{T} e_t^2}{T}$$

式中,k 是模型中未知参数的个数,在 ARMA 中可以用 $p+q$ 代替,e_t 是估计出的残差。对上述函数作简化运算的调整后,判断滞后长度的准则是 p 和 q 函数,给定它们的值,可以得到一个 AIC 值,开始时,AIC 值随 p 和 q 的增加而减小,但是由于样本长度有限,p 和 q 越大,估计精度越低,$\hat{\sigma}^2$ 增加,因此 AIC 值也将增加,所以选择使 AIC 和 BIC 最小的 p 和 q。

该准则定阶的步骤是:

①给定滞后长度的上限 P 和 Q,一般取为 $T/10$ 或 $\sqrt{T}$;

②对长度 $p=0,1,2,\cdots,P$,$q=0,1,2\cdots,Q$,分别估计模型 ARMA (p,q),利用估计结果计算出 $\hat{\sigma}^2$;

③代入公式,计算出 $AIC(p,q)$ 和 $BIC(p,q)$;

④求出最小值对应的 p,q 值作为 ARMA 模型的阶数。

该准则选择滞后长度存在以下的缺陷:①选择不同的准则具有主观随意性。不同准则有时会得出矛盾的结论。②选择方法是确定一个滞后长度的上限 P 和 Q,如果实际的滞后长度大于 P 和 Q,那我们就得不到正确的滞后长度。

5. 估计未知参数

(1) 矩估计法。ARMA 模型的参数矩估计可以分为三个步骤进行:

第一步：先给出 AR 部分 $\varphi_1, \varphi_2, \cdots, \varphi_n$ 得矩估计。即：

$$\begin{bmatrix} \varphi_1 \\ \varphi_2 \\ \vdots \\ \varphi_n \end{bmatrix} = \begin{bmatrix} \rho_m & \rho_{m-1} & \cdots & \rho_{m-n+1} \\ \rho_{m+1} & \rho_m & \cdots & \rho_{m-n+2} \\ \vdots & \vdots & \ddots & \vdots \\ \rho_{m+n-1} & \rho_{m+n-2} & \cdots & \rho_m \end{bmatrix}^{-1} \begin{bmatrix} \rho_{m+1} \\ \rho_{m+2} \\ \vdots \\ \rho_{m+n} \end{bmatrix}$$

第二步：$y_t = X_t - \varphi_1 X_{t-1} - \cdots - \varphi_p X_{t-p}$ 其协方差函数为

$$\begin{aligned}\gamma_k(y_t) &= E(y_t y_{t+k}) \\ &= E[(X_t - \varphi_1 X_{t-1} - \cdots - \varphi_p X_{t-p})(X_{t-k} - \varphi_1 X_{t+k+1} - \cdots - \varphi_p X_{t+k-p})] \\ &= \sum_{i,j=0}^{p} \varphi_i \varphi_j \gamma_{k+j-i}\end{aligned}$$

其中有 $\varphi_0 = -1$，再以 $\hat{\gamma}_k$ 代替 γ_k，便有 $\gamma_k(y_t) = \sum_{i,j=0}^{n} \varphi_i \varphi_j \hat{\gamma}_{k+j-i}$

第三步：把 y_t 近似看做 MA（q）序列。即

$$y_t \cong \varepsilon_t - \theta_1 \varepsilon_{t-1} - \theta_2 \varepsilon_{t-2} - \cdots - \theta_m \varepsilon_{t-m}$$

利用关于 MA 参数估计方法解下列方程：

$$\gamma_0(y_t) = (1 + \sigma_\varepsilon^2 + \cdots + \theta_m^2)$$
$$\gamma_k(y_t) = \sigma_\varepsilon^2(-\theta_k + \theta_1 \theta_{k+1} + \cdots + \theta_{m-k} \theta_m) \quad k = 1, 2, \cdots, m$$

其解就是 ARMA 模型的移动平均参数 $\theta_1, \theta_2, \cdots, \theta_m$ 和 σ_ε^2 的矩估计。

矩估计的优点主要有：①估计思想简单直观；②不需要假设总体分布；③计算量小（低阶模型场合）。

缺点有：①信息浪费严重，只用到了 $p+q$ 个样本自相关系数信息，其他信息都被忽略；②估计精度差。

通常矩估计方法被用作极大似然估计和最小二乘估计迭代计算的初始值。

（2）极大似然估计法。极大似然估计的原理是在极大似然准则下，认为样本来自使该样本出现概率最大的总体。因此未知参数的极大似然估计就是使得似然函数（即联合密度函数）达到最大的参数值。

$$L(\hat{\beta}_1, \hat{\beta}_2, \cdots, \hat{\beta}_k; x_1, \tilde{x}) = \max\{p(\tilde{x}); \beta_1, \beta_2, \cdots, \beta_k\}$$

似然方程为：

$$\begin{cases} \dfrac{\partial}{\partial \sigma_\varepsilon^2} l(\tilde{\beta}; \tilde{x}) = \dfrac{n}{2\sigma_\varepsilon^2} - \dfrac{S(\tilde{\beta})}{2\sigma_\varepsilon^4} = 0 \\ \dfrac{\partial}{\partial \tilde{\beta}} l(\tilde{\beta}; \tilde{x}) = \dfrac{1}{2} \dfrac{\partial \ln|\Omega|}{\partial \tilde{\beta}} + \dfrac{1}{2\sigma_\varepsilon^2} \dfrac{\partial S(\tilde{\beta})}{\partial \tilde{\beta}} = 0 \end{cases}$$

由于 $S(\tilde{\beta})$ 和 $\ln|\Omega|$ 都不是 $\tilde{\beta}$ 的显式表达式，因而似然方程组实际上是由 $p+q+1$ 个超越方程构成，通常需要经过复杂的迭代算法才能求出未知参数的极大似然估计值。

极大似然估计法的主要优点是：

①极大似然估计充分应用了每一个观察值所提供的信息，因而它的估计精度高；

②具有估计的一致性、渐近正态性和渐近有效性等许多优良的统计性质。

缺点主要是需要假定总体分布。

（3）最小二乘估计法。原理是使残差平方和达到最小的那组参数值即为最小二乘估计值。

$$Q(\hat{\beta}) = \min Q(\tilde{\beta})$$
$$= \min \sum_{t=1}^{n} (x_t - \varphi_1 x_{t-1} - \cdots - \varphi_p x_{t-p} - \theta_1 \varepsilon_{t-1} - \cdots - \theta_q \varepsilon_{t-q})$$

实际运用中常用条件最小二乘估计作为参数估计方法。

假设条件为：$x_t = 0, t > 0$

残差平方和方程为：

$$Q(\tilde{\beta}) = \sum_{i=1}^{n} \varepsilon_t^2 = \sum_{i=1}^{n} \left[x_t - \sum_{i=1}^{t} \pi_i x_{t-1} \right]^2$$

实际运用中解此类方程通常用迭代法。

最小二乘估计的主要优点是：

①最小二乘估计充分应用了每一个观察值所提供的信息，因而它的估计精度高；

②条件最小二乘估计方法使用率最高。

缺点主要是需要假定总体分布。

6. 模型检验及优化

当模型估计完后需要检验模型是否充分描述了数据。可从以下几个方面去判断。

(1) 所有系数是否显著不等于0，即参数显著性检验。目的是检验每一个未知参数是否显著非零，删除不显著参数使模型结构最精简。

假设条件：$H_0: \beta_j = 0 \leftrightarrow H_1: \beta_j \neq 0 \quad \forall 1 \leq j \leq m$

检验统计量：$T = \sqrt{n-m} \dfrac{\hat{\beta}_j - \beta_j}{\sqrt{a_{jj}Q(\hat{\beta})}} \sim t(n-m)$

如果某个参数不显著，即表示该参数所对应的那个自变量对因变量的影响不明显，该自变量就可以从拟合模型中删除。最终模型将由一系列参数显著非零的自变量表示。

(2) 残差是否为白噪声，即模型的显著性检验。一个好的拟合模型应该能够提取观察值序列中几乎所有的样本相关信息，即残差序列应该为白噪声序列。反之，如果残差序列为非白噪声序列，那就意味着残差序列中还残留着相关信息未被提取，这就说明拟合模型不够有效。

原假设：残差序列为白噪声序列

$H_0: \rho_0 = \rho_1 = \rho_2 = \cdots = \rho_n = 0 \quad$ 对任何 $n > 0$

备择假设：残差序列为非白噪声序列

$H_1:$ 至少存在某个 $\rho_k \neq 0, \forall m \geq 1, k \leq m$

检验统计量：

$$LB = n(n+2) \sum_{k=1}^{m} \left(\dfrac{\hat{\rho}_k^2}{n-k} \right) \to \chi^2(m)$$

如果拒绝原假设，就说明残差序列中还残留着相关信息，拟合模型不显著。如果不能拒绝原假设，就认为拟合模型显著有效。

(3) 是否有大的拟合优度和小的 AIC 或 BIC。

拟合优度 = 回归平方和/总平方和

拟合优度越大说明模型的拟合效果越好。同理，AIC 是均方差的估计值，所以此值越小所对应的模型的估计精度越高，模型越适合。

（4）是否有直观意义和经济理论基础。一个所谓好的模型应该是每个系数都显著不等于 0，参数是白噪声序列，预测比其他模型准确，拟合优度大，AIC 或 BIC 小，没有公共因子，不可以简化，有直观意义和经济理论基础。

（5）异方差性检验。如果随机误差序列的方差会随着时间的变化而变化，这种情况被称为异方差。

$$\text{Var}(\varepsilon_t) = h(t)$$

异方差直观诊断主要有：残差图和残差平方图。判断方法是看残差散点图是否平稳。

异方差的处理方法是：假如已知异方差函数的具体形式，进行方差齐性变化。假如不知异方差函数的具体形式，拟合条件异方差模型。

①方差齐性使用场合。序列显示出显著的异方差性，且方差与均值之间具有某种函数关系。

$$\sigma_t^2 = h(\mu_t)$$

其中：$h(\cdot)$ 是某个已知函数；

尝试寻找一个转换函数 $g(\cdot)$，使得经转换后的变量满足方差齐性

$$\text{Var}[g(x_t)] = \sigma^2$$

②拟合条件异方差模型。

拟合条件异方差模型主要有：ARCH 模型、GARCH 模型、GARCH 模型的变体、EGARC 模型、IGARCH 模型、GARCH-M 模型、AR-GARCH 模型。

以 ARCH 模型、AR-GARCH 模型为例作简要说明。

ARCH 模型原理是通过构造残差平方序列的自回归模型来拟合异方差函数。ARCH（q）模型结构：

$$\begin{cases} x_t = f(t, x_{t-1}, x_{t-2}, \cdots) + \varepsilon_t \\ \varepsilon_t = \sqrt{h_t} e_t \\ h_t = \omega + \sum_{j=1}^{q} \lambda_j \varepsilon_{t-j}^2 \end{cases}$$

AR-GARCH 模型为：

$$\begin{cases} x_t = f(t, x_{t-1}, x_{t-2}, \cdots) + \varepsilon_t \\ \varepsilon_t = \sum_{k=1}^{m} \beta_k \varepsilon_{t-k} + v_t \\ v_t = \sqrt{h_t} e_t \\ h_t = \omega + \sum_{i=1}^{p} \eta_i h_{t-i} + \sum_{j=1}^{q} \lambda_j v_{t-j}^2 \end{cases}$$

7. 预测

一般较为常见也比较简单的预测模型当然是 ARMA 模型了，我们就以此模型对预测的原理做简单的介绍。

预测是根据过去和现在的样本值对序列未来时刻取值进行估计。常用的是线性最小均方差预测。假设目前时刻是 T 时刻，已知时刻 T 之前的所有数值，我们的目的是预测变量 Y_{T+h} 的取值，$h > 0$，称为 h 步预测。

预测误差：$e_{T+h} = Y_{T+h} - \hat{Y}_{T+h}$

选择合适的函数形式，使得预测误差的平方和最小，就是最优预测。

以 ARMA（1，1）模型为例说明。此模型可写为：

$$X_t = \varphi_1 X_{t-1} + \varepsilon_t - \theta_1 \varepsilon_{t-1}$$

$$\hat{X}_t(1) = E(X_{t+1}) = E(\varphi_1 X_t + \varepsilon_{t-1} - \theta_1 \varepsilon_t) = \varphi_1 X_t - \theta_1 \varepsilon_t$$

由于实际数据有限，过于靠前的 ε_t 是未知的，因而我们往往给定初始值，取以前某时刻 $\varepsilon_t = 0$，即假定 $X_{t-j} = \hat{X}_{t-j-1}(1)$，这样就可以递推算出 ε_t，进而得到 $\hat{X}_{t(1)}$。

一般的，有 $\hat{X}_t(l) = E(X_{t+l}) = \varphi_1 \hat{X}_t(l-1)$

当上式大于零时，预测值为 $\hat{X}_t(l) = \left(X_t - \dfrac{\theta_1}{\varphi_1} \varepsilon_t \right) \varphi_1^l$。可以看出，如果把预测值 $\hat{X}_t(l)$ 看做函数，则预测函数的形式是由模型的自回归部分决定的，滑动平均部分用于确定预测函数的待定系数，使得预测函数"适应"于观测数据。

时间序列建模的过程如图 4-1 所示。

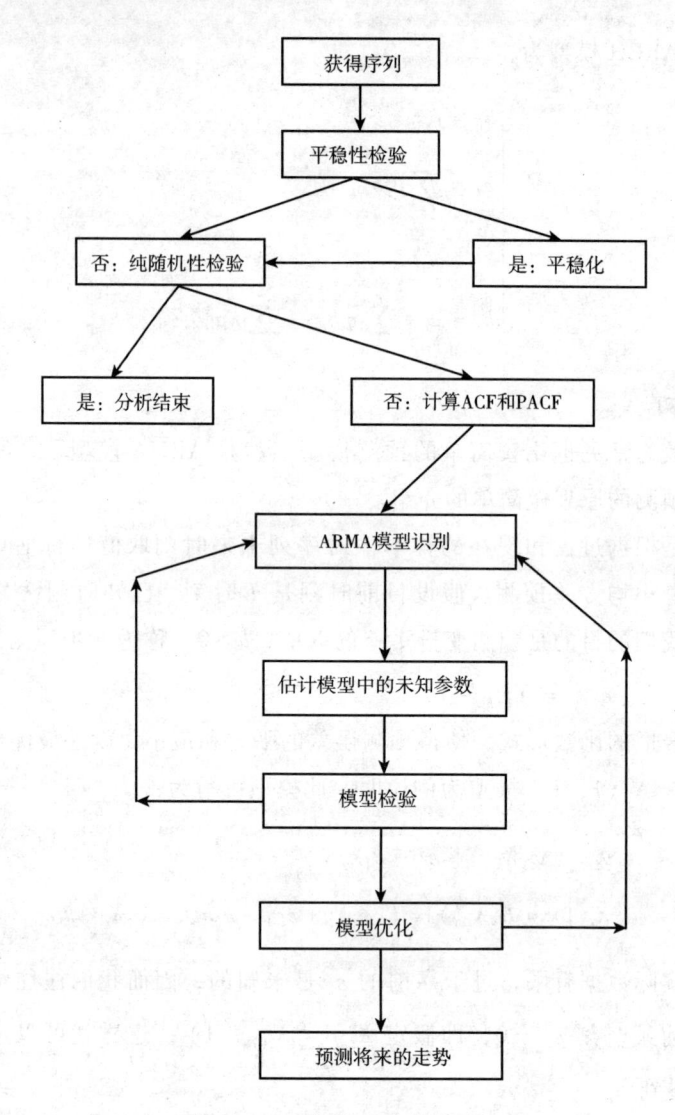

图 4-1　时间序列建模的过程

第五章 区域发展规划

区域发展规划（regional development plan，简写 RDP）是区域生产力和区域经济与社会发展到一定历史阶段的产物，是对未来一定时间和空间范围内经济和社会发展等方面所做的总体部署。它标志着人类在能动地改造自然，协调人口、资源、环境、经济发展与社会进步关系方面进入了一个新的发展阶段。

第一节 区域发展规划的确定

西方发达国家早在 20 世纪初就把区域发展规划作为加强宏观调控、合理配置资源、促进经济增长和社会进步的长期战略。我国区域发展规划虽始于 20 世纪 50 年代中后期，但直到 80 年代伴随改革开放的不断深入，才获得蓬勃发展。90 年代以来，随着社会主义市场经济体制的逐步形成以及政府职能的转变，整个国民经济管理朝着加强宏观调控、微观放开搞活的方向发展，各级政府在区域经济发展中获得了更多的自主权。在这一经济转型、社会转轨的新时期，研究、制订和完善不同类型与层次的区域发展规划，既是政府加强宏观调控的需要，更是市场经济体制对区域经济发展提出的客观要求。

一 基本含义与研究内容

区域发展不仅是当代世界重大的社会经济问题，也是中国经济地理研究的主要课题。研究区域发展规划和政策对区域经济发展的影响，是现代经济地理学的主要内容之一。区域就其发展过程而言，有着四大基本属性：

其一，它是一个综合的多维发展过程，不仅包括资源开发与配置、人口生产、经济增长等物质实体的发展，而且包括科技、教育、信息、政策等非物质实体的发展；其二，它是一个动态渐进的连续发展过程，不仅包括新开发地区的发展，而且包括已开发地区的再发展与再进步；其三，它是一个人口、资源、环境、经济与社会相互作用的持续协调发展过程，既包括经济发展，也包括人口与社会发展，还包括生态平衡与环境保护的发展，因而是"人"、"物"、"地"三者的共同发展；其四，它是一个与相邻区域互动互进的联合协作发展过程，既包括区域内部多维连续与协调发展，又包括区域发展对相邻区域或更大区域发展的影响与联动效应，加强区域联合与协作正是基于区域发展的这一特点。基于区域发展的四大属性，区域发展规划的科学含义需从区域规划的内涵入手进行分析。

1. 对区域规划含义的认识

区域规划有广义和狭义两种不同理解。广义的区域规划包括区际规划和区内规划，狭义的区域规划仅指区内规划。欧美国家对区域规划多作广义理解，我国则多作狭义理解。目前，国际上对区域规划的定义一般有以下几种：

①广大层面上的土地利用规划，使各种用地达到平衡和有效使用，以利于发展。

②超都市空间的规划，也就是大于任何单个都市市区的规划。

③一种策略的发展，是综合发展计划的加大。

④当作资源的分配、经济的发展以及土地的使用与设计的计划。

⑤一种过程，是指导土地利用，以达到最优良的环境、最健全的资源利用的计划过程。

我国则将区域规划定义为：一定地域范围内国民经济建设的总体部署。这个概念包括三层含义：①一定的地域范围。显然是把区域规划作狭义理解，指区域内部的总体部署。②国民经济建设部署。着重进行国民经济建设规划，而不是一般的区域经济发展计划，或者单纯是土地利用规划、资源开发规划。③总体部署。即生产力的总体布局，包括生产性和非生产性的建设项目。由于区域规划是一项具有综合性、战略性和政策性的规划工作，是区域各项事业和基础设施的建设总纲，因此，科学的有远见的区域规划可以避免低效益的单独建设和不必要的重复建设，可以合理安排区域重要产业和基础设施的有序建设，合理利用区域内的资源和能源，从而对区域建设的全局和各组成部门产生深远的社会、经济和生态效益。

2. 区域发展规划（RDP）的基本内涵

基于对"区域发展"内涵的理解和"区域规划"的种种认识，我们认为区域发展规划的基本内涵是：

（1）从研究对象和目的看，区域发展规划是指对未来一定时间和空间范围内的经济、社会、资源、环境、科技等各方面发展以及它们之间持续协调发展所做的总体安排与战略部署。其目的是综合协调经济社会再生产的各个环节，确定最适当的结构比例与发展速度、最优化的资源配置与生产力布局，进而获得经济、社会、生态等多种评价条件下的最佳效果，促使区域经济持续快速稳定增长，自然资源得以永续开发利用，社会发展不断进步，生态环境不断改善，最终实现区域人口、资源、环境与经济社会发展（简写 PRED）的高度和谐统一。

（2）从隶属关系看，区域发展规划是区域规划的核心组成部分。

从上述区域规划的种种定义和国内外区域规划的百年实践中可知，区域规划不外乎区域开发规划、区域建设规划和区域发展规划三大部分。其中开发规划侧重于资源开发和新区开发的规划，建设规划侧重于物质实体具体设计（如选址等）的规划，而发展规划不仅包含有开发规划与建设规划的许多内容，而且还包括各种非物质实体的规划，是开发与建设规划的最终结果。在发展规划中，经济发展规划是目前我国规划的重点，社会发展规划则是长期奋斗的目标。从规划演变趋势看，依次呈现出区域开发规划——区域建设规划——区域经济发展规划——区域社会发展规划的总体趋势，目前我国正处在区域经济发展规划阶段。至此，以经济发展为主的区域发展规划就成了当前我国人文地理学界研究的"热点"之一。

3. 区域发展规划的研究内容

从区域规划的研究内容来看，美国的区域规划包括经济规划、物质规划、社会规划和政策规划四个方面；荷兰区域规划重点研究人与环境的关系，并以整个社会为出发点；德国区域规划重点研究全国空间结构现状、趋势及为改善空间结构而进行的投资分配预算；前苏联区域规划重在研究特定区域地域经济布局与功能分区；英国区域规划重在研究为空间环境建设服务的区域经济发展政策和社会改造意图；古巴区域发展规划主要研究区域资源、工农业、交通能源系统、移民结构、社会基础设施系统、环境保护和资源合理利用等区域一体化问题；日本区域发展规划主要研究区域间的收入差异和区域发展政策；泰国区域规划主要研究超常规发展引起的区域发展不平衡问题；中国的区域规划主要研究区域经济发展目标、方向、规模和结构，包括合理布局生产力，具体配置工农业及城镇居民点，统一安排区域性基础设施和环境保护工程设施等内容，以使区域之间、区域与部门之间、部门与企业之间、生产性建设与非生产性建设之间相互协调组合。以上述引证分析为基础，中国区域发展规划的研究内容应突出体现"经济发展"和"可持续发展"两大准则。具体内容为：

（1）结合区情进行区域发展现状分析。在对区域的区位条件、资源、环境、人口、经济社会发展等区情特点分析的基础上，找出区域发展的现实优劣势与潜在优劣势、外向型经济发展的有利条件与制约因素以及进一步发展面临的国际国内机遇和挑战。

（2）立足区内区际两种资源及环境承载力，确定区域经济发展以及经济和社会同人口、资源、环境协调发展的总目标与目标体系，确定区域发展的战略布局与战略重点。

（3）面向国际国内两种市场，按照国际国内劳动地域分工原则，选择区域经济发展的主导产业，进行区域产业结构的调整优化与升级演进。其中主导产业选择必须遵循弹性系数大、技术进步速度快、规模大、效益好、关联效应强、经济外向度高6大标准。以此标准中国工业主导产业系统主要是一个由化学、钢铁、石油加工、电子、纺织、机械、化纤、医药等13个行业组成的集合。

（4）以市场配置资源为基础，合理布局工农业生产，建立区域经济和社会发展的空间结构，统一安排区域性能源、交通通讯、水利等公用基础设施的建设布局，做好区域环境治理与保护规划，做好各行各业发展规划。

（5）围绕国家产业政策，根据国际投资和国内投资的可能性，精选出对区域发展有重大影响的重点建设项目，并进行技术经济论证。

（6）制定保证规划实施的对策措施和区域发展政策，建立规划实施跟踪监控与预警系统。

二 区域发展规划新理念

全球化、信息化时代的来临深刻影响了城市和区域的发展，在城市、区域经济结构、社会结构等方面带来的相应变化导致了城市与区域空间结构的变异。主流社会借助经济全球化加快促进世界经济的一体化；而弱势群体害怕经济全球化带来的负面影响，联合抵制经济全球化并鼓吹新地方主义思想。近来，后现代城市形态已经开始形成蔚为壮观的局面，以阶层、种族和空间分割为特征的城市社会空间日趋尖锐。疯长的城市郊区化不仅消耗了大量土地，而且使得城市中心区出现"空洞化"现象。环境污染、生态退化开始影响人类身体健康，给城市带来相当大的危害。传统的以单个城镇为中心的城市规划编制体系与思维模式，已经无法适应这一新情况。

1. 整体协调发展理念

社会经济发展背景的巨大变迁使区际、区内各要素之间的联系空前密切，相互之间的作用也更为强烈，任何一个地区的发展建设都会对其他地区产生影响。因此，区域规划必须突破传统观念下封闭的行政区界限的束缚，着眼于区域整体利益的维护和实现，促进区域整体协调发展。但这不同于计划经济体制下"高度指令"加"强烈干预"所达到整体性的模式，而应是一种"共识型"、"契约型"的规划，强调不同行政区域之间及区域内城镇之间和城乡之间的相互协调；强调自上而下与自下而上的整体协调发展。

2. 城乡一体化理念

传统区域规划中"二元分制"的规划思维特征非常明显，仅强调城镇为研究的重点，其他地域（生态地域、农村地域）仅作为一种支撑城镇发展的成本。但全球经济和社会的不断发展使城市的发展过程变得难以把握和控制，大城市在发展中突破行政区管辖范围，与周边城镇连成一片的比比皆是，产生了城乡界限模糊的城镇密集区、城乡混合区等表象的空间形态。新的城乡关系——"城乡一体化"作为区域整体协调发展理念正日益被广泛接受。城乡一体化是指城市和乡村作为一个统一的整体，通过要素的自由流动和人为协调，达到经济一体化和空间融合的系统功能最优的状态。城乡系统资源配置合理，才是共享现代文明的"自然—空间—人类"系统。

3. 可持续发展理念

德国学者 Albert Schmidt 于 1995 年指出，区域规划最要紧的是必须立足可持续发展的可能性和必要性，针对区域的固有特点制定区域发展目标，并对自然环境加以重视。可持续发展有多种解释方式，生态的、社会的、经济的和文化的，因而规划时应从不同的角度认识和保证区域与城乡空间的可持续性。然而可持续发展的具体内容、目标标准是什么至今未有确切的含义，导致其可操作性仍不强。但只要它深入人心就可以使人类的生存和发展更加健康而有序。

4. 以人为本理念

城市中人与人相互依赖与竞争是人类社区空间关系形成、发展和变化的决定性因素。随着社会和人文科学的发展，城市和区域规划也强调"以人为本"的理念。要求规划从人的尺度、人的需要、人的情感和人的知觉以及人与人之间相互作用过程等方面出发，编制出真正符合人类需求的，能达到"富民"目的的合理规划。

第二节 区域发展目标的抉择

一 区域发展目标理论依据

对于区域发展目标问题，有两种不同的观点。一种观点认为，社会实践应当按照一定的计划进行，因此，规划应制定出最终目标；另一种观点认为，规划应当面向实际问题，不应把宏观发展的最终目标的实现作为它的任务，而要注重实际问题的解决。

前一种观点的理论依据是，所有的社会现象都是一种历史现象，因而都可以用普遍的历史发展规律来加以解释。依据辩证唯物主义和历史唯物主义观点，掌握自然和社会发展的规律性，就可以预测未来，确定未来的发展目标。因此，目标确定首先要从历史的角度进行全面分析。规划必须研究和把握区域发展的方向，制定出总的目标，在这个基础上再制定具体的措施。

后一种观点的理论依据是，从根本上来看，人的认识是不完全的。由于人类预测未来的不完全性，因而对于一个复杂的现实世界，要在判断目标正确性的基础上建立一个最终目标是不可能的。对于一个包容不同价值体系的多元化社会来说，制定一个最终目标以及相应的目标体系也没有意义。因此，应当避免去寻找客观的区域发展的最终目标。

世界上很多国家的规划工作受到后一种观点的影响。比如德国，在大约20年前，专家认为，提出区域的经济增长规划是十分必要的。因此，许多专家通过大量的工作，建立增长的数学模型，计算各区域经济增长速度。现在专家却认为这种方法已不再适用了。在西欧，目前的区域规划基本上不再提出区域的经济增长预测，而仅仅制定一些应当实现的或追求的各类指标。

目标是长期的面向未来的，但提出的基础是历史和目前的状况，因而必然存在许多不确定性。这种不确定性就决定了区域发展战略目标或多或少地带有"乌托邦"的意味，是一种"理想模式"。"理想模式"就好像一幅图画，从图画中能反映出事实情况、前景和背景、清楚的轮廓和多种含义。

由于未来发展具有许多不确定因素，特别是区域又是个开放系统，受内外因素制约大，所以区域发展的总体目标会比较抽象一些，但它仍然能起到指出方向的作用，可以反映出区域各系统发展的基本趋势。从这种意义上来说，"理想模式"就是一种所向往的社会和经济状态，是一种想象的合理的结构。"理想模式"部分来源于对历史和现状的评价，部分来源于人们的理想。因此，"理想模式"与其说符合社会现实的发展，倒不如说是一种理想化的合理体系的"设想方案"。在该方案中，指标、问题分析和行动计划交织在一起。

"理想模式"也可以称之为"理想状态"。它是当代人们根据掌握的知识、技术和已有行为方式对未来发展目标的描述。其中，当代发展起来的预测技术，对理想模式或理想状态的形成具有重要意义。

二 区域发展目标体系

区域发展目标可以分成总体发展目标和具体发展目标两大类，它们构成一个完整的目标体系。

总体发展目标是区域发展战略方案的高度概括，一般只用一两个具体的指标，加上适当的描述来表达。有些地区在制定总体战略时，只提出方向和奋斗目标，不出现具体的经济指标或其他指标。如1983年广东省确定的未来20年的战略目标是：力争20年基本实现现代化。这个战略目标比较概括、简练，有号召力和动员力量，但稍为抽象一些，因此，他们又做了适当的解释。所谓基本实现现代化，就是全省经济发展总体上达到世界中等发达国家的水平，精神文明的水平更高。

制定总体目标的目的在于明确区域发展方向，概括追求的区域"理想模式"或"理想状态"的总体面貌，动员和组织各方面的力量为实现理想的追求而努力。所以，总体目标应能体现社会的进步、经济的发展、人民生活水平的提高。它既要"理想化"，又要高度的综合、概括，因而也难免比较抽象。这就要求在制定总体目标的同时，要确定一系列具体目标。具体目标是一系列的指标体系，它既是以总体目标为依据，又是总体目标的具体反映。

区域规划的具体目标包括经济目标、社会目标和建设目标三个大类，每类之下又可分为许多次一级的类别，形成一个战略目标系统。具体目标设置，一般应包含如下内容：

1. 经济目标

①经济总量指标，如社会总产值、国民收入、国民生产总值等。②经济效益指标，如人均国民生产总值、人均国民收入及主要物资消耗定额等。③经济结构指标，如第一、二、三产业的就业比例、三个产业之间的产值比例、社会总产值的内部构成等。

2. 社会目标

①人口总量指标，主要指人口发展规模。②人口构成指标，如城乡人口比例，人口就业结构、文化结构等。③居民物质生活水平指标，如人均居住面积、人均食物消费量、人均寿命、每万人平均医生数量、婴儿成活率等。④居民精神文化生活水平指标，如教育普及程度，每万人拥有大学生数量，每万人拥有各类文化、体育、娱乐设施数量等。

3. 建设目标

①空间结构指标，如城镇首位度、城镇集中指数、经济发展均衡度、各类建设用地结构等。②空间规模指标，如各类建设用地面积、建设用地占区域总面积的比例等。③建设环境质量指标，如建筑密度、容积率、人口毛密度、人均绿地面积等。

在区域发展目标指标体系中，每个指标仅能从某一特定的方面反映区域未来的状态和发展水平。它们是与区域社会经济发展及建设规划关系最紧密的基本指标，规划中可以根据需要从它们中派生出许多其他指标。

三 区域发展目标的抉择

区域发展目标的制定，一是要评估区域发展的内部条件；二是要分析区域发展的外部环境，了解社会经济发展的总趋势。

（一）评估区域发展的内部条件

区域的发展是内外因素相互作用的结果。区域本身的地理位置、自然资源、人力资源、技术资源、基础设施、对外的适应能力、文化传统，甚至生活习俗等因素都会对未来的发展产生极大的影响。因此，对区域发展目标的抉择，不能脱离区域本身的资源、条件，要从区域发展的历史和现状出发。对内部条件评估时，以下几个问题应特别注意，并认真加以研究。

1. 区域的地位

区域地位是指某区域在区域系统中或同一层次区域中的排序和重要性，以及所起的作用和影响。它通常反映在排序的前后或高低，所起作用的大小，影响的地域范围及影响的强度等方面。区域地位与区域的规模、地理位置、资源状况、经济发展所处的阶段和发展水平等因素密切相关。

评估区域的地位，目的在于明确规划区域在地域分工中所处的位置，在社会经济发展中能起的作用和适合扮演的角色。明确规划区域所处的经济发展阶段，对于确定区域未来的经济发展方向、经济结构和近期的战略重点，具有十分重要的意义。

2. 区域优势与劣势

深入研究本区域的实际情况，正确认识本区域的优势与劣势，是区域发展战略抉择的基本出发点。

优势是相对而言，相比较而存在的。优势总是相对于劣势来说的，而且总是在比较中才能辨别。因此，确定区域的优势和劣势，通常需要作两种比较。

一是区内比较。对影响区域发展的各种内在因素，各种资源、各种条件，进行全面的分析、比较，以明确哪种因素、哪一种资源、哪一个条件对区域发展的作用最大,是优势所在。二是区际比较。区域与区域之间进行比较,最容易表现出哪些是强势、弱势甚至是劣势来。在比较时将某区域可能成为优势的有利条件或认为优势的东西,同近邻的或全国其他地区的进行比较。只有当该区域的有利因素、优越条件比其他地区更有利,优势更加明显或在比较中仍处于前列时,才能算作优势。

区域内各种各样的优势很多,比如:①区位优势。区位优势是区域与周围区域相互关系共同作用的结果,但若某一区域具备经济发展的有利条件,如靠近国际贸易中心,濒临海洋且有优良港口,易达性强,对外联系方便等,该区域便具备经济发展的区位优势。②资源优势。区域内的水、土地、光热资源、矿产资源、劳动力资源的丰富程度及其组合状况,对区域发展方向、目标和开发重点以及区域的地位都有着决定性的影响。自然资源富集区,在区际竞争上无疑具有天然的优势。③技术优势。某些区域产品在市场上竞争,靠的不是成本或品质,而是拥有外地所没有的技术。④产业优势。产业优势通常是由某产业的产品品质优势、品牌优势和规模优势所构成的。市场的产品都有高、中、低等不同的品质等级,若某地的产品品质特别好,且被消费者认同,各种公开测试也证实该产品优良,这种产品就可以拥有品牌优势。知名度高的品牌,在市场上的竞争必然比较顺畅,市场规模就可以扩大。

区域优势的表现还可以列出很多。凡是某种资源、条件、产品、品牌对区域经济发展有利,而相对于其他地区又较强,都可以被列为优势。反之,则属于劣势。

3. 区域容量

随着社会经济的迅速发展,资源、人口、环境的矛盾日益突出,因此区域容量问题就引起了世界各国的普遍关注。从理论上来说,区域的范围是稳定的,在有限的地域范围内,人口的承载力和建筑物的承载力也应该是有限的,不能无限制地扩大。而且,在特定的地域范围内,水、土、矿藏等自然资源和空间环境也是有限的,在一定的生产力水平下,其所能容纳的人口和建筑物也应该是有限的。因此,人口承载力的研究,包括水资源承载力、矿产资源承载力、土地资源承载力等的研究便成了区域容量研究的主要内容。

在自然资源中土地资源是最根本的物质基础,因此在区域容量研究上又集中在土地生产潜力和人口承载力方面。土地生产潜力和人口承载力也成了衡量、评价区域发展目标的重要指标之一。

4. 创新活动

创新活动，尤其是技术创新，是人类社会经济发展的基本推动力量。一个国家、一个地区的强盛或衰落无不与创新活动有关。"创新"这个概念较早是由经济学家熊波特在他的《经济发展理论》一书中提出的，它是指建立一种新的生产函数，将生产要素和生产条件进行新的组合并引入生产体系的活动。创新活动要素有四个：一是机会；二是环境；三是支持系统；四是创新者。创新者根据技术上的发明和发现，根据市场信息，抓住创新机会，在合适的开发环境和创新政策下，利用可以得到的资金、技术人员、设备等条件和内部的研究，通过开发、试生产和生产营销等组织功能，就可以将技术改革成果应用于生产体系，并使其成果成功地到达市场，占领市场，获得商业化效益。从本质上说，创新活动首先是技术的产生，其次是试验、生产，最后是产生效果。

（二）分析区域发展的外部环境

区域发展目标的制定，必须考虑区域的位置、区域所处的环境、世界市场发展的趋势，才能使制定出来的目标引导区域在大环境中求生存、求发展。环境的内容十分广泛，如经济环境、社会环境、文化环境、政治环境、军事环境、科技环境、法律环境等。这些都是区域发展所面临的外在环境，只不过是以不同的侧面或重点呈现。

研究区域发展所面临的外部环境，可以从三个侧面分别进行。

1. 总体环境

"总体环境"就是通常所说的各种"大环境"，举凡经济、社会、文化、科技、军事、政治、法律、风俗都是。这些环境是每一个国家和地区甚至每个企业、每个人都会面对的环境。对总体环境的分析评价，可以从高到低、从大到小分层次进行。

（1）审时度势，了解世界发展变化的总趋势。当前，世界经济发展的三大趋势，即世界经济发展一体化和经济区域化局面并存的趋势、发达国家的资本向发展中国家转移的趋势、世界经济重心由西向东转移的趋势，对世界上各个地方的经济发展都将产生影响。在制定战略时也必须认真考虑区域与世界经济的联系和全球经济发展的总趋势。

（2）了解全国的经济发展形势，自觉接受全国的或高一层次区域发展目标的约束。全国的或高一层次区域的发展目标，无疑是区域发展目标的指导和基本依据之一。特别是考虑经济增长速度、经济发展水平、人口控制指标、农田保护区面积等问题时，区域发展的目标应尽可能与全国的或高一层次区域的要求相协调。

（3）了解周边地区的情况，分析区域与周边地区的关系。了解周边地区生产要素禀赋的情况，研究周边地区的经济结构、发展水平、市场状况，可以更清楚地认识区域的优势和劣势，显示区域的地位和功能。

2. 产业环境

一般是以区域已有的或预定的主导产业和重点产业来研究外部的环境，分析这些产业发展的机会和障碍。障碍也可以称之为"威胁"。区域外部有一项因素有利于该产业的发展，或者这个因素本身就创造了一些获利或产生其他利益的可能，而区域又具备该产业发展的条件，都可以称之为"机会"。反之，如果区域外部某项因素对该产业的发展不利，或者会使该产业的获利或增长停滞，这项因素对区域而言，就是障碍，或称为"威胁"。

对于外部环境的分析，要掌握有关影响产业发展因素的变动趋势，而不在于各因素的现状本身。因为外部环境的变动，才会产生产业发展的机会或威胁。如果环境没有变动，那就要维持区际现状，未来的发展格局也不会发生什么大的改变。随着市场经济的完善，实行全方位的对外开放政策，地方保护主义的行为势必受到冲击。在商品经济条件下，各区域都将依其资源禀赋条件和技术、经济优势，参与区际分工，发展自己的主导产业和重点行业，并相应地获取一定的比较经济利益。在商品经济条件下，产业环境的分析必然成为目标抉择中的重要内容。

产业环境分析的项目很多，包括：①产业结构分析，探讨影响产业发展的各种动力，以及影响这些动力的决定性因素。②生产状况分析，如生产类型、原材料来源、生产成本、生产的附加价值、规模经济效益等。③产品状况分析，如产品类型、替代品等。④产品市场状况分析，如产业的成熟度、销售对象、销售范围、进出口产品生产环境、相关联的产业发展及相关技术研究、开发状况等。

3. 企业环境或公司环境

企业环境或公司环境分析，一般只在极小地域范围编制规划时才予以研究。它与产业环境似乎相当接近，但也有所不同。其中最大的差别在于，产业环境基本上是从同一行业的全体的角度去分析，而企业环境或公司环境更多的是从单一企业或公司的角度去考虑。

分析区域发展的外部环境，要做到周全并非易事。分析外部环境的最难处在于资料搜集，所以必须要有充裕的资料来源，而且要对各种资料或情报的相关性和重要性以及准确性十分注意。错误的情报或猜测性的资料，很容易造成判断的错误。

第三节 区域发展战略规划的内容

一 区域发展战略的内涵

"战略"原为军事术语，指在战争中依据对交战双方军事、经济、政治、地理、外交等方面的现实条件、潜力及发展态势的分析与判断而对战争全局作出的根本性决策。把"战略"与"发展"联系起来，构成"发展战略"这一复合词组，则起始于美国耶鲁大学1958年出版的赫希曼（Albert. O. Hirschman）所著的《经济发展战略》一书。当时，赫希曼提出的"发展战略"主要是从战略高度上研究发展中国家如何利用自己的潜力、自然资源和其他客观环境，以谋求社会经济发展的宏观策略。在以后的应用中，人们推而广之，突破了这一概念的狭义内涵，用它泛指一切国家、地区和企业的全面性重大谋划和决策。

区域发展战略既有经济发展战略，即经济总体发展战略和产业（部门、行业）发展战略，也有空间发展战略。区域经济发展战略是侧重于从区域经济总体发展的角度，对区域经济发展的指导思想与方针、产业结构，以及实现发展目标的步骤、政策措施等进行的谋划与决策。

区域产业部门发展战略是就各产业部门的发展方向、远景目标、重点建设项目和实施政策措施进行的谋划和决策，它应服务并服从于区域经济总体发展战略，所以，一般也可以将其归入区域经济总体发展战略。

区域空间发展战略则是以建立和形成合理的区域经济空间结构为出发点和目标，着重对产业的空间开发模式、重点开发地区及其空间移动、重点建设项目的地区安排等作出的战略部署。

区域经济发展战略中的区域可大可小，可以大至全国（国家也是一个区域），也可以是一个省级、地级或县级行政区域，又可以是不同层次上的某个经济区域，还可以是某一江河流域、某一地带，等等。当以国家作为一个区域单元，或以几个地区作为一个区域单元时，如何从战略高度上处理好区际间经济分工协作、产业空间开发、布局，经济发展的关系和彼此间的利益关系，常常成为区域经济发展战略的核心内容或谋划的重点。

二 区域发展战略的理论模式

区域发展战略的理论模式是基于不同类型区域经济发展与布局的实践经验积累，并运用有关的区域经济发展与布局理论及发展战略学理论，从不同角度、不同类型区域的发展条件和发展要求出发，对区域发展战略模式作出的理论概括。国内外提出的区域发展战略的理论模式已有很多。这些理论模式大体上可分为两大类：一类是区域经济发展（区域经济总体发展）战略的理论模式；另一类是区域空间发展战略的理论模式。二者实际上是相互交叉和紧密关联的。

（一）区域经济发展战略的理论模式

区域经济发展战略的理论模式多种多样，而从不同角度对这些理论模式进行划分也得出不同的理论模式类型。

1. 从产业部门关系角度划分的理论模式类型

（1）产业部门平衡发展战略模式。这种类型的模式是指使区域经济中的各产业部门或主要产业部门保持适当的比例关系共同发展。它又可以分为两种：一种是各大产业部门的平衡发展模式，如第一、第二和第三产业的平衡发展，农业与工业的平衡发展，等等；另一种是某一产业部门内部主要行业的平衡发展模式，如农业内部的种植业、林业、畜牧业、水产业的平衡发展，工业内部的轻工业和重工业的平衡发展，等等。

（2）产业部门不平衡发展战略模式。这是一类有重点地、倾斜式地发展区域内具有区际比较优势产业（区域主导产业）的模式。它也可以分为两种：一种是绝对不平衡发展模式，另一种是相对不平衡发展模式。绝对不平衡发展模式和相对不平衡发展模式的区别，主要在于区域主导产业部门转换周期的长短，而这又取决于区域经济发展条件的变化，特别是主导产业升级转换的条件和能力。

(3) 产业部门协调发展与重点发展相结合的模式。这是一种较为复杂的高级模式，主要适用于层次较高的经济区域，如大经济带、跨省市区的经济区、省级区域等。这种模式的基本特征是：在总体上，区域内各产业部门是处于协调发展状态，但同时又有重点地发展某些产业部门。这些重点发展的产业部门，既可以是区域主导产业，这是出于充分发挥区域优势的考虑；也可以是潜导产业或不发达的短线产业，这则是出于解决产业结构或产业链条中的薄弱环节，或者培育和发展未来主导产业以加快产业结构升级转换步伐的考虑。但无论是出于何种考虑，协调发展中的重点产业部门，往往都要根据区域经济发展阶段产业结构高度化演进的要求，或者根据国家在发展战略、产业政策上的某些重大调整而进行相应的必要调整。

2. 从区域内外经济联系角度划分的理论模式类型

(1) 封闭型发展模式。这种模式是我国在传统计划经济体制下曾经长期普遍采用的一种区域经济发展模式。它是在当时经济发展水平很低的条件下，实行"条块"分割的行政经济管理体制，人为地割断区域间的经济联系，片面强调各地区建立完整经济体系的产物。随着我国社会主义市场经济体制的逐步建立与完善，市场经济的迅速发展，农业产业化、专业化、商品化和现代化的发展，特别是区际产业分工协作的发展，这种发展模式已逐渐被摒弃。

(2) 开放型发展模式。这是一种与区域外部广大地区甚至是与国外发生广泛经济联系的区域经济发展模式。这种发展模式是对封闭型发展模式的否定。我国社会主义市场经济体制的确立，为推行这一模式提供了基本的前提条件，它已经或正在成为我国区域经济发展的基本模式。

3. 从市场开拓范围角度划分的理论模式类型

(1) 内向型发展模式。它是将区域经济发展的着眼点与立足点主要放在满足本区域内部市场需要的一种模式。这种模式类似于发展中国家所施行的"进口替代型"发展模式，是区域经济由封闭型向开放型或外向型转化的一种过渡性模式。它可以在一定程度上刺激区域经济的发展，但为了解决区域本身的资金约束，仍然需要向区域外输出部分初级产品或者举借外债。

(2) 外向型发展模式。它是以开拓区域外市场（国内其他区域市场和国际市场）为着眼点、出发点和立足点的一种模式。这种模式的基本特点是：开放区域内市场，以本地廉价的劳动力和优势资源与经济较发达的其他区域甚至是国外的资金与技术相结合，大力发展本区域的加工制造业，开拓新产品，取代传统的初级产品；积极开拓区外市场，扩大产品输出，特别是扩大制成品或有一定加工深度的产品输出，逐步减少乃至取代传统的初级产品的输出。

4. 从发展驱动源和发展态势角度划分的理论模式类型

（1）内聚式发展模式。这种模式的基本特征在于两点：一是"内"，即主要依靠区域内部条件驱动其经济增长和发展；二是"聚"，即主要运用聚集方式，着重通过区域内多种发展条件的不断发掘、聚合、提高，使区域经济在聚集——拓展——再聚集——再拓展的循环滚动过程中不断地增长和发展。它并不排斥利用区域外部条件，特别是先进技术、设备和资金等要素，恰恰相反，将积极促进对外经济交往和广泛的经济技术合作，以加速区域内经济的不断聚集、拓展和整体发展水平的不断提高，只不过"内聚"在这里只是作为主导性发展态势。

（2）外促式发展模式。这是一种积极利用或主要通过利用区域外部条件，以促进区域经济增长和发展的模式。可对区域经济增长和发展起到重要促进作用的区域外部条件主要有：国家整个国民经济发展的带动；中央政府的宏观调控计划、长远规划、重大建设项目的地区布局；区际产业分工与协作发展的促进；全国统一大市场的逐步形成与完善；新技术革命加速技术进步及随之而发生的技术与产业的地域转移，等等。这些外部条件都有可能成为推动区域经济增长和发展的动力。但是，这些外部条件作用的发挥必须建立在主体（区域本身）作用充分发挥的基础之上。

（二）区域空间发展战略的理论模式

国内外提出的区域空间发展战略理论模式也有很多，但大体上可归纳为均衡发展战略、非均衡发展战略和协调发展战略三类模式。这些模式主要是就如何处理国家内不同地理空间，也就是各个区域之间的经济发展关系而提出的。

1. 区域均衡发展战略模式

这类模式的产生源于政治上的"公平"、"平等"等要求。其主旨是追求在较短的时期内通过均衡布局生产力，使区域间的经济发展水平、人均国民收入、人均分配收入水平达到或趋于平衡状态。它要求把均衡配置生产力摆到全国生产力总体布局和地区布局的首要地位，通过经济建设在各地区的全面铺开、齐头并进，促进区域经济均衡发展，消除区域间经济发展的差距；在区域间生产力分布很不平衡的条件下，则通过要素配置、基本建设投资分配等向相对落后地区倾斜，重点加快其发展速度，以尽快"填平补齐"、实现区域均衡发展的目标。

2. 区域非均衡发展战略模式

这一模式的理论基础是：区域均衡发展是有条件的、相对的和暂时的，区域间经济发展非均衡则是客观的、绝对的和永恒的。因为，任何一个国家内地区经济发展的空间开发布局总是同时面临着两个基本问题：一是可以利用的经济资源总量是既定的；二是建设投资和生产经营的环境条件及投入产出的效果在客观上存在着区际差异。因此，如何根据国家在各个时期的经济和社会发展总目标，合理地确定资源总量在各地区之间分配的比例关系，科学地部署和安排不同时期空间开发布局重点地区的转移及衔接，也就成为国家制定区域空间发展战略与经济布局规划的核心问题。不仅如此，一个国家经济发展的长期目标又总是包括宏观经济增长（或效率）和区域均衡发展（或地区公平）两个基本目标，而这两个目标在实际中是一对矛盾，要同时实现宏观经济的高速增长（或经济效率的最大化）和区域均衡发展（或地区公平）往往是不可能的，从而就有一个在二者之间作出权衡与取舍的问题。区域非均衡发展战略模式就是基于上述理论认识，偏重于追求宏观经济增长或效率而相对忽视区域均衡发展或地区公平，即以一定的区域非均衡发展为代价，换取较高宏观经济增长的一种模式。

3. 区域经济协调发展战略模式

区域经济协调发展战略模式是20世纪90年代初，伴随着我国理论界为了解决区域经济发展差距过大问题所提出的"区域经济协调发展"这一新概念而产生的。这一模式的基本思想是：在坚持区域经济非均衡发展，让那些有条件发展得快一些的发达地区得到优先重点发展的前提下，不断加大其支持欠发达（或相对落后）地区的力度；与此同时，通过国家的积极引导和有效调控及干预，大力推动区域间的专业化分工协作和横向经济技术合作，促进全国经济布局合理化，逐步形成若干各具特色的经济区域，并在适当的时机把国家经济发展的战略重点转移到欠发达地区以进一步加快其经济发展，不断强化区域之间经济发展的关联互动关系，加深其相互依赖的程度，从而使各区域的经济均能得到持续发展，并将区域间的发展差距控制在"区域发展差距警戒线"以下且得以逐步缩小。这一模式不是对区域经济非均衡发展战略模式的彻底否定，而是其进一步的深化发展和完善。采取这一模式，更能体现我国社会主义的本质。

三　区域发展战略方案的内容构成

区域发展战略方案一般都包括 6 个方面的基本内容，即战略指导思想、战略目标、战略重点、战略布局、战略步骤和战略政策措施。

（一）战略指导思想

战略指导思想，又称战略方针、战略意图。它是在全面、综合、深入地分析影响区域发展的区内外各种现有条件及其在整个战略期间的变化态势的基础上，经过科学抽象和高度概括而提出的整个战略方案的总纲领。它在整个战略方案中处于统治地位，对于战略方案中其他内容或构成要素具有原则性的规定作用，是确定战略目标、战略重点、战略布局、战略步骤和战略政策措施的依据。在战略方案的各项内容中，战略指导思想最具稳定性，一旦确定下来，在整个战略期内一般是不能进行调整的；倘若必须作出调整，就意味着对原有战略方案的否定。制定战略方案时，必须首先慎重确定战略指导思想。

（二）战略目标

区域战略目标既有经济发展目标，即经济总体发展目标和产业（部门、行业）发展目标，也有空间战略发展目标。区域经济发展目标是侧重于从区域经济总体发展的角度，对区域经济发展的指导思想与方针、产业结构，以及实现发展目标的步骤、政策措施等进行的谋划与决策。而区域空间发展目标则是以建立和形成合理的区域经济空间结构为出发点和目标，着重对产业的空间开发模式、重点开发地区及其空间移动、重点建设项目的地区安排等作出的战略部署。

由于区域与国家在许多方面有一定的相似性，区域发展的战略目标在一定程度上可以借鉴国家经济总体发展目标。

（三）战略重点

战略重点是区域发展战略方案的基本构成要素和重要内容之一。它一般是指在区域发展过程中，对实现战略意图（指导思想）和战略目标具有重大意义和关键作用的那些产业部门和局部地区。一般说来，战略重点具有三层含义，即它既是实现战略意图和战略目标需要特别关注和重视并优先加以解决好的重点，又是资源配置的重点，还是战略管理、规划和计划的重点。

战略重点具有以下基本特征：①它是涉及区域发展全局的重大问题；②它是在区域发展过程中在较长时期起作用的重大问题；③它是区域发展中的主要矛盾或矛盾的主要方面。此外，尽管战略重点是在较长时期发生作用的那些重点问题，但是，也并非是在整个战略期间都不发生变化的问题。

（四）战略布局

战略布局是为了实现区域发展的战略意图、战略目标而对战略期内的经济活动作出的地域空间配置或部署。它是区域发展战略在地域空间上的体现，其核心问题是区域生产力的战略布局。战略布局的基本格局主要由区域空间发展战略模式所决定。合理的战略布局对于改善区域的空间结构、组织系统、产业分布、城市（镇）体系、经济一体化和生态环境等，都具有重要的意义。

（五）战略步骤

战略步骤是对区域发展战略的实施所做的阶段性先后时序安排，以及各阶段相互衔接的部署。区域经济发展战略方案的战略期限通常都在10年以上，有的甚至长达二三十年、半个世纪。显然，把整个战略时期科学地划分为若干个有序衔接的阶段，对于保证战略总目标的实现是具有重要实际意义的。划分战略阶段，决不能单凭主观设想行事，必须充分考虑经济发展的阶段性演进规律和经济发展的周期性，等等。

（六）战略政策措施

战略政策措施是为实现区域发展的战略意图、战略目标，保证整个战略特别是战略重点的顺利实施和落实而制定的具体对策。区域发展的战略政策措施含义比较广泛，狭义上包括中央政府和有关地方政府所能采取的各种区域经济政策，这些政策主要是覆盖整个特定区域或区域内战略重点地区的产业政策、技术政策、财税政策、投融资政策、分配政策、就业政策、价格政策、对外贸易政策，等等；广义上则还包括健全与完善区域内的经济及法律法规体系，等等。战略政策措施具有连续性和滚动性的特点，应随着区域发展战略实施过程中阶段性的推进，根据不断出现的新情况、新问题、新重点，及时地进行调整和补充，以更加有效地引导和支持区域经济和社会按照既定的战略意图和发展轨道持续快速健康地发展。

第四节　案例分析

在我国市场经济建设发展过程中，"五年国民经济和社会发展计划"应该是统领国家与各地经济和社会发展最为重要的指导性纲领性文件。各地自上而下都将制定和确立五年计划作为各级政府的五年一度的最重要工作。在"五年计划"中，各地政府都将提出经济和社会发展的总体要求、奋斗目标和主要任务，力求突出战略性、宏观性和政策性，体现地方特色、时代特征和城市特点；明确政府工作重点，引导市场主体行为方向；计划指标总体上是预期性、指导性的。

一　案例背景

某市是我国中部地区中等发达的资源型城市，位于沿海、中原和西部地区梯度发展的网络节点上，具有承东启西、贯通南北、联络沿海、发展中原的功能和区位特性，良好的区位条件及国内外宏观环境的变化为该市"十一五"时期经济发展提供了良好契机。

通过"九五"、"十五"的努力，社会主义市场经济体制进一步完善，"十五"期间，该市积极贯彻国家宏观调控政策，努力克服困难，全面完成了"十五"计划提出的国民经济和社会发展的各项任务。到2005年，该市地区生产总值已达到261亿元，比2000年增加74.1%，年均增长约11.7%；人均国内生产总值达到1370美元。"十五"期间，随着该市经济的迅速发展，其财政收入也保持了较快的增长速度。整个"十五"期间财政收入的年平均增长速度为19.9%，大于GDP的增长速度。产业结构战略性调整取得成效，第二、第三产业共同推动经济增长的格局基本形成。城市基础设施建设步伐加快，固定资产投资增速强劲。该市大胆探索城市建设投融资新机制，进一步强化了城市基础设施建设，集中力量建成了煤矿、电厂、输变电站、高速公路连接线等重点项目和城市基础设施。环保绿化投入逐年加大，生态环境逐年改善，积极推进城市管理综合执法，城市管理水平不断提高。

同时该市经济和社会发展中仍然存在着一些突出矛盾和问题：①总体经济水平处于工业化中前期阶段，工业化与经济发展任重道远；②人民生活水平不高，贫富差距不断扩大；③经济发展和财政收入主要依赖能源，可持续性能力不足，经济结构亟待优化；④城市基础设施建设滞后，加强城市建设和管理、改善城市生态环境的任务还相当艰巨；⑤社会事业发展面临很多问题，公共财政压力较大；⑥农业基础设施薄弱，投入不足，农业和农村经济结构不尽合理；⑦资金严重不足，投资环境亟待优化。等等。

二　该市"十一五"计划的指导思想与发展目标

（一）指导思想

"十一五"期间，该市经济和社会发展的指导思想是：坚持以邓小平理论和"三个代表"重要思想为指导，以科学发展观统领经济社会发展全局，坚持把加快发展作为第一要务，按照"抢抓机遇、乘势而上、奋力崛起"的要求，突出工业强市、东向发展、创新推动、统筹城乡发展等重点，加快省"861"行动计划和市"3671"行动计划的实施。以"持续发展、富民强市"为主题，大力推进体制创新和科技创新，走新型工业化道路；以经济建设为中心，以全面改革开放和科学技术进步为动力，以普遍提高人民生活水平为根本出发点，实施科教兴市战略；坚持以内向发展促进外向带动、注重完善城镇化过程，以发展循环经济为线索实现可持续发展战略；提高城乡经济综合竞争力，统筹城乡经济社会发展，在发展的基础上不断提高城乡人民生活水平；加快教育、卫生、社会保障等公共服务事业的发展，特别是农村公共服务事业的发展，正确处理改革、发展、稳定的关系，促进经济与社会、城市与农村、人与自然的协调发展，坚持依法治市，促进物质文明与精神文明共同进步，逐步把该市建设成为经济繁荣、科教发达、社会稳定、环境优美、文明进步、前途光明的现代化资源性工业城市。

（二）发展目标

"十一五"期间，该市国民经济和社会发展的目标是：资源型城市优势继续壮大，其他产业快速发展，经济结构进一步优化升级，逐步实现由资源型城市向资源型和非资源型并重的复合型功能城市转变，城市的信息化、市场化、法治化水平明显提高；城乡环境明显改善，基础设施逐步完善，环境生态保护能力进一步增强，城市品位有所提高；全面建设小康社会取得显著进展，城乡居民收入有所增加，生活质量得到改善，人口素质逐渐提高，生态环境不断优化；就业渠道得到拓宽，失业人数维持在合理水平，社会保障体系更加完善，逐步减少贫困人口；科技教育平衡发展，各项社会事业普遍进步；民主法制建设全面加强，廉政建设、依法治市取得明显成效，物质文明和精神文明建设协调发展，公众参与成为社会生活的正常内容；以人为本，努力构建和谐社会。

具体包括经济和社会发展综合目标、综合发展环境、综合管理水平、市民综合素质、综合创新能力等内容。

（三）总体发展思路

以"三个代表"重要思想为指导，坚持科学发展观，从该市经济和社会发展实际出发，全面实施"三大基地"建设、省"861"行动计划和市"3671"行动计划建设，通过项目带动战略力争使该市经济社会发展主要指标进入省"第一方阵"；以建立循环型工业体系为核心和龙头，大力开发化肥、碳一化工、合成油产业链，遵循循环经济模式搞好煤、电、化一体化产业体系的建设，推进工业化进程；以"三大基地"和"长三角"城市圈为依托，以产业化发展和统筹城乡发展为途径，以提高产品质量和经济效益为目标，合理规划和布局；以科技创新为手段，提升产业技术水平，推进产业结构调整和优化升级；实施城市化战略，加快城市化进程，力争城镇化率有较大提高，加快卫星城开发建设，提高整体设计水平和建设质量，进一步明确功能定位；合理引导资源配置，拓展服务业发展空间，大力发展知识密集型和以优势资源为基础的现代服务业，改造提升传统服务业，优化服务业结构，提高整体发展水平；以防治环境污染、建设良好生态环境为重点，加强资源保护与利用，大力发展循环经济，努力实现经济、社会与人口、资源、环境的良性循环，努力培育可持续发展能力；以建设社会主义新农村为目标，加快农村土地制度法制化建设，多渠道增加对农业和农村的投入，确保农业增效、农民增收和农村稳定；全方位调整国有经济布局和改组国有企业，加快建立现代企业制度，推进产权制度创新，优化国有资本结构，促进多种所有制经济共同发展；深化财税体制改革，继续完善分税财政体制，建立公共财政基本框架；进一步完善市政公共设施体系建设，实现设施现代化、经营市场化、管理信息化，市政公用设施的规划和建设必须超前于市镇建设，实现从容运行；以巩固扩大九年义务教育和扫除青壮年文盲成果为重点，继续把教育摆在优先地位，加大教育资本投入，深化教学改革，推进素质教育，培养适用人才，提高劳动者素质；优先发展和保证基本医疗卫生服务，充分发挥市场对卫生资源合理配置的基础性作用，提高全市卫生综合服务能力，以卫生管理体制改革和机制创新为契机，引入竞争机制，强化管理，运用科技手段，促进卫生事业持续健康发展。

三 该市经济发展与结构优化目标

"十一五"期间按照该市经济的发展方向，以提高经济效益和创新能力为导向，强化科技进步和信息化对产业升级和传统产业改造的推动作用，强化支柱产业对经济增长和结构升级的带动作用，强化不同产业融合发展对产业创新的促进作用，在发展中推进产业结构优化升级。

（一）加快工业化进程，推动工业结构调整与结构优化升级

"十一五"期间按照该市经济的发展方向，以提高经济效益和创新能力为导向，加快工业化进程，强化科技进步和信息化对产业升级和传统产业改造的推动作用，注重非资源型产业的发展，加快推进资源主导型产业向市场主导型产业、单一主导型结构向多元主导型结构的转变。强化支柱产业对经济增长和结构升级的带动作用，强化不同产业融合发展对产业创新的促进作用。进一步优化和壮大主导产业，改造传统产业，大力培育和发展接续产业与替代产业。

充分发挥该市煤资源储量丰富、煤种较齐全的资源优势，面向国内东南沿海和中部地区市场，突出资源优势、地域优势，做大做强煤炭、电力工业。依托淮化集团等化工企业，积极引入资金雄厚或具有技术优势的战略合作者，以煤气化为基础，大力开发化肥、碳—化工、燃料化工、合成油产业链，把煤化工产业建设成为该市的支柱产业和经济增长的依托工业。遵循循环经济模式，走"统一规划、滚动发展、分步实施、适时调整"的发展道路，在"十一五"期间启动，逐步建成20平方公里煤化工产业园区，用15年时间使该市成为我国重要的现代化大型煤化工基地。

大力实施创新战略，逐步实现战略转移。开发具有自主知识产权的商标名药，实现新产品结构由仿制向创新的战略转移；努力开发新型药物制

剂，实现药品出口结构由原料药向制剂的战略转移；发展现代生物制药技术，实现产业结构由传统产业向高新技术产业的战略转移；加速中药现代化步伐，实现中药由国内市场向国际市场的战略转移。加强横向联合，建立现代制药企业基地。通过企业合并与兼并以及资产重组，逐步建立研究开发、生产制造和市场营销一体化的多种形式的股份公司；建立和完善企业内部技术和产品开发体系，以企业为主体，以科研机构、高等院校为依托，形成重点突出、特色鲜明、专兼结合的"产、学、研"体系。

"十一五"期间，加大企业改革力度，进一步调整产业和产品结构；发挥企业的品牌质量优势、规模优势、管理优势和科技创新优势，以及快速发展的民营企业优势，将重点投向新产品开发和技术改造方面上来，进一步推进电子工业持续、快速、健康发展。机械行业必须围绕着该市主导产业煤、电、化的发展而发展。其定位是：为煤、电、化的经济发展规模生产成套设备或配套设备；以龙头产品带动龙头企业发展；基础件以集团带动大规模生产。

（二）加速该市城市化进程

"十一五"时期要围绕建设现代化城市目标，实施城市化战略，加快城市化进程，力争城镇化率有较大提高。加快卫星城开发建设。卫星城的发展要为分担市区功能和带动本地区经济社会发展服务。加强卫星城的规划，提高整体设计水平和建设质量，根据各自的发展条件，进一步明确功能定位，创造各具特色的卫星城形象。继续实施"构筑交通框架、推进东进南扩、完善城市功能、优化人居环境、协调城镇发展"的城市建设发展思路，着力打造山水园林城市和生态城市，初步形成"三山鼎立、三水环绕、三城互动"的园林城市特色。

按照城市总体规划和路网规划，首先完善城市路网结构，改善交通瓶颈路段，继续推进城市对外交通的出口通道和主次干道建设、区域间交通干道的建设，通过综合开发改善老城区的交通条件，实施交通一体化建设和公共停车场建设。

继续抓好东部省级开发区建设，做到设施配套，环境优美；高起点规划，高标准、高速度、高质量配套建设山南新区，力争在"十一五"期间形成一定的规模，实现新、老城区的有机结合。

合理布局和建设完善体育、文化、商务等城市公共基础设施，突出建筑风格的个性化，形成具有该市特色的城市景观，增强使用功能。继续实施对原有基础设施的更新改造，搞好城区水系的治理，实施城区道路的美化亮化功能建设，逐步加快主城区道路两侧各类地面杆线下地建设工作，不断满足人们休闲、学习、工作、生活等方面的需求。

以城区人居环境为重点，加快对西部旧城区和东部城中村的改造步伐，在全市建成一批节地型、节能型的康居示范小区。以国家园林城市和生态城市建设为目标，实施显山露水工程。改造龙湖公园，开发建设舜耕山公园、淮河公园等10个城市公园及公共绿地，继续实施拆墙透绿工程，实施城市圈堤南岸治理工程。

（三）加快发展农业与农村经济

按照建设社会主义新农村和统筹城乡经济社会发展的要求，坚持"多予、少取、放活"的方针，以促进农民增收为核心，以市场为导向，以农业和农村经济结构的战略性调整为主线，以体制、机制和科技创新为动力，以农业产业化和统筹城乡发展为途径，以提高产品质量和经济效益为目标，继续深化农业和农村经济结构战略性调整，进一步深化农村经济体制改革，扩大农民就业渠道，加快科技创新步伐，千方百计增加农民收入，推进农业和农村经济持续、协调、健康发展，促进社会的和谐发展。

以促进农民增收为核心，全方位挖掘农民增收潜力；调整农村产业和产品结构，推进产业升级；以市场为导向，发展产业化经营；推进农业科技进步，拓展农业的新功能，重点建设良种工程；按照生产发展、生活宽裕、村风文明、村容整洁、管理民主的要求，加快社会主义新农村建设步伐；加强耕地保护，加强沉陷区土地治理工程建设。

（四）调整完善所有制结构

调整完善所有制结构，是增强经济社会发展活力的重要途径。"十一五"时期，要在所有制结构调整方面迈出更大步伐。按照有进有退、有所为有所不为的原则，大力推进国有经济结构战略性调整，大力发展非公有制经济，依法保护合法经营，促进公平竞争。

在股权明晰的前提下，鼓励不同所有制企业参股、联营、承包、合作。鼓励非公有制经济参与国有企业的资产重组，扩大非国有资本的比重，支持非公有制经济对国有企业进行收购、兼并、租赁、承包等。

（五）积极推进高新技术产业化

充分发挥知识产权制度对创新的激励和保护作用，加强科技创新源泉建设，实施技术跨越战略，建立以企业为主体的技术创新体系，积极推进高新技术产业化。以培育新的经济增长点为目标，加强创新体系建设。促进科研开发与经济发展融合。推动优势科技力量，参与企业技术改造和重大引进项目的消化吸收与创新工作。

加快高新技术产业化进程，重点培育一批竞争力强的高新技术产品和企业。鼓励重点行业和大中型企业建立技术开发中心，促进各类应用型研究机构进入企业或与企业进行多种形式的结合，支持各类企业增加研究开发投入。鼓励企业多渠道筹措科技开发和产业化资金，完善与高科技产业化相适应的创业投资机制。支持高科技企业利用风险投资、上市融资、知识产权出让等多途径筹资，促进战略投资者进入高科技领域。

（六）大力发展商贸流通、旅游等现代服务业

大力发展现代服务业。合理引导资源配置，促进服务业结构优化，拓展服务业发展空间。大力发展知识密集型和以优势资源为基础的现代服务业，改造提升传统服务业，优化服务业结构，提高整体发展水平。

以资源为基础，以市场为导向，以效益为中心，以城市功能完善为契机，以改革开放为动力，坚持观念创新、体制创新、产品创新和服务创新，实现从旅游部门抓规划、旅游系统办旅游到全社会共同参与，促进旅游产业发展的转变，实现从粗放型旅游开发到集约型旅游发展的转变，全面提高旅游业的社会化、市场化、现代化水平。

根据该市经济发展所处的阶段和发展水平，围绕打造"百亿城市商贸"的目标，通过招商引资，整合商贸流通资源，优化商贸流通结构，重点发展连锁经营、中高级批发市场和现代物流业，构建大商贸、大流通，提高该市商贸流通业的综合竞争能力和整体素质。

（七）大力推进经济与社会信息化

积极跟踪世界信息化潮流，加强信息网络基础设施建设，开发、应用先进信息技术，充分发挥其渗透、辐射作用，以信息化带动工业化，促进产业升级和经济结构的战略性调整，着重建设"数字城市"，加快国民经济和社会各领域的信息化进程。

建设具有国内较高水平的信息网络基础设施。建成该市宽带 IP 城域网，

建设以光缆为主体的该市传输骨干网，建立完善大容量的该市地区电话网，发展新一代移动通信，开发基于IP技术的多种业务。加强信息技术的研究开发，大力开发具有自主知识产权的支撑软件，提高信息化装备水平和系统集成能力。加快信息技术应用，推进各领域信息化。加快电子商务工程、"金桥桥工程"、电子政务信息系统、科教信息系统、劳动与社会保障和社区服务信息系统等应用系统工程建设，基本形成比较完善的信息应用服务体系。

(八) 培育可持续发展能力

以防治环境污染、建设良好生态环境为重点，大力实施可持续发展战略，加强资源保护与利用，大力发展循环经济。努力实现经济、社会与人口、资源、环境的良性循环，努力培育可持续发展能力。

"十一五"期间，该市将建立起适应社会主义市场经济体制的环境法规、政策、管理制度体系；加强环境保护宏观调控与执法监督，强化污染物排放总量控制、环境综合整治、环境基础设施建设及生态保护；重点遏制结构型工业污染的发展；督促企业建立污染治理中心；加大对淮河污染的治理力度，改善居民饮水条件，力争使全市污染状况有显著减轻，生态破坏趋势进一步得到缓解。

坚持保护利用与节约并举，按照市场经济法则，全面建立自然资源有偿使用制度。认真贯彻"十分珍惜、合理利用土地和切实保护耕地"的基本国策，采取有力措施，切实加强对土地资源的管理。严格限制农用地转为非生产用地，控制建设用地总量，对耕地实行特殊保护，缓解农用地与非农建设用地的矛盾。积极开展土地整治，进一步加大煤炭塌陷地复垦和工矿废地综合治理、综合利用的力度，加强生态环境建设。

实施多元化能源—环境战略，强力推进工业清洁生产。贯彻实施"总量控制"、"结构调整"政策，用高新技术改造传统工艺，提高能源资源利用效率。

四 树立科学发展观，发展循环经济

一是大力推进节能降耗，提高资源利用率。对各种资源实行有限开发、有序开发和有偿开发的方针，重点加强土地特别是耕地、矿产资源、水资源、重要原材料、农产品等生产要素的节约和综合利用，形成长效机制。

二是建设循环经济工业园。通过关键技术和项目，实现横向耦合、纵向闭合和区域整合，促进产业升级换代，降低企业生产成本，增强综合竞争力；鼓励园内企业对排放的废水、废弃物进行集中处理和回收利用，实现热电联产，发展集中供热，提高能源综合利用率。三是建立城市废弃资源循环利用系统。按照"减量化、资源化、无害化"原则，建立城市生活垃圾、特种废旧物资和城市中水回收利用系统，提高社会再生资源利用率。

培育经济增长方式转变的新机制。制定全市发展循环经济中长期规划，明确战略目标和阶段工作重点；制定节约能源法实施条例和清洁生产促进法实施办法以及一系列促进节能、节材、节水和资源综合利用的法规、政策和标准。

第六章 经济空间规划

研究区域空间结构规划，必须深入探讨研究经济要素在空间结构形成和变化过程中的作用，并结合区域特征和发展目标，找出区域空间结构变化的规律及其形成的内在动力机制，使区域经济得到可持续的协调发展。对经济空间进行分析的经济空间结构理论是在区位论的基础上产生的，它从探求单一经济客体的空间分布和联系的区位理论研究开始，逐步发展到注重区域间关系状态及相互作用机制等相关内容研究。

第一节 经济活动的空间表现

一 空间结构的含义

经济空间结构是指在一定区域范围内经济要素的相对区位关系和分布形式，它是在长期经济发展过程中人类经济活动和区位选择的累积结果。经济空间结构受经济发展水平制约，必须与经济发展的要求相适应。但是，经济空间结构具有相对的稳定性，一旦形成，要经过较长的时期才能变动。对空间结构内涵的理解应包括以下方面：

（一）空间结构的区域性

空间是物质存在的一种客观表观形式，由于空间的存在，使得地理事物得以存在；由于空间的具体化，产生了地方或地区，乃至区域。区域和空间联系在一起形成了"区域—空间"统一体。区域以空间得以存在，空间因区域而有意义。

传统的主流经济学由于忽视了空间的区域性特征而单纯地研究经济事

物导致了其理论在现实经济操作上的苍白，经济规律发生作用离不开一定区域的空间特征。同样，离开一定具体的地域范围而抽象地研究空间特征也无法对现实经济发挥指导作用，因为地域范围有大有小，这就要求我们在研究空间结构问题的时候，必须将研究范围相对固定在一定具体的地域空间内，深入分析影响空间结构形成的因素及其内在联系，以及在区域范围内空间结构变化的规律和特征。

（二）区域空间结构中经济要素的作用

研究区域空间结构的目的是以人为本，使人地关系能够得到和谐处理，区域经济得到可持续的协调发展。区域空间结构的实质是社会经济发展的非均衡问题，区域经济活动强度和力度的大小，可以形成较"密"或较"疏"的经济空间格局。

（三）空间结构演变与区域经济的关系

由于区域经济活动是在地理空间上进行的，因而区域经济空间结构是区域内的一种重要的经济结构形态，它是区域经济发展水平、产业结构类型、生产要素集聚与控制能力的重要体现，具有很高的研究价值。一方面区域空间结构的演化直接制约着区域经济发展的进程，但另一方面区域空间结构又随着区域经济的发展而得到不断的发展和深化，通过空间配置使经济要素充分发挥作用，使区域中的人流、物流和能量流在经济生产和流通过程中支出最小化，城乡居民的关联点达到一体化，区域经济从不平衡发展到相对平衡的发展，整体效益达到最优，使区域经济实现可持续发展。

二 影响空间结构形成的要素

一个区域空间结构的形成既有自然的原因，也有经济和历史的原因，基于研究目的，我们将主要分析影响区域空间结构形成的各种经济要素及其内在联系。

（一）自然资源

古典区位理论把自然条件和自然资源称作重要的区位因素。与人类需求的无限性相比较，自然资源总是稀缺的，如果不存在稀缺性，那么区位将失去优势，区域差异将会消失。要素的随时随处供给将不会存在交换，不会有要素价格，经济活动便会停滞、窒息和死亡。

因此，自然禀赋的差异性和要素的不完全一致性是区域经济的灵魂和活力所在，是区域空间结构差异的前提，也是区域经济多样性、互补性和区域分工的前提。我们研究区域空间结构的形成原因及其演变规律，首先就要从区域的自然资源着手，结合自然资源开发所遵循的规律来研究区域空间结构的变迁。

（二）空间距离

人类的经济活动离不开地域空间，有空间就会有距离，就会产生位移，支付距离成本。尽管现代科技、交通、通信业的发展正在使全球经济一体化，空间距离对经济活动的限制越来越少，但空间距离仍然对区域经济活动和空间结构的演变，尤其是对城镇体系、城市群、产业带、产业集群、经济地带的建设起着不可忽视的作用。

（三）人口和劳动力

人口作为生产者和消费者的统一，是生产行为和消费行为的载体。研究劳动力因素在区域空间结构变迁中的作用，既要关注其量的方面尤其是人口增长和迁移，又要关注其质的方面特别是市场规模大小和企业家才能的促进效果。

（四）资本

在研究区域空间结构的时候，必须深入分析用于生产和扩大再生产或提高生产效率的物质（包括这种物质的载体）资本因素，研究物质资本、金融资本和人力资本在区域经济增长中的推动和限制作用，为区域空间结构演变探寻有效途径。

（五）科学技术

技术是科学知识和生产相结合的物化形态以及知识形态的总称。当技术进步表现为技术或技术体系发生质的飞跃性变革时就会产生技术革命，由此将会影响区域产业结构的发展变化以及区域空间结构的逐渐演变。

（六）制度变迁

长期以来制度在正统经济学理论中是一个被忽视的变量，理论和现实已经证明，制度变迁在区域经济发展中起着重要的作用。因此，认真探索区域空间结构演变中的制度变迁将有利于正确把握区域经济可持续发展的实现。

三 经济活动的空间表现

社会经济的空间结构是处在不断变化发展中的。其原因是不同阶段人们往往以不同的方式解决区位选择问题，即由于无数个个体都以不同的观点、角度确定最佳区位，其结果是使社会经济各客体在大致相同的方向进行集聚（或离散）。这样，不同地区处在某一个相同发展阶段的社会经济，在空间结构方面一般表现出基本相同的形式或框架。

人类具有共同的社会经济发展阶段。在从低级到高级的社会发展过程中，社会结构、经济技术水平都在逐步演变和提高。即使国家、地区的社会制度不同，它们仍有共同的生产力布局规律和空间结构特征。

现代市场经济主要以现代化的大生产为主，特别是在工业、交通、城镇建设方面，其发展和布局都同样受到自然、技术因素的影响，都要考虑到经济效益和有利于人们的生产和生活。因此，在一般情况下所形成的社会经济的空间组织并无差别。例如，社会劳动分工的形成和加深，是社会进步的产物，结果之一是导致城市的形成和发展。其区位因素有多种，其中在交通干线交叉点的有利位置上往往形成城市，城市沿着由它发射出去的交通线向外辐射，并根据其经济实力、功能职能的强弱而有大小不同的腹地吸引范围；在海港附近常常出现建立在进出口贸易基础上的工业区；在今天许多国家里，都形成了不同规模和程度的集聚区，有些还存在由于严重的过密、过疏而引起的一系列社会经济和环境问题；城市郊区土地利用都有几乎相同的种类和布局特点等。

但是，不同的国家和地区，生产力发展的总水平不同，土地、矿产等资源的丰富程度不同，社会结构及消费特点也不完全相同。在土地资源多而生产力水平又较低的国家或地区，人口和经济的集聚程度一般较小，城市区域的人口密度也较小。现在，即使在社会制度相同的国家内，也并没有完全一样的空间结构，包括集聚规模、城镇等级系列、土地留用种类及其分布特征等。在这里，国家或区域本身的特点是导致空间结构差异的重要因素之一。

第二节 地域结构的构成理论

一 现代空间结构理论发展回顾

有关区域空间结构的研究源于区位论，区位论也可以看成为现代空间结构理论的微观部分，经过发展，逐渐形成了现代空间结构理论。

（一）古典区位理论

古典区位理论产生于 19 世纪 20～30 年代，其研究主要局限在对企业、产业的区位选择、空间行为和组织结构方面。杜能在 1826 年的《孤立国同农业和国民经济的关系》中，确定了农业生产方式的空间配置原则为以城市为中心，由里向外依次为各种不同产品生产的同心圆结构（李小建，1999）。韦伯于 1909 年出版的《工业区位论：区位的纯理论》中，探索了资本、人口向大城市移动（大城市产业与人口集聚现象）背后的空间机制；在运输费用和劳动力费用相互作用的分析中，推导出工业区位分布的基础网，在此基础上，他又把集聚因素考虑进去，对基础网进行了进一步的位置变换，从而揭示出空间经济活动的基本规律和空间结构形成与发展的重要机制。

随着资本主义社会经济的发展和市场规模的扩大，瑞典经济学家帕兰德、美国经济学家胡佛等不断修正韦伯以市场因素对产品价格的影响近似为零的前提，考虑了更为复杂的运输费用结构和规模经济等因素来确定企业的最佳空间布局。

德国学者克里斯塔勒于 1933 年在《德国南部的中心地》中系统阐明了"中心地理论"，提出了"城市区位论"并首创了以城市聚落为中心的市场分析模型，在实证研究的基础上，他从城市和中心居民点的供应、行政管理和交通等主要职能的角度，论述了城镇居民点及其经济活动的等级——规模空间结构体系，创立了三角形聚落分布、六边形市场区的高效市场网络系统理论。

博芬特尔认为区位论不仅要考察，而且要尽可能地深入研究生产与货物的地理分布，包括居住地、就业场所以及流动性生产因素的地理分布。他分析论证了社会经济各个阶段空间结构的一般特征，详细分析了决定空间结构及其差异的最主要因素：集聚、运费及经济对当地生产要素土地的依赖性。

（二）现代空间结构理论的形成

"二战"以后，美国经济学家与欧洲学者一道将古典区位理论进行综合，提出了现代空间结构理论和"空间经济学"的概念。艾萨德在他的著作中将"空间系统"作为区域经济的研究对象，并将投入—产出方法应用于区域发展分析，从而开创了区域空间结构发展综合研究及其应用（区域规划）的先河。20世纪50~60年代兴起的空间经济学对古典区位理论的发展主要体现在以下几个方面：

首先，对空间结构的理解与地理学家不同。经济学家把一个特定区域形成的经济结构表述为一个相对独立的空间系统，并将其设定为空间经济学的研究对象。决定空间结构及其差异的主要因素是要素聚积、运输费用和对土地的开发利用等。

其次，明确界定了区域空间系统的层次性。按照内聚性差异，一个特定的经济区域可以划分为匀质区（稳定发展）、节点区（带头发展）和规划区（计划发展）；按照区域收入水平差异，可以划分为增长区、停滞区和退化区；或者按照增长率差异划分为繁荣区、欠发达区、潜在的欠发达区和落后区。在一个区域空间范围内，如果某些区域的要素聚积形成累积性发展之势时，就会形成为中心区域和外围区域（J. Friedman, 1966）。这种区域空间如果放大到国际层次，就有中心国家（发达国家）和外围国家（发展中国家）的区别。

再次，许多经济学家研究了区域经济增长过程中空间结构的均衡与非均衡状态的变化，出现了许多理论学说，如纳克斯的"平衡增长"理论、佩鲁的"增长极"理论、诺斯的"输出基础"理论、缪尔达尔和卡尔多的"循环累积因果"理论与"回流效应"理论、罗宾斯坦的"临界最小努力"理论、辛格和赫希曼的"不平衡增长"理论。

最后，更加强调决策者行为对区域布局及其发展的影响。普瑞德（A. Pred）于1996年应用决策者的行为矩阵来解释区位选择的最优化，从而解决了政府和企业家在区域市场中的主体缺位问题。

（三）新经济地理学空间结构理论的发展

1970年以来，新经济地理学的代表人物克鲁格曼针对区域经济学的规模报酬不变和完全竞争的前提，试图通过建立不完全竞争市场结构下的规模报酬递增模型，把区域经济理论研究纳入主流经济学，同时弥补主流经济学忽视空间地理概念而无法解释经济空间现象的不足。他的模型证明了工业活动倾向于空间集聚的一般性趋势，现实中产业区的形成具有路径依赖性。克鲁格曼指出，在规模经济和收益递增的驱动下，各国通过发展专业化和贸易，提高其收益，国内区域经济一体化和国际区域经济一体化虽然在空间形式上有差别，但是正在从理论变成现实。

其他学者如佩德森（P. O. Person，1970）创立了一个等级传播模型，即从高级中心（城市）向低等级中心呈现跳跃式扩散。塔穆拉（R. Tamura，1991）指出，区域经济趋同的关键在于落后地区具有一种"后发优势"，即落后地区通过技术的"外溢效应"和"干中学"可以取得比发达地区更高的增长速度，并最终赶上发达地区。在卢卡斯（Lucas，1980）看来，城市化不仅能够产生聚集经济效应，而且还可以通过产生"外溢效应"从而促进技术进步。

二　我国空间结构理论研究的回顾

新中国成立以来我国对空间结构理论的研究基本上可以划分为改革开放前、改革开放后的 80 年代和 90 年代以后三个阶段。

（一）改革开放前阶段

新中国成立后，我国效仿前苏联模式建立了高度集权的计划经济体制，学术界也引进了前苏联的生产力布局理论。为使当时国家"平衡发展"战略能够顺利实施，理论界对生产力分布规律的认识就是"通过生产要素有计划按比例的分配，使地区之间以及地区内部各部门之间协调发展，促进各地区和全国国民经济的普遍高涨以及各生产要素的保持或发展"。此时从事空间结构理论研究的主要是经济地理学家，主要研究集中在工农业各部门如何在全国进行布局上。

（二）改革开放后的 80 年代阶段

改革开放后的 80 年代，我国的经济地理和人文地理专家一方面积极吸取西方国家的空间结构理论，一方面还受着前苏联生产力布局理论的影响。学者们主要讨论了我国生产力布局的总框架，陆大道提出了 T 字形生产力布局，王建提出了"九大都市圈"模式，厉以宁提出了"中心辐射"模式，刘宪法提出了"菱形发展"模式等。杨吾扬、牛亚菲等人（1989年）根据克里斯塔勒的中心地学说对我国的城镇建设进行研究后，提出国家应根据梯度理论，立足东部、循序西移，做好生产布局的一、二、三级轴线和国土重点整治地区的工作。学术界的这些研究与认同，后来成了研究我国区域开发和经济区划的理论基础。

在总结国内外大量布局经验的基础上，我国经济地理学家陆大道先生于1986年提出了作为解决经济空间布局集中与分散关系的重要原则——点轴系统空间结构理论。他指出几乎所有的产业都是产生和集聚于"点"上，并由线状基础设施联系在一起。集聚于各级"点"上的产业及人口等，要沿着主轴向周围区域辐射其影响力并产生扩散。主要内容包括三个方面：第一，将区位条件好的重要干线作为重点发展轴；第二，在发展轴上，确定重点发展的中心城市（即增长极）及其主要发展方向；第三，确定中心城镇和发展轴的等级体系与网络结构。在点轴系统发展比较完善后，进一步开发就可以实现空间一体化，即区域空间结构的现代化。空间一体化中的网络已经不完全是交通网络，而是在点与轴的辐射范围内由产品与劳务贸易网，资金、技术、信息、劳动力等生产要素的流动网及交通与通讯网等基础设施所组成的综合网。

（三）20世纪90年代以后阶段

20世纪90年代以前，我国对空间结构理论进行研究的主要是人文地理学者，他们从人地关系出发，运用综合性的研究方法对空间结构的地域性因素进行分析。90年代以后，随着区域经济学科在我国的逐步形成和发展，越来越多的经济学家开始将研究领域转向空间结构，他们更侧重于经济关系的分析，从而丰富和发展了经济地理学家们的研究成果，空间结构理论研究出现了前所未有的蓬勃发展局面。宏观、中观领域里空间结构的研究已经深入到包括区域发展模式、优化区域产业结构、城市经济、城乡联系、农业可持续发展等方面；微观领域研究开始涉及企业组织、企业兼并与退出机制以及组建企业集团、跨地区跨行业的联合与合作等诸多的经济活动。同时，也从制度创新角度开始研究空间结构问题。

随着我国西部大开发和振兴东北老工业基地战略的实施，我国学者运用西方空间结构理论结合我国现实发表了大量的著作，对各级政府的区域政策的制定与实施提供了有力的理论支撑。

三 几种区域发展空间结构理论评述

自改革开放以来，在引进吸收国外先进理论和吸取我国经济社会发展历史经验的基础上，逐步形成了诸如增长极理论、点轴开发理论、圈层式空间结构理论、内源式乡村发展理论等一系列区域发展空间结构理论模式，并广泛应用于各地区的区域开发和国土规划的实践之中。从空间发展形式角度来探讨我国区域发展战略已成为我国学术界的重要思路之一。

（一）增长极理论

增长极概念是由法国经济学家弗朗索瓦·佩于1955年首先提出的，后经布代维尔加以拓展，把这一抽象的纯属产业而与地域无关的概念转换到地理空间中，使增长极具有了空间特性，从而成为区域开发的重要理论依据之一。

增长极理论认为，区域发展由于资源所限以及经济效益要求，区域经济的增长不会在一切地方出现，它以可变的强度，出现在一些点或发展极上，通过某些主导部门或有创新能力的企业或行业在一些地区或大城市的集聚，形成一种资本与技术高度集中的规模经济效益，使集聚中心在自身迅速增长的同时能对邻近地区产生强大的辐射作用。

这一理论的核心在于集中发展经济效益最好的重点城市和区域，使其在短时期内取得最佳经济效果。同时形成所在区域的经济开发中心，即造成强有力的经济增长点和有意识地扩大区域态势差，并使增长极成为区域经济发展的原动力。

增长极并非一成不变，它一方面会向落后地区逐渐扩散，另一方面在其发展后期将会向经济效益更好的城市或项目大跨度地转移。

地区增长极的选择和确定可以凭借中心地理论，根据各增长极的特征和条件来划分增长极等级体系，以便于建立以城市为主导的多层次、多功能经济区域。

（二）点轴开发理论

点轴开发理论是20世纪80年代中期在我国兴起的一种区域发展理论，它从经济增长与平衡发展间的倒"U"型相关律出发，认为我国目前仍处于不平衡发展阶段，而点轴开发是现阶段最有效的空间组织形式。

所谓点轴开发，即点轴—等级渐进扩散式开发，是在全国或地区范围内，确定若干具备有利发展条件的大区间、省区间及地市间线状基础设施轴线，对轴线地带的若干个点予以重点发展。随着经济实力的不断增强，经济开发的注意力愈来愈多地放在较低级别的发展轴和发展中心上。与此同时，发展轴线逐步向较不发达地区延伸，将以往不作为发展中心的点确定为较低级别的发展中心。

点轴开发理论认为，不仅区域内的增长极点（城市）有规模大小和等级之分，而且"发展轴"也可定等分级，区域经济的空间移动和扩散是通过"点"与"轴"在一定区域内有机组合来实现的。点轴开发在空间结构上是点与面的结合，基本上呈现出一种立体结构和网络态势。它一方面可以转化城乡二元结构，另一方面又可促进整个区域逐步向经济网络系统发展。

在政策上，点轴开发理论主张到21世纪初我国宏观区域开发宜组成由海岸带和长江轴相交而成的"T"型开发格局，并规定了陇海铁路轴线、西江—南昆轴线等二级开发轴线。这一开发模式目前已成为我国国土规划的基本模式。

（三）圈层式空间结构理论

圈层式空间结构理论是在近几年的区域开发与规划实践中总结出来的一种空间结构模式，其理论基础是空间相互作用理论基本法则之一的"距离衰减律"。它注重于分析"点轴"在空间的不均衡发展所体现的自然社会经济综合景观的向心性空间层次分化特征，与"点轴开发理论"有着密切的联系。点轴开发理论注重城市及交通轴线在区域发展中的作用，而圈层式空间结构理论则能揭示"点轴"不均衡发展所反映出来的向心性空间层次分化特征，两者实为空间结构演化的"硬"、"软"机制，具有内在的统一性。

圈层式空间结构理论认为，城市和区域是一个互为依存、相互促进的统一整体。城市作为这个统一整体的经济中心，对区域经济有吸引和辐射功能，而区域受城市经济吸引和辐射能力的大小不仅受城市规模和经济实力制约，而且遵循空间相互作用的"距离衰减律"法则，这就必然导致区域形成以中心城市为中心的集聚和扩散的圈层状网络结构。以城市为中心可以把经济区域划分为中心地区圈、资源腹地圈、产品辐射圈三个层次，其中中心地区圈又是由市区核心圈、近郊圈和远郊圈所构成。所谓"圈实质上意味着"向心性",而"层"则意味着"层次分异性"。因此,应通过"点轴"扩散机制的不均衡发展,建立"圈层式梯度扩展"模式,在内外各圈层间有机融合的基础上,促进整个区域经济发展。这一模式在大城市区域开发与规划工作中有较大的实践意义,是城市区域经济实现合理布局的较理想的模式。

(四) 内源式乡村发展理论

上述三种模式都是采取自上而下的发展方式,而内源式乡村发展模式是针对增长极理论的缺陷而建立的,它认为落后地区的发展受到发达地区发展的限制和剥削,大多数发展中国家经济发展的动力是来自于农村,提出依附的边陲国家应与其宗主国脱钩,自下而上实施乡村发展战略。

这一理论又分为开放式乡村发展(均衡功能空间模式)和封闭式乡村发展(分散地域一体化模式)两种方式。开放式乡村发展战略提出走乡村城市化道路,把区域视为一个有组织的网络,建立由不同规模和不同职能的小城镇组成的"综合的农村发展"增长中心系统,通过相互紧密的衔接构成"功能经济区域"来进行大规模投资建设,以达到促进区域发展的目的。封闭式乡村发展战略认为,区域经济发展应该通过"农社区"的途径,采取"选择性空间封闭",将权力下放给地方和区域,以最有利于自身利益的方式与区域外部发生联系,以便使城镇和农村的居民既能根据自身的需要来规划其资源开发,也能够防止发达的经济中心产生任何有害的效果。这一理论符合贫困地区的愿望,对贫困地区开发模式的选择及建立合理的空间结构有一定的指导意义。

上述几种有代表性的理论和模式都不同程度地揭示了区域经济空间结构的特征与演变机制。然而,每一种模式都有其局限性,增长极模式常常造成极化发展所维持的增长极高速增长势头不能与周围地区分享,结果是加剧了区域的二元结构。点轴开发模式主要适用于发展中地区,其"点轴"等级的确立依据也不够充分。圈层式结构模式的层次划分及各圈层的有机融合机制还有待于探讨。而内源式乡村发展理论的实施存在着资金技术等方面的实际困难,在实践中难以奏效。

因此,我们认为当前必须结合我国生产力发展水平,特别是结合改革开放以来的巨大变化,建立更加符合我国国情的理论模式。实践证明,具有"点—轴—圈"空间结构与多重循环机制特征的城市经济圈对促进城市与周围地区经济的发展成效最为明显，已逐渐形成我国最具特色与发展活力的一类经济地域单元。其中沿海开放城市及附近区域的发展更为引人注目，如以江浙沪为核心的长江三角洲的发展已成为全球区域经济发展关注的热点，被公认为发展中国家成功的又一典范。这种以具有相当优势的大城市为发展核心，通过向外辐射的交通干道为发展轴形成由内向外、由大城市向中小城市及区域圈层式渗透发展，同时又具有双向回流的多重循环机制特征的"点—轴—圈"区域结构模式，是行之有效的区域经济开发组织形式。其构件是由作为"硬件"的点（大中小城市）、轴（交通干道等）和"软件"的圈层所组成的一个多层次的内外循环的网络系统。

第三节 经济空间规划内容

经济空间规划是国家进行空间治理的重要手段，也是国家和地方应对经济变化的战略选择。20世纪90年代以来，中国区域发展的内外部环境发生了很大变化，经济空间规划在实现空间治理，应对外部经济环境变化的同时，其功能亦开始发生变化。从未来一段时期内中国与世界经济的关系，以及区域经济的发展要求，我们可以把握经济空间规划基本功能及发展的大致趋势。

一 新形势下经济空间规划的影响因素

（一）市场经济体制基本确立

在过去30多年中，我国的经济体制发生了重大变化，从改革开放前典型的计划经济体制变革到目前的市场经济体制。在这个过程中，政府职能定位、行政管理体制、计划管理体制、财税管理体制、金融管理体制等都进行了大幅度的改革。这些改革使政府部门进行经济空间调控的手段发生了巨变，对区域规划的实践产生了深刻的影响。

目前，随着改革开放的深入，投资行为越来越市场化，人口流动加快、外资大量涌入，传统管理手段不断淡化或淡出。同时，随着财税体制的改革，地方的积极性和自主性越来越强，地区之间的竞争日趋激烈，形成了具有"诸侯经济"色彩的空间格局。这些变化对国家进行有效经济空间规划提出了挑战，也决定着区域规划的实践和主体内容。

在规划中应该将国家与地方的权利、义务和资源等统筹协调起来。目前，国家所拥有的主要资源包括土地供应管理、有限的国有投资、大型区域性基础设施建设、利率和税收调控、特殊区域的立法保护、地方官员的考核与升迁等。总体上，这已经比较接近市场化国家的管理手段。

（二）经济全球化

经济全球化主要表现为，金融资本在全球范围内的迅速流动、跨国投资的迅速增长、跨国公司垄断势力的强化、产业链在全球范围内的空间重组、国际经济组织影响力上升等。这些表现使区域直接暴露在全球竞争之下，既为区域发展带来新的机遇，也对其提出了挑战。

我国改革开放以后的经济高速增长得益于经济全球化，而全球化力量也对我国区域发展及其空间变化过程产生了深刻的影响。经济全球化打破了传统的区域和国家界限，使原有空间体系已经不能适应经济发展的需要。这使区域规划需要新的、全球性视野。全球化使区域在很大程度上失去了国家边界的保护，不得不直接参与到全球竞争之中。相应的，区域发展空间也随之扩大，不再局限于国家之中，而需要在更大范围内来考虑。因而，区域空间规划的视野也要上升到一个更高的层次，将构建"全球的区域"视为规划的战略目标，将区域发展置于全球化大背景下，通过经济空间规划来提升综合竞争力。另外，对于多数区域而言，全球化带来的变革（特别是参与全球竞争）实际上为区域发展的前景带来了更大的不确定性。由于规划是以未来情景分析为基础的，所以追求高度确定性和精确性的规划思维可能已经难以应对区域发展的不确定性。在此背景下，规划的核心问题应该是建立应对变化和不确定性的框架，突出区域共同竞争力的塑造。

二 新形势下经济空间规划的重要意义

（一）区域规划是提高区域竞争力参与世界经济竞争的战略措施

从世界发展形势看，伴随经济全球化的发展，生产能力和产业竞争力不断向地方或区域层次"下调"。在此背景下，国家与城市的发展越来越仰仗区域竞争力的提升，区域经济空间规划也成为促进区域竞争力提升的积极而重要的措施之一。从20世纪90年代开始，世界范围内特别是欧盟国家兴起的新一轮区域经济空间规划，无不体现了着眼于世界经济循环、提高区域竞争力的广阔视野。

从中国与世界的关系看，随着经济全球化向纵深发展，中国城市与区域经济发展受世界市场的影响要比以往任何时候都明显。因此，区域经济空间规划将越来越成为区域管理与自主决策的工具。其核心问题是建立应对外部变化和不确定性的框架，突出区域整体竞争力的塑造，而不是追求区域经济发展细微之处的确定性和精确性。这与传统的区域经济空间规划主要根据本地区的条件，进行区域内生产力布局和资源平衡，为区域发展服务，有着很大的不同。

（二）经济空间规划是国家对经济建设进行宏观调控的重要手段

中国是一个多民族、地域发展差异大的国家。历史经验表明，国家的长治久安总是离不开中央集权及其有效的空间治理。在目前及未来相当长的时期内，为了实现跨越式发展和区域协调发展，仍然要充分重视国家的宏观调控职能，适当集中财力、物力支持重点地区的发展和安排一些关系长远发展的重大项目，特别是通过区域规划统筹安排重点区域和重大项目。

从计划与市场的关系看，随着社会主义市场经济体制的初步建立与逐步完善，市场将对资源配置发挥基础性作用。同时，市场又带来许多自身无法解决的问题，如实现社会公平和减少经济发展的外部性，这就需要通过资源的有效配置，引导土地利用和经济空间规划，与财政税收、计划调控、土地使用制度等手段一起组成政府调控市场、引导经济的公共干预体系。

三 经济空间规划的具体方法

经济空间规划的目标是通过资源、人口和经济活动的空间配置，来协调不同空间单元的发展，解决区域性问题和空间差异，营造区域整体竞争力。而不同尺度的经济空间规划的任务重点是有所不同的。对于较大尺度的区域而言，经济空间规划常采用纲要的形式，规划涉及的内容职能仅做些方向性、原则性的规定，随着尺度的变小，规划的内容也逐步具体化。

根据上文其影响因素的分析和理论基础的阐述，进行新时期经济空间规划需要在原有技术方法基础上，尝试新的规划思路和方法。基于上文提出的"点—轴—圈"空间结构与多重循环机制以及所使用的一些基本工作方法，我们认为，通过构建"城市区域"来强化区域在经济全球化下的竞争力，应该是当前多数区域进行经济空间规划的重点。在具体实施过程中，则需要确定发展轴线、选择"门户城市"、确定不同功能区的空间范围等几个工作步骤。在这里，"城市区域"实际上就是一种功能区；确定了它的空间范围，也就很大程度上确定了区域的不同功能区。

（一）确定发展轴线（经济带）

根据"点轴开发理论"，发展轴线应该是综合交通运输通道经过，且附近有较强社会经济实力和开发潜力的地带。发展轴线的选择首先应考虑如何确立区域开发的空间重点，其次要考虑如何促进不同区域间的交流。在具体工作中，重点轴线要么是由目前的综合运输通道联系起来的经济重心所在，要么是根据宏观发展环境应该着重建设且具有发展条件的地区。

基础分析工作是区域从战略定位出发，依据主要空间联系方向分析区内及区际综合运输通道的现状与前景。战略空间联系的主要指向是海洋，或更高空间层级的经济中心（门户），或边境口岸等，而综合运输通道由同一方向上的铁路干线、高速公路、国道干线和水运航道等组成。

现状能力低但战略联系方向十分重要的通道，也应作为发展轴线来规划。轴线的确定需要在定量分析基础上进行战略性定性判断。具体的定量分析一方面是对铁路的客货流密度、公路的折算运输量、水运能力等运输能力的计算；另一方面也要对综合运输通道上城市的经济实力进行测算和汇总。定性判断必须与规划目标紧密结合，并服务于后者。

（二）选择"门户城市"

对于不同区域而言，"门户城市"的战略层次是不一样的。有的是全球性"门户"，有的是国际性"门户"，有的则是区域性"门户"。但无论如何，"门户城市"选择的核心因素是对外联系的广度和强度以及对内服务功能的强度。

一般地，对于发展中地区而言，选择"门户城市"应考虑遵循如下原则：①发展水平高、经济实力强、人口规模足够大；②中心性强，即为腹地服务功能强；③有广泛的国际、国内联系；④是外来投资（特别是外资）青睐的投资地；⑤有广大而且基础较好的腹地。根据这些原则可以对规划区内城市进行中心性评价。具体指标的选择要体现出城市的规模与综合实力、对外经济联系程度、基础设施水平、参与全球或产业分工的能力、服务功能等5个方面的内容。在获得中心性评价结果后，还要结合区域的战略定位来最终确定区域的各级"门户城市"。

(三) 确定不同功能区的空间范围

确定不同功能区的空间范围，就是要确定重点发展带、都市经济区、限制性发展地区、生态保护区等。其中，都市经济区是重点发展带的组成部分。

确定不同功能区空间范围的基本方法分两步：首先是分析不同中心城市之间的空间联系，建立基本的空间框架；其次是运用数学模型在数字地图上定量确定空间范围。这两步工作相互补充，不可相互替代。空间联系分析既要包括物质交流，也要包括信息和技术等非物质交流。前者通常是通过空间运输联系来完成的，后者则通过通信网络或知识溢出等来完成。在全球化和信息化所形成的"流的空间"中，非物质联系起着越来越重要的作用。在具体工作中，运输流、电信流、资金流、能源流等可以很好地反映空间经济联系。

定量确定空间范围的具体做法是：在所确定的重点轴线和中心城市的基础上，利用数学模型确定直接吸引范围（例如，可选择可达性模式或重力模型），而后利用地理环境的遥感数据进行修正，剔除不适于发展的用地范围（如山地、生态脆弱区等）。如利用重力模型计算空间范围，还需运用交通线进行范围修正，即需要考虑不同级别交通线的影响。另外，还可以运用重力模型计算各级中心城市之间的相互作用，来验证发展轴线上"点"之间的联系强度。

四 经济空间规划的编制原则

近现代中国空间规划发展已经取得了很大的成就，并且努力在发展中进行探索，但是面对新形势，仍然存在种种问题，特别是国民经济和社会发展规划（计划）、城乡规划、国土资源规划及各专项规划（交通、水利、环境保护等）四大类功能规划并置矛盾重重。

（一）从更高层次把握经济空间规划的变化趋势

目前，不同的部门规划正在进行改革探索，依据各自内在的逻辑自我完善。例如国民经济和社会发展中长期规划正在朝着完善发展目标与强化空间指导性的方向发展，城乡建设部门和国土资源部门的规划在强化空间资源配置和发挥空间管制作用的基础上朝着增强规划的综合性、战略性方向演变。无疑，这些完善与改进措施体现了规划本身的演进要求，但是如何从更高层次把握经济空间规划的变化趋势,从根本上理顺经济空间规划,保证空间规划的长期性、战略性、综合性,而不是各部门规划追求自成体系,这是中国区域规划体系改革中首先要考虑的一个战略问题。

1. 以灵活的创新精神解决复杂多变的问题

改革开放以来,中国在快速发展的同时,经济发展上也存在很多问题。对于发展过程中的问题,其中包括经济空间规划,分析起来结果似乎总是不容乐观。然而,中国发展的事实却是屡屡在险境中创造奇迹。其原因之一就是中国发展具有足够的灵活性,随时进行着自我调整,似乎在一个又一个新矛盾中化解了原有的矛盾。对此有人贬之为"实用主义"。但是必须承认的是,迄今为止这种"中国模式"仍然行之有效。实际上,中国实践是在以灵活的创新精神应对纷繁的局面,解决多变的问题。这是中国过去成功的经验,也是中国未来发展的基本原则。经济空间规划问题也不例外,必须以灵活的创新精神解决复杂多变的问题。

2. 突出促进可持续发展主题

完善经济空间规划的一个基本出发点就是促进可持续发展。在科学发展观指导下,进一步明确发展目标,丰富和充实发展内涵、完善发展条件、强化发展动力,完善发展政策。

经济空间规划是政府各职能部门协调形成的综合性政策框架,是政府对经济空间发展意图的表达与政策指向。从技术的角度看,经济空间规划主要包括三个相互关联的系列:一是侧重于区域对外竞争力和对外发展地位提高的"发展型"规划。二是侧重于区域内部空间协调保证系统稳定的"结构型"规划。三是侧重于空间资源要素配置的"保障型"规划。结合目前经济空间规划的具体情况,可以说国民经济和社会发展中长期规划主要是增强对区域发展竞争能力的指导,突出对区域经济空间结构的调整和优化,提高对区域经济发展的基础支撑能力。

3. 目标明确,步骤稳妥

经济空间规划改革涉及方方面面,问题长期积累变化,十分复杂。在规划改革过程中,会遇到各种困难,需要谨慎从事。因此规划改革要有计划、有步骤地进行。经济空间规划要渐进式进行,目标要明确,但步骤要稳妥。对经济空间规划改革来说,也是如此。

所谓"目标明确",就是在政府职权范围内形成与职能相适应,层次合理、分工明确、有机衔接、统一协调、实施有效的经济空间规划，确立经济空间规划在国家规划体系中的基础地位。

所谓"步骤稳妥"，就是努力在现有的制度框架下，现有的规划权力和能力基础上，通过整合、提升和完善，寻找解决问题的可行途径，稳步推进。经济空间规划改革是对习惯观念和一般做法的突破，是一个长期性的工作，要积极、持续地对经济空间规划进行多种探索。要根据区域的任务和需要（发展目标）抓住一些关键的、重点问题在有条件的地区和部门率先开展工作，以局部的突破与进展，推动整个体系的改进。客观上，在一定时期内不同类型的经济空间规划将继续维持分头编制的局面，因此要特别注重沟通与协调。

（二）转变部门规划思想，开展横向合作

政府各职能部门编制的规划都是国家规划体系的重要组成部分，代表着政府对某一领域发展的政策意图。经国务院或国务院授权部门批准后，都应当切实贯彻实施。然而，由于一些专项规划的部门色彩较浓，规划内容往往重点放在本部门或本系统问题的解决上。事实上，对一个具体区域来说，社会、经济、环境等不同部门的政策或规划最终都必须在空间上加以"落实"。因此，区域规划离不开部门之间的合作。政府体系内所有与空间发展相关的横向部门都应该认识到经济空间规划的重要性，树立经济空间规划观念，相互之间进行功能性调整，在每一个政策层面（主要是中央与省）不同部门之间建立协调机制，开展合作。

1. 突出经济空间规划及其相应的区域经济政策

发展规划是政府对国民经济和社会中长期发展在时间和空间上所做的战略谋划和具体部署，是政府履行经济调节、市场监管、社会管理和公共服务职责的重要依据。一般认为，发展规划具有公布信息、协调政策和有效配置公共资源等基本功能。然而面对国民经济与社会发展的形势与趋势，目前发展规划的长期指导性与空间指导性都显得较为薄弱，如城市总体规划与土地利用总体规划缺乏必要的引导与基础，因此需要强化发展规划对空间发展的指导性，将国民经济和社会发展的目标与任务同经济空间结构的调整与完善，空间资源的配置与优化更紧密结合起来。

（1）突出经济空间规划，增强空间调控。目前，我国由于空间开发无序导致的经济空间结构失衡已十分严重，存在城乡和地区发展失衡、地下

水超采导致地面沉降、超载放牧带来草原沙化、山地林地湿地过度开垦带来沙漠化和水土流失、滥设开发区带来耕地锐减、资源大规模跨区域调动、上亿人口常年大流动、城市无限"摊大饼"等种种问题。因此必须在国民经济和社会发展调节中加入空间调控的内容，特别是通过区域规划促进人口与经济在各个区域之间的均衡分布，并与资源环境的承载能力相适应。

我国多年来形成的规划体系，存在着发展规划和空间规划两大系列。国民经济和社会发展规划，国家和地区经济社会发展战略或产业发展战略等，属发展规划系列；全国国土规划、区域规划、城市规划、土地利用规划等，属空间规划系列。发展规划对空间规划具有导向作用，会涉及空间发展方向的内容，但它不可能取代具体的空间规划。

随着市场经济的发育完善，发展规划的指导性比重增大，主要就发展的方向、速度、结构和布局等提出一些原则性、政策性的规划要求及某些非指令性的规划指标，其内容相对有所虚化。而空间规划的约束性任务加重，要求逐步将空间约束落实到土地，因此使得我国规划体系的工作重点开始向空间规划倾斜。然而，目前区域发展规划编制有条例而无法律依据，如何将突出区域规划落到实处？从增强区域规划的实效来说，主要包括两方面的工作：一是突出与区域规划相应的区域政策，二是把城乡规划、土地利用规划的任务落到实处。

（2）保证经济空间规划的实施，突出相应的区域政策。区域政策是政府根据区域发展差异和空间规划而制定的促使资源在空间上优化配置，控制区域间差距扩大、协调区际关系的一系列政策的总和。区域政策的突出特点是以区域为作用对象，纠正市场机制在资源空间配置方面的不足，目标是改善经济活动的空间分布，实现资源在空间的优化配置和控制区域差距的过分扩大，推动区域经济协调发展，以实现国民经济健康成长和社会公平的合理实现。我国的宏观调控，确立了以计划财政、银行等综合职能部门为主体的国民经济和社会发展计划、财政政策和金融政策为主要内容的宏观经济政策体系，并制定和实施国家产业政策促进国民经济持续、快速、健康发展。但是与此同时我国地区间发展不平衡的问题却越来越突出，适应新体制的地区增长方式和分工格局尚未形成，相应的地区经济管理和调控体系也尚未建立。国家的区域政策主要是针对特殊地区的专门政策，如沿海开放政策、扶贫政策、少数民族地区政策，还没有形成完善的区域经济政策体系，缺乏各项区域经济政策的相互衔接和配合。因此，必须完善现有的区域政策和国家宏观调控体系，保证经济空间规划目标的实现。

(3) 把城乡规划、土地利用规划的任务落到实处。目前，相对于国家总体规划来说，城乡规划和土地利用规划一般是在全国国土规划和重点地区的经济空间规划编制的前提下而编制的"专项规划"。但是，城乡规划和土地利用规划都是一定区域范围内的"综合性规划"，都属于空间规划的类型，因此在进行国家总体规划与重点地区区域规划时，需要建设部和国土资源部等部门较大程度地参与，在规划内容上需要考虑城乡规划、土地利用规划具体任务之落实。

2. 国土规划体系要加强对各项用地供需的综合协调功能

国土规划是对国土进行高层次、战略性的规划，是起统领作用的规划。它协调经济社会与资源环境、区域之间的全面、协调和可持续发展，包括对国土的重大整治和生态环境建设等，是具有战略性、综合性和地域性的地域空间综合协调规划。

(1) 加强土地利用规划对各项用地供需的综合协调功能。各类经济空间规划最终都要落实到土地上，在适当地区制定土地利用规划是区域发展政策的一种最深入的形式。土地利用规划是国土规划空间布局的具体化，是实现土地用途管制的基础。随着国民经济和社会发展区域规划、城镇体系规划等相关区域规划的加强，国土规划工作主要突出编制详细的土地利用规划，加强国土规划对各项用地供需的综合协调功能。土地利用规划不能只局限于部门的耕地保护规划，必须加强对国民经济和社会发展各项用地供需之间的综合协调。

(2) 加强战略性的国土整治内容。国土规划要考虑近期经济活动，但是不能局限于此，必须要有更长期的国土整治设想。国土整治是展望未来的工作，着眼于长期的可持续发展，一项真正的国土整治政策的目标应该是把国家的远景规划按较为理想的愿望逐步实现。土地利用规划需要以高层次的国土、空间规划为依据，而不能本末倒置，以土地利用规划来限制或替代国土、空间规划。相应的，国土、空间规划工作要与土地利用规划密切结合起来，这样既有利于提高土地利用规划的科学性，也有利于国土、区域规划的实施和落实。

总之，通过不同部门之间的"横向合作"，建立合理的协调和制衡机制，可以形成整体的经济空间规划与空间政策，使得各独立运作的部门政策也因此有可能产生新的价值。

(三) 明确规划编制与实施的主体，开展纵向合作

经济空间规划的落实必须与具体地区的发展政策结合起来，这离不开不同层面的空间发展主体之间的合作，即"纵向合作"。不同的政策部门将相互联系的公共权力组合成综合的政策框架，以经济空间规划的形式，整体地交给下一级地方政府，对地方发展进行引导与调控，这明显不同于传统的那种若干专业部门自上而下的专项政策管理。

1. 规划编制与实施主体：以省与县为依托

开展纵向合作的前提条件就是明确不同层次的区域规划编制与实施的主体。与其他形式的规划相比，目前经济空间规划的最特别之处是，缺乏明确的编制与实施主体。因此难以确定权利和责任，最终难免落得"纸上画画，墙上挂挂"的境地。明确经济空间规划编制与实施的主体将直接关系到经济空间规划的实施效果。

明确经济空间规划编制与实施的主体，实际上就是合理划分空间的层次，确定各层次规划的主要内容，明确上下层次规划之间的衔接关系。其核心就是将经济空间规划与政府行政管理体系及其管理权限挂起钩来，而这又与行政区划直接相关。我国《宪法》第三十条规定我国的行政区域划分为省（自治区、直辖市）、县（自治县、市）、乡（民族乡、镇）三级，在设立自治州的地方为四级。然而实际上随着地市机构改革、地区行政公署不断地由虚变实、"市带县"体制的进行，大多数地方已形成省（自治区）、地级市（自治州）、县（自治县、市辖区、县级市）、乡（民族乡镇）四级制。若加上实际上客观存在的副省级、副地级、副县级，层级则更多。因此，改革和完善现行的行政区划体系是当前政治体制改革的重要一环和突破口，已经势在必行。当然如何改革和完善行政区划体系，这是一个十分复杂的问题。不过大势是明朗的，简言之，就是"缩省并县，省县直辖"。浦善新指出：纵观我国几千年行政区划沿革史，合理地吸收世界大多数国家地方政区设置的成功经验，展望社会经济发展趋势对行政管理的影响，我们认为，适当划小省区逐步撤销地区、自治州和区公所，实行省级单位直接管辖市县、市县直接领导乡镇的体制是革除现行行政区划弊端的根本出路。

省与县是经济空间规划中的两个最基本的层面，2005年10月22日国务院《关于加强国民经济和社会发展规划编制工作的若干意见》（国发[2005] 33号）即提出："建立三级三类规划管理体系。国民经济和社会发展规划按行政层级分为国家级规划、省（区、市）级规划、市县级规划。按对象和功能类别分为总体规划、专项规划、区域规划。"这里的区域规划"以跨行政区的特定区域国民经济和社会发展为对象"，实际上就是经济空间规划在空间层次上包括国家、省、县三个层面。

2. 明确职权划分，保障权责明确

一级政府，一级规划，一级事。明确职权划分，才能保障各层次主体在获得权力的同时承担相应的责任。中央政府为国家利益负责，省级政府为本省的利益负责，市、县政府为各自的利益负责。局部利益不得影响整体利益。在这个前提条件下，地方各级政府有自主权。因此，必须明确各层次主体、各部门规划之间的相互关系并将区域空间规划体系与政府行政管理体系挂起钩来，增强空间规划及其管理的权威性。

2003年10月《中共中央关于完善社会主义市场经济体制若干问题的决定》提出"合理划分中央和地方经济社会事务的管理责权"：（1）按照中央统一领导、充分发挥地方主动性积极性的原则，明确中央和地方对经济调节、市场监管、社会管理、公共服务方面的管理责权。（2）属于全国性和跨省（自治区、直辖市）的事务，由中央管理，以保证国家法制统一、政令统一和市场统一。（3）属于面向本行政区域的地方性事务，由地方管理，以提高工作效率，降低管理成本，增强行政活力。（4）属于中央和地方共同管理的事务，要区别不同情况，明确各自的管理范围，分清主次责任。对于具体的区域规划来说，我们也可以按照这个基本精神来处理：一方面，中央政府通过经济空间规划以及相应的投资或空间发展政策，对区域间平衡发展进行宏观调控，重点关注涉及国家整体的长期的利益问题（如自然资源与环境的保护，文化遗产的保护与利用等）；另一方面，国家将区域发展责权交予地方，只是通过国家政策在各地方层次上的"地域化"，对地方的空间发展行为进行监督和审查，不再直接干预地方的事务，提高地方政府发展的积极性和主动性。

（四）政府间合作与非政府间协作相结合

对于特定的区域来说，由于空间发展上存在差异，地方之间的发展又相互依存，相互影响，因此必须寻求一种有效的区域治理（regional governance）机制，统筹中心城市与周围地区发展，统筹不同地区的发展，不能简单地寄希望于构建统一的跨区域政府来提高区域发展效能。

区域治理要强调合作与协作。所谓合作，主要指通过地方政府的合作共同解决区域性问题。此前，地方政府彼此联系甚少，只是在遇到紧迫问题和上级政府的强制要求下才不得不"联合"起来。现在，可以从部门或部分项目突破，从若干的条款入手，通过建立协调机制，共同解决一般的区域问题。所谓协作，主要指通过非政府间的协作与伙伴关系来解决区域问题。在一个分散化的、多中心的区域体系中，仅靠政府很难有效地应对区域性挑战。相关方面的积极参与对区域性问题的成功解决至关重要，合作性行动比单纯的自上而下的指令性方式可能更加有效和持久。

（五）推进政治文明，不断改革规划体制

目前，国家的大政方针已经很明确，例如贯彻落实科学发展观、构建和谐社会等。搞好区域规划协调对构建和谐社会、落实科学发展观具有重要意义。构建区域空间规划体系涉及政治架构、资源分配以及所有权等诸多方面，必须建立健全区域规划的法规体系和技术规范体系以及与区域空间规划相配套的政策体系，建立区域协调机制。这些都是改革深化过程中不可回避、关系国家发展的重大问题。

第四节 案例分析

进入 21 世纪后，各级政府为落实宏观政策目标，在 21 世纪的最初几年纷纷制定了一系列的区域空间发展规划。本案例以我国中部地区某市为依据，分析研究该市空间结构的主要特征，并在此基础上提出了该市产业经济空间布局的合理架构。

一 案例背景

本案例依据空间结构的概念和该市的具体情况，在第一、二、三节分析的基础上，对该市的自然资源、环境容量、社会经济发展三方面情况在各区县的分布现状加以总结，并综合考虑三方面的协调发展。

该市自然资源类型主要表现为各种土地资源、煤炭资源、矿产资源、水能资源和旅游资源等。为了更好地了解该市的自然资源分布状况，了解和比较各区县之间的差异，本案例列出了该市九区一县的主要自然资源的分布状况，并进行了测评和比较，以期为各区县了解自我、发挥优势找出差距，制定适合自身特点的区域发展战略提供参考依据，进而促进区域经济的可持续发展。

二 该市产业结构空间布局

在向市场经济体制转轨过程中，经济空间结构的形成有不少随机因素。考虑到该市生产力布局现状和国家对该区域的规划定位以及拟建的重大工程项目布局，三江流域生产力布局仍以翠屏区为经济核心，依托区内河流、道路等基础设施轴线，建设一个主发展轴二个副发展轴向周边县辐射，形成四个特色经济板块，进而推动全市经济的整体发展。对现有产业的基础设施，加以改造、提高、调整，按点—轴渐进扩散理论，做到点、线、面有机结合，形成多层次协调发展的生产力布局体系，即"一个核心、一条主发展轴、二条副发展轴、四个经济板块"的生产力总格局。

（一）三江流域的经济核心

该市是三江流域也是我国西南地区的经济中心，在区域经济发展中起着龙头作用和核心作用，同时也是我国东西部连接的重要桥梁之一，长江经济区向西部辐射的桥头堡。除了继续发挥综合性工业基地的功能以外，更重要的是辐射全市乃至我国西南部，尽快实现作为长江上游一级中心城市的目标。

（二）主发展轴

主发展轴是指生产力聚集强度最大、对外辐射带动功能最强的发展轴。长江发展轴东西向横穿该市。长江（含其上游金沙江）历来就是出川与外界进行商贸活动的必然通道和经济大动脉，沿岸各种工矿企业密集，是生产力相对聚集地带。随着长江上游（金沙江）梯级电站、宜渝沿江高速公路等重大工程项目的相继开工，大量企业、基础设施向长江沿岸聚集，长江沿岸成为经济活动最频繁的地带。该发展轴的生产力布局，应充分考虑金沙江水电开发以及沿岸的交通运输设施条件，宜重点发展能源产业和交通物流业。鉴于长江主发展轴生产力布局集聚作用还会加强，对此应有足够的准备，应从区域一体化目标出发早日进行全局性规划。

(三) 副发展轴

副发展轴是指生产力聚集强度、对外辐射带动功能均较主发展轴低一个层次的发展轴。两个副发展轴，即岷江沿岸发展轴和南广河沿岸发展轴。

（1）岷江沿岸发展轴：该发展轴既是翠屏区经济核心向该市北部辐射的通道，也是该市与我国西部其他地区中心城市沟通的通道。该轴线工业基础薄弱，是主要的农产区。在岷江沿岸可大力发展物流业及配套服务业，同时兼顾发展特色轻工加工业，将该发展轴建设成为区域性次级经济增长轴。

（2）南广河沿岸发展轴：该发展轴既是经济核心向该市南部辐射的通道，又是长江经济带向西南地区辐射的重要通道。该轴线沿途煤炭资源极为丰富，是以能源开发特别是煤炭资源开发为特色的一条发展轴，也是建设我国西南部的另一个能源中心和我国"西电东输"的骨干能源输出点之一。

(四) 特色经济板块

目前，该市下属各县的主导产业均不明确，各县各自为政，产业结构相似率高，经济发展无突出的比较优势。因此，在生产力布局调整过程中，必须根据自然资源及经济社会发展的地域差异，把优化产业布局与发挥区域特色、实现区域合理分工与优势互补有机结合起来，形成可持续发展的区域经济，促进人口与经济、资源、环境在各个地域空间的协调发展，逐步缩小区域、城乡差距，这也是科学发展观在现实经济建设中的体现。通过对该市自然资源禀赋、社会经济特点进行分析，并结合实地调研，将该市区域划分为四个特色经济板块。

综上所述，该市经济空间布局呈点、线、面协调发展趋势。在原有"一极超群"的经济空间布局基础上，进一步沿主要河流、交通干线延伸扩展，呈带状集聚。以翠屏区经济核心为出发点，产业已从点的扩散，发展到带的形成，再从带的延伸，发展至面的扩展。这种面的扩展又不是遍地开花，而是形成一定特点的经济板块，进而发展为4个独具特色的经济功能区。沿长江、岷江、南广河，各种特色产业正在不断聚集，逐步具备产业带的雏形，并形成该市与外界沟通联系的通道。

三 该市空间功能区划

（一） 功能区划原则

1. 坚持体现区域经济发展分异性原则

目前，该市各区县经济发展水平相差较大，产业布局各有侧重，在进行功能区划时，必须考虑到各区县经济发展现状，突出各地经济特点，体现区域经济发展的分异性。

2. 坚持地域分工和资源优势相结合的原则

该市虽然拥有丰富的劳动力资源和自然资源，但受传统体制和旧的计划经济意识影响，该市和我国其他地区一样，产业结构存在的问题比较多，除翠屏区"一极超群"外，其他各区县之间产业结构趋同现象比较严重，没有与各自的资源特色相结合，也没有体现各区县比较优势。

3. 坚持现实基础与发展前景相结合的原则

该市在国家规划中占有重要地位，国家和四川省对该市一些区域都有具体定位，并将要安排一些重大工程项目。因此，在空间功能区划时，不仅要考虑各区县经济的现实基础，还要考虑未来的发展方向和国家的相关导向。

4. 坚持因地制宜的原则

坚持这项原则，也就是因地制宜地确定区域经济专业化综合发展的模式。只有充分利用区域分工的绝对经济优势和比较经济优势，在各区域不同的经济优势基础上，建立适合各区域经济发展的专业化生产部门和支柱产业，发展关联性比较强的产业，才能更好地促进区域经济的发展。

5. 坚持统筹考虑的原则

在进行沿江生产力布局调整过程中，不仅要考虑各区域产业发展现状，而且还要根据其资源禀赋的差异，实现地区间最大的经济发展比较优势。同时，空间功能区划还应考虑国家和省对各自区域的发展定位，充分利用国家和省在区域内规划建设的重大项目，以此作为经济发展的契机，确定各功能区的发展方向和模式。

（二） 功能区划

根据对该市自然资源禀赋、社会经济特点的分析，按照空间功能区划5原则，并结合实地调研，将该市区域划分为4个功能区。

1. 综合经济发展区

该功能区经济门类齐全，交通、通信等基础设施完备，又是三江交汇之地，为区域经济综合发展创造了基础条件，有利于建立综合性经济体系。

以该市城区经济发展核心为依托，依靠岷江发展轴和长江发展轴的辐射带动，按照现代产业结构要求，建设综合经济发展区。集科技、人才之优势，鼓励发展食品饮料、新材料、生物制药、电子等高科技、环保产业，以及旅游、金融、信息、咨询、保险、物流、教育等城市现代服务业；在城市郊区发展优质粮食、蔬菜、林果花卉、观光农业等现代农业；限制发展高污染、高能耗产业。

2. 能源材料区

该功能区位于该市南部，面积约6604平方公里，该区域自然资源特别是煤炭资源丰富，被国家列为"十一五"重点开发煤矿之一。该区域煤炭等自然资源开发与国家对该市的规划定位相符，必将得到国家政策和资金上的倾斜，经济发展潜力巨大。

将资源优势转化为经济优势，是该功能区经济发展的方向。依托区域内丰富的煤炭资源和国家煤炭资源开发政策优势，建设西南重要的煤炭开发基地和能源中心，并依靠南广河发展轴加强该市与云南方向的经济交流。该功能区应充分利用资源富集优势，重点发展技术先进、资源综合利用度高的煤炭采掘、电力、原材料产业以及重化工业（依托能源优势和原材料优势），形成煤、电、化相配套的重化工业发展板块。严格控制"三废"排放量，加强环境保护。

3. 生态旅游区

该功能区位于该市东南部，面积约5837平方公里。该区域自然环境良好，旅游资源丰富，拥有如蜀南竹海、中国石海、僰人悬棺、川南民俗博物馆、十里酒城等全国乃至世界知名的自然景观和人文景观。随着人们生活水平的不断提高，生态旅游日益成为不断兴旺的朝阳产业。目前，该区域一些著名旅游景点已经形成集观光、休闲、娱乐、特色餐饮、会展服务为一体的旅游产业链，为生态旅游业的全面开发打下了坚实的基础。

依托该区域丰富的旅游资源，大打旅游牌、生态牌，加大宣传力度，扩大市场影响力；加强区域内旅游资源的整合，打破行政界线，形成旅游资源一体化开发局面；加强旅游配套服务设施建设，延长旅游产业链；建设无公害的绿色食品基地，特别是优质粮食、果蔬基地；加强生态环境保护，禁止发展污染类以及破坏生态环境的产业。

4. 库区生态保护区

该功能区位于该市西部，面积4400平方公里。金沙江横穿该功能区，水能资源丰富，该功能区自身经济落后，农业在国民经济中占主导地位。人民生活贫困，且生产技术落后，自我发展能力低，社会经济发展必须借助区外扶持，特别是资金和人才方面的扶持。国家开发建设金沙江梯级电站，是该区域经济发展的一个契机。随着国家金沙江梯级电站的开发建设，水电经济将会成为该区域的经济主体。

该区域的经济重心应该围绕金沙江水电开发进行，以生态治理和保护为中心，积极发展特色农业、农产品深加工业和生态旅游业，利用库区优势发展库区经济，禁止发展高耗能、高污染等破坏生态环境的产业，形成以特色农业和库区旅游为特点的生态保护经济区。

四　该市空间开发秩序研究

（一）当前空间开发存在的主要问题

1. 煤炭及其他矿产资源的无序开发，带来对资源的浪费和生态环境的影响

据调查分析，该市煤矿资源储量逐年减少的趋势非常有规律，每年减少达2000万吨，且矿产储量的最终开采利用率很低。煤炭及其他矿产资源的粗放式无序开发利用，近几年已经对当地国民经济正常运行带来重大影响，也是今后保持国民经济持续快速健康稳定发展的重要制约因素。

2. 旅游资源开发缺少规划，严重破坏生态环境和人文景观

该市旅游资源丰富，但在旅游开发前期，对市场环境没有进行细致的调查研究，一味追求数量和规模上的扩张，在有限空间内的过度开发造成了资源的浪费。在急功近利意识支配下，不去充分挖掘旅游资源的文化内涵，提供给旅游者的产品水平低、格调低，致使旅游资源吸引力有限。对塑造旅游产品的知名品牌，特别是运用现代营销手段促进其走向市场的力度不够，未突出该市旅游资源自身的特色，不利于最大限度地体现旅游资源价值，严重制约了旅游资源开发的整体效益。

3. 流域开发缺乏统筹规划，造成流域内及行业间冲突不断

在进行空间开发时，各区县各自为政，在产业布局上，没有将流域作为一个整体来考虑，没有明确的区段分工，没有与流域中该市以外地区进行协调，造成了流域中该市内部的产业雷同和行业间资源竞争，以及该市与其他地区存在的产业雷同和行业资源竞争，从而造成流域综合开发利用程度低，开发利用的有效性较差，并往往造成严重的生态环境问题。

4. 经济核心的带动作用不明显，未形成真正意义上的经济发展轴

通过分析该市经济布局可知，该市经济格局"一极超群"的特点非常突出。但除了经济核心（翠屏区）经济发展比较突出外，其他区县经济发展较为落后。产业的聚集效益非常突出，但辐射带动作用却有限，其关键问题是长江、岷江、南广河等发展轴没有发挥其应有的经济作用。

（二）协调空间开发秩序的指导思想和基本原则

1. 基本指导思想

"坚持以人为本，树立全面、协调、可持续的发展观，促进经济社会和人的全面发展"是中共十六届三中全会提出的深化经济体制改革的一项重要原则。在这一背景下，以人为本、全面协调、可持续的发展观已成为完善社会主义市场经济体制、深化经济体制改革的指导思想和原则。

2. 基本原则

（1）坚持统筹发展原则。要全面考虑，兼顾眼前与长远利益，制定分阶段的协调空间开发秩序的总体和专项规划，明确不同时期的重点任务和目标，逐步推进和及时调整。今后协调空间开发秩序，考虑区域该不该开发、谁先开发的问题，必须统筹规划，综合协调。

（2）坚持可持续发展原则。空间开发秩序的协调，必须充分体现可持续发展的思想和理念，再也不能以牺牲环境为代价，更不能为了眼前利益，而威胁到后代人生存发展的基本物质需要。

（3）坚持协调发展原则。新时期空间开发秩序的协调必须正确把握和合理调控地区发展差距，公平与效率兼顾，既要保证经济的持续快速增长，又要把地区差距控制在可以承受的限度内，实现地区间的协调发展。

（4）坚持分工协作原则。空间开发秩序的协调必须看是否有利于发挥各区域的比较优势，实现区域间的优势互补；必须看是否有利于建立开放经济条件下的区域分工协作机制，促进区域经济一体化的实现。

五 有关协调空间开发的政策建议与对策措施

根据上述协调区域空间开发秩序的基本原则和该市存在的突出问题，分别从资源的合理开发利用、城镇建设与发展、流域综合协调等几个方面提出相应的政策建议和对策措施。

（一）按照可持续发展的理念，合理进行资源的开发、保护与利用

资源的合理开发与利用，对于实施可持续发展战略意义重大，而且直接影响空间开发秩序的协调。因此，应区分各种不同的资源种类，按照全国资源开发的总战略，结合该市自身经济和社会发展实际，从规划、体制、投入、法律等方面促进资源的有序和持续开发利用。

（二）加强调控和监管，引导城镇有序、理性、健康地建设和发展

该市城镇体系是根据该市未来的经济空间布局而确定的，共分三个等级，即以该市城区为中心城区，各县县政府所在城镇或经济实力强、产业集中的城镇为二级城镇，经济实力较强、产业较为集中（至少有一个中型或大型企业）的乡镇为三级城镇。城市发展规模应有合理的限度，要与其在区域城镇格局中的地位相符，不是任何一个城镇都是规模越大越好。城镇形象要与其历史文化传统、地理环境及当代文明有机协调，将城镇特色资源呵护好，精心提升其历史价值。

（三）建立流域上中下游之间协调机制，促进流域整体有序开发

加强与国家水利部长江水利管理委员会协商，制定有针对性的特定流域开发法律法规，规范流域管理、协调和经营。细化各区段的行政管理权，形成各区段开发协调机制。确定综合开发原则，加强对流域内的土地、航运交通、水资源、能源、生态建设等的开发。

必须按照国家对该区域的相关规划，制定相关法律法规及规章制度，设置相应组织机构，做好国家重大工程的配套服务和后勤工作，促进区域水能资源的统一管理，保证水电资源的合理利用和有序开发。

（四）改变长期以来单一的区域考核标准和指标体系

该市自然和经济空间差异大，在国民经济和社会发展的不同阶段承担不同的功能和任务，如生态保护区要为水电库区提供生态屏障，能源材料区主要为国家提供能源和资源等。各区域经济和社会发展的基础不同，处在不同的起跑线上，因此应该有不同的考核标准和目标，如生态保护区应

重点考核其在生态建设和保护方面的指标。

(五) 发挥空间开发秩序协调机构的协调职能和作用

空间开发秩序的协调是一个涉及多部门和多地区的系统工程,不仅需要技术手段的支撑、体制和机制的创新,而且需要相关组织协调机构做保障。应针对一个时期空间开发秩序中的重大任务,设立综合的组织协调机构,或由综合部门(市发改委)统筹规划,确定协调空间开发秩序的原则、思路和方向,并提供一定的资金、政策和人才。另外,应考虑设立专门的空间开发秩序协调机构,对协调空间开发秩序的综合性、战略性、宏观性问题保持有力的指导和调控作用。

第七章　城镇发展规划

要建设好城镇，就必须有科学的城镇规划，并严格按照规划进行建设。根据城镇规划，对城镇这样一个有机的社会综合体有计划地、全面地进行各项工程建设，其中包括居民住宅、基础设施、园林绿化、环境保护、文教卫生、商业服务等设施项目。采用先进的科学技术成果和现代化的管理手段，使城镇交通便利、信息通畅、防灾应变能力增强，适应各项事业的发展，为城镇居民的工作、学习、居住、交通等各项活动创造良好的条件。

第一节　我国城镇化发展的基本思路

从一般含义上讲，城镇是指具有一定规模的以非农业人口为主的居民点，是工商业和手工业的集中地。然而随着社会的进步，现代城镇已发展成为由工业生产、行政管理、科技文教、交通运输、仓库储运、市政设施、园林绿化、居住生活等多种体系构成的一个复杂的综合体。如果我们分析现代城镇的特征，那么现代城镇则是以人为主体，兼具人口、活动、设施、物资、文化等高度集中并不断运转的开放的有机整体。

一　城镇发展历史

从历史发展角度看，城镇是人类文明进步的产物，是国家或地区的政治、经济、文化中心；从现代意义来说，城镇是交通枢纽、流通中心、信息中心，是发展现代工业和科学技术的基地。因此，城镇与乡村相比具有更多的经济效益，舒适方便的现代设施，多样化的学习、交往和就业选择机会，更加开放和进取的社会风尚等优点。

（一）城镇的产生与发展

城镇并不是人类社会一开始就有的，城镇是社会发展到一定历史阶段的产物。生产力的进步和生产关系的变化，社会劳动分工的加剧，都对城镇的产生给予了深刻的影响。根据居民点在社会经济建设中所担负的职能和人口规模的不同，目前我国把居民点分成乡村居民点和城镇居民点两大类。

一般说来，以农业人口为主，从事农、牧、副、渔业生产的居民点称为村镇，如农村集镇、中心村和基层村，均属村镇范畴。而具有一定规模的，以非农业人口为主，工商业和手工业集中的居民点称为城镇，如县城及县城以上的居民点，工矿企业所在地以及已经被批准设置镇建制的居民点，均属城镇范畴。

（二）我国城镇发展简况

1. 中国近代城镇

鸦片战争之后，中国沦为半封建、半殖民地社会，这对中国近代城镇的发展带来一定的影响。在这期间，中国的政治经济陷入畸形悲惨的境地，当时的城镇建设大致可分为以下三种情况：

第一种是由于某些帝国主义的侵略与控制所致的少数几个城市的兴起，如青岛、哈尔滨、大连等。这些城镇拥有体现帝国主义侵略意图的建设规划，也按其规划修建了不少建筑与城镇设施，但均带有明显的殖民地印记。

第二种是一批原来的中国的大中城市，其新建了一些近代的工业设施、交通运输设施和城镇基础设施，如上海、天津、汉口等。这些新建设施给城镇带来一些近代色彩，但同时也造成了许多城镇问题，如城镇总体布局混乱，帝国主义列强的租界分割城镇，城镇道路、给水排水、电力等不成系统，工业与交通污染城镇环境，广大劳动人民聚居在条件十分恶劣的棚户区内，等等。

第三种是大多数内地的中小城镇，其并没有什么近代设施，基本保持着封建时代的城镇面貌。

2. 新中国的城镇

新中国成立之后，随着经济的恢复和大规模经济建设的展开，新建了许多工业城镇，旧中国遗留下来的旧城镇也得到不同程度的改造，建造了大量居民住宅和公共建筑，改造了一大批条件恶劣的棚户区，城镇的道路、给水排水、电力等基础设施也有明显改善，城镇建设取得了很大成就。与此同时，我国城镇建设方面的技术力量也得到了锻炼。

然而，前30年城镇规划与建设也曾走过一段曲折的道路，受到过严重的干扰。尤其在10年"文革"期间，规划机构撤销，专业队伍削弱，城镇管理混乱，造成了严重的后果。

改革开放之后，我国政府在认真总结新中国成立以来正反两方面经验教训的基础上，针对城镇规划和建设中的问题，制定了相应的方针政策，引导城镇规划与建设工作走上了正确的轨道。1984年1月国务院颁发了《城市规划条例》，1989年12月在第七届全国人大常务委员会第十一次会议上通过了《中华人民共利国城市规划法》，这是我国城镇建设方面重要的基本法规，它使城镇规划与建设有法可依，标志着我国在法制建设方面迈出可喜的一步。

（三）现阶段的城镇化

西方国家自18世纪下半叶产业革命后，由于资本集中、人口集中，大量的农村劳动力涌向工业集中的城镇，造成城镇的迅速发展和城镇人口的急剧增加，进而加速了城镇化的进程，并一直持续至今。

城镇化进程的基本特征是：一个国家或地区范围内城镇数量的增加；城镇人口在总人口中比重的增长；国家产业结构的变化、经济的发展和人均国民生产总值的提高；居民点公用设施的现代化；居民文化水平的提高以及生活方式和观念发生相应的变化等。

二　我国城镇化道路的争论

自改革开放以来，关于我国城镇化道路的学术争论就一直没有停止过。在我国人口众多、资源环境压力大的特殊背景下，寻找一条适合我国国情的城市化道路，也应该成为城市化研究和探讨的中心课题。概括学术界的争论，可以分为如下几种观点。

（一）大城市论

大城市论认为中国的城市化道路应以发展大城市为重点。其主要理由包括以下四点。

（1）发展大城市是世界城市化的共同趋势，大都市和大都市连绵带是人类在21世纪最向往的住区形式，国际城市主导经济发展潮流和格局的局面正在到来。

（2）大城市的经济、社会、环境综合效益要优于中小城市，更优于小城镇。大城市作为人口、资本、技术、信息等生产要素高度集聚地，受内部和外部经济规律的影响，能形成极高的产出率和承担较低的单位基础设施代价。

（3）我国大城市在经济社会发展中起着巨大的不可替代的作用，其主要表现在：第一，大城市是国家宏观区域发展中心，是世界城市体系的组成部分，在参与全球竞争中起着重要作用；第二，大城市是我国经济的重心所在；第三，大城市第三产业发达，潜力大；第四，大城市经济效益较好。

（4）大城市的污染物净化比小城市困难，但环境问题与污染源、经济技术水平及政策有关，其同城市规模大小并无必然联系，如新加坡就是环境质量较好的超过200万人的花园城市。

（二）中等城市论

布利策等人曾对1960～1989年间有关第三世界中小城市的文献进行评述，结论为：中小城市对迎合快速城市化，经济、社会和政治转变，以及提供最优的人类住区都是很适宜的。

中小城市与大多数农村人口和农村企业相互联系，对制造业产品和基础设施的有效利用非常有利。中小城市是大区域地区行政中心，对高层政府的资源分布和相关政策实施非常有利。国家政府给予中等城市更高的优先权，以避免国家在少数几个城市保持工业、服务业、人口（城乡迁移）和政府机构过分集中的局面。

中小城市对限制大城市集聚区内城市扩展具有潜在作用，因为大城市的扩展通常被认为是经济效益低下和环境质量下降等大城市病的根源：①大多数生产形式和制造业与它们自身的产业规模相关，而与经济活动的总规模无关；②国家外贸结构和城市规模分布间的关系，是非常不明确的，城市的规模与区位（气候条件、国际市场可达性、沿海或非沿海区位）、历史因素和附属要素（城市基础设施、公共部门提供服务的效益）相关；③国家政府政策，无论包括或不包括空间要素，如人口分布、资本积累、最低工资和价格政策等，通常都有很强的空间影响，将在自然发展水平以外形成城市的集聚倾向。因此，尽管经济发展措施发挥作用，但城市集聚的最初动因还是出于国家大小以及政府体制的决定。

国内主张发展中等城市的学者认为,中等城市介于大城市与小城镇之间,其经济效益比小城镇好,比大城市也差不了多少,在集聚效应和联系大城市与小城镇及农村方面具有明显优势,而且发展中等城市为我国大量的流动人口提供了出路,并带来较少的资源、环境问题。

(三) 大中小城市并举论

该观点认为应以大中城市为主导,大中小城市全面发展,即,挖掘大城市潜力,扩大和建设中等城市,择优和适当发展小城市。理由是城市化发展过程中的"城市病"是一种社会经济"发展病",其可以通过社会自身发展得到治理。城市化滞后的"农村病",是一种"停滞病",它不仅难治,而且还会引发更严重的"城市病"。全面发展大中小城市是把社会效益、经济效益和生态效益三者结合的最佳选择,以大中城市为主导的城市化是充分利用城市原有基础、挖掘潜力的正确途径,发展大中城市、放开小城市是顺应农民迫切要求城市化的根本举措。

由于我国幅员辽阔,人口众多,地域差别很大,生产力水平和经济发展不平衡,因此在农村城市化过程及其发展方向上,不可强求一律,应走一种多元模式,即多元化、非均衡、多级递进、综合发展。所谓"多元化"是就城市化目前状况和模式而言,它要求在不同的时期、不同的地区、不同的条件下,实现的目标和采取的模式不相同;所谓"非均衡"指的是阶段性步骤,未来中国城市化只能循着世界城市化的阶段性规律,一步一步走,不可超阶段;"综合发展"是就效益而言的,是经济效益、社会效益、生态效益的综合效益。这一战略构想的一个重要特点就在于其思路已跳出了我国长期以来形成的以某种单一模式为重点的模式,从系统的、综合的、整体的观点出发来研究和提出我国城市化发展战略。

(四) 小城镇论

该观点认为我国原有城市无力接纳众多的亟待转移的农村剩余劳动力,而根据中国的国情国力又无力再建那么多的新城市,因此只有在乡村集镇的基础上建设小城镇,就地转移农村剩余劳动力。苏南乡镇企业推动下的自下而上的城镇化的实践又提供了佐证,有学者甚至认为这是具有中国特色的城市化道路。小城镇论认为我国城市化有远见的选择是:依托县城(县级市)发展中小城市,再辅之以把一些条件较好的中等城市发展为大城市，适当保留、改造和建设一部分重点小城镇，这既符合我国实际，又避免了大城市的"城市病"。

我国小城镇的研究主要在改革开放之后，基本上可以划分为3个阶段。

1. 1978~1984年中国小城镇理论初创阶段

中国农村率先进行了经济体制改革，家庭承包责任制普遍推行，使农民劳动积极性空前高涨，农业连年获得大丰收。但同时农村也开始产生了一些新问题，主要是农村出现了大批剩余劳动力，这些剩余劳动力转向何处，这也对理论界研究提出了新要求，于是城市化及城市化研究应运而生。

这一时期的研究主要集中于两点：一是中国要不要城市化的争论。这一争论随着城市在国民经济发展中的地位与作用的再认识以及中国农村发展的实践，中国必然走向城市化的观点逐渐被公认而结束。二是农村剩余劳动力转向何处，即中国城市化具体走什么样的道路。

部分学者根据城市发展的规模经济、集聚经济、土地节约等，经济振兴与国家有限的物力财力，大城市在区域经济发展中的重要地位与作用，与国外对比我国大城市人口数量不多、地区分布不平衡，城市发展阶段性规律等方面，认为我国要重视大城市的发展，积极发展大城市从而带动小城市是我国城市化道路的合理选择；部分学者从中等城市兼有大小城市的优点而少有两者的不足，且有较大发展潜力和良好的社会、经济效益等方向出发，认为优先发展中等城市是具有中国特色的城市化道路；部分学者从我国农村广阔与农业人口多的现实、大量农村剩余劳动力的实际转化的出路、乡镇企业的集聚与协作要求、小城镇与乡镇企业在协调城乡关系的作用等方面出发，认为大力发展小城镇是具有中国特色的城市化道路。

2. 1984~1992年中国小城镇理论快速发展阶段

1984年，我国城市开始进行经济体制改革，然而，由于在计划经济体制下城市积累的一些弊端的关联性和复杂性，城市经济体制改革并没有取得预想的效果，城市也容纳不了大批乡村剩余劳动力的转移与就业，城乡隔离的户籍政策不得不继续维持。农民向城市转移受阻后，把目光转向了农村内部，自发地创建了乡镇企业。

乡镇企业的异军突起，不仅转移了大批农村剩余劳动力，而且改变了旧有的农村产业结构，非农化程度显著提高，小城镇也随之发展起来。中国农村剩余劳动力的这种就地转移，显然不同于国外农村人口向城市集中的城市化模式。于是,"乡村城市化"应运而生。

这一时期学术界对此的研究集中于两点:一是关于乡村城市化道路的争论,其中的"工业下乡、离土不离乡、进厂不进城"式的"小城镇"建设是学术界关注的焦点。而部分学者从经济效益、生态效益等方面出发,认为"村村点火,户户冒烟"的小城镇道路存在着许多无法克服的"农村病",主张以县城为重点,大力发展中小城市或实行乡村城市"群落化"是我国乡村城市化道路的最佳选择。二是关于城市化或乡村城市化的机制、类型的研究。这是关于20世纪80年代中国乡村变化较深层次的研究,其中的非农化、人口流动与农村剩余劳动力的转移同城市化关系是学术界研究的焦点。在这一时期为加快乡村与城市的快速发展,解决中国多年来城乡隔离积累起来的弊端,许多学者提出了"城乡一体化"的思想与观点,主张城市与乡村不能分割开来进行单独发展,而必须在经济、社会、生态环境上协调发展。研究的焦点集中在如何改善和加强城乡间的经济社会协作,以逐渐缩小和最终消灭城乡差距。

3. 1992年至今中国小城镇理论日趋成熟

以建立社会主义市场经济体制为目标的城乡全面改革,使我国城乡出现了前所未有的发展局面。外资大规模的介入、股份合作制与股份制的兴起、城市规模的急剧膨胀、各级各类开发区的建立、农业产业化与现代化的发展、乡镇企业的高速发展等,使中国农村呈现出多元化的发展态势。我国学术界除继续深入探讨(乡村)城市化的道路和机制外,对改革中产生的一些新问题也进行了研究。这些新问题,如一些农村并没有依靠非农化而主要依靠农业现代化实现了与城市无太大差别的生产生活方式;一些并没有产业和人口大规模集聚,但实现了与城市生产生活无差别的"工业化村"等,是传统城市化理论难以用"集聚"和"非农化"本质所能解释的。

为了能更客观、更全面地反映当代中国农村正在发生着的由传统型向现代型的变化,学术界越来越多的人认为用"乡村—城市转型"来表达较为合适,并对"乡村—城市转型"进行了深入的研究。相比较而言,经济学研究偏重于从宏观上分析城乡联系及其变化;社会学研究偏重于从宏观和微观两个层次上分析城乡社会关系的变化和乡村社会结构的变迁;地理学研究偏重于从中观层次—微观层次分析区域城市化的机制和区域城镇体系的构建。

三 我国城镇化发展道路的基本思想

一个国家的城镇化水平与该国经济发展的状况及人均国民生产总值的多少有着密切的联系。汲取国内外经验教训，经过多年的探索，目前我国城镇化发展道路的基本思想已经形成，具体说来应包括以下四个方面。

（一）大力发展农村集镇

随着我国农业机械化的发展，农村剩余劳动力将大幅度增加。为避免大批农村人口盲目流入城镇，解决现有城镇尤其是大城市的人口膨胀问题，可以通过进一步发展农村集镇（一般为乡的政治经济中心）来安置容纳农村剩余劳动力。

（二）严格控制大城市规模

新中国成立以来，我国大城市发展很快，其数量和人口规模都占世界首位。但是，我们必须清醒地看到，大城市工业迅速发展的同时，也相应加速了大城市人口的增长，引发出许多大城市弊端，诸如城市用地不足，基础设施匮乏，居民住宅紧缺，环境污染严重，社会秩序恶化等。控制大城市规模的实质就是要严格控制城市中心区人口的增长，合理调整城市用地；加速城市基础设施建设；不断提高城市经济效益并大力改善城市环境质量。

（三）合理发展中等城市

根据国内外经验，中等城市的综合经济效益优于小城镇，与大城市相近，但没有因大城市城市规模过大、人口过分集中所带来的种种弊端。

（四）积极发展小城镇

积极发展小城镇是加速我国城镇化进程的重要途径。这个途径不仅能保证我国城镇的均衡发展，同时也将有助于吸收大批农村剩余劳动力，有助于缩小城乡差别。积极发展小城镇，就是要尽可能地把一些重要建设项目安排到条件较好的小城镇；积极扶持当地具有发展条件的企业，发展小城镇的交通运输和通讯设施，加强小城镇与大中城市和农村的联系；努力搞好小城镇基础设施建设，增强它们的吸引力；改善小城镇的职工生活福利、待遇和科教文卫设施，创造条件逐步缩小与大中城市的差距。

正是由于城镇的优势和担负着众多方面的职能，现代城镇的建设和发展必须要有计划地进行，必须制定城镇的总体规划和详细规划并付诸实施，这样才能充分发挥城镇优势和综合效能，否则，城镇的建设与发展将是盲目的、混乱的，甚至会造成巨大的损失。

四 新型农村小城镇建设试点的经验

在城镇规划中，新型城镇的规划是一个十分重要的方面，这是因为新型城镇是农村人口转移、集中的主要空间。同区域中心城市相比，新型城镇原有基础较差，城镇建设部门比较薄弱；新增加的人口主要来自农村，数量是原有居民的数倍，基本上是新建的城镇；特别是在规划区域的新型城镇建设时，首先面临着建设多少个新型城镇以及新型城镇的选址定位问题。因此，新型城镇的建设规划不是一个纯技术性的功能分区和基础、公用设施的布局问题。要搞好新型城镇的规划就必须在规划中坚持"数乡一镇"的原则。

20世纪90年代中期以来，在国家建设部的组织指导下，我国一些地区开展了新型小城镇的建设试点工作。应当说，试点的指导思想是好的，要通过小城镇的建设，改变乡镇工业遍地开花的局面，促进农村乡镇企业的相对集中。但是试点的局限性也是显而易见的，它只要求在现行乡镇行政区域范围内，本乡的乡镇企业向乡镇集中，这就必然形成"一乡一镇"的格局，这是不科学的，应该主张"数乡一镇"，避免"一乡一镇"。理由有以下几点。

（1）根据国际经验，一个城镇至少集中到5万人时，才能在建设道路、供水、供电、供气、通讯、环境保护等基础设施和发展文化、教育、医疗、商业、服务业等社会事业和第三产业时，真正节省资源和投资成本，获取规模效益和集中效益。目前我国各乡级单位人口平均不足3万人，在规划期内达到人口峰值时也不足4万人。如果一乡建一镇，扣除留在农村的人口和进入区域中心城市、县城城市的人口，一个镇将只有2万人，集中度不够，规模偏小而不经济。

（2）一县范围内的各乡镇的地理、交通条件不是同等优越的，乡镇与乡镇之间有时差距很大，而地理、交通条件对城镇经济、社会发展的制约作用不可低估。这就是说，并不是每一个乡镇都适合发展成新型城镇。

（3）一县范围内各乡级单位的经济发展也是不平衡的，各乡镇的基础设施水平差距也很大，乡乡建镇成本过高。因此，依托那些综合条件较好的少数几个镇，建成数乡范围内的中心城镇（新型城镇），将更有利于新型城镇的自身发展，更有利于节省城市化的成本，加快农村城市化的步伐。"数乡一镇"进行规划，必然要求打破现行乡村区划界限。20世纪80年代初期乡镇企业异军突起的时候，由于没有及时打破乡村区划界限，已经导致乡镇工业"村村点火、遍地开花"，产生了一系列弊端。今天，当城市化要求在更大的地域范围内集中配置非农产业和人口时，如果我们仍然在农业社会的乡村区划范围内搞"乡乡建镇"，则将重复以往的失误，造成更大的浪费。从这个意义上说，能否按"数乡一镇"的原则选择重点建设的新型城镇，将是区域城市化规划成败的关键。当然，在按"数乡一镇"的原则规划建设新型城镇时，应当制定相应的政策，体现和保护各社区集体的利益。同时也应当从实际出发，不能简单地一刀切，在东部沿海地区农村，在那些地理、交通条件、经济发展水平差距不大的乡人口规模较大的地方，也可以多建些新型城镇。但是，作为宏观调控的一个思路，应当在可能的情况下，提倡"数乡一镇"。

（4）坚持"先规划、后建设"的原则。城镇建设规划是人们对镇区范围内功能分区、设施布局、建设规格和标准的以合理性为取向的全局性的缜密安排，规划的目的就是要避免因自发、无序甚至是自私的建设行为而造成损失，因此必须坚持"先规划、后建设"的原则。

（5）坚持节约土地的原则。新型城镇的规划过程，同时也是贯彻节约土地方针的过程。在规划城镇用地时要严格按照每平方公里容纳1万人的国家标准，坚持城镇规划区和基本农田保护区同时划定的做法。城镇居民住宅应当是公寓式的楼房，要合理规定新型城镇居民的住房标准，可以比原有城市人均居住水平高一些，并考虑到现代社会城镇居民居住需要，但一定要适度。由于城镇建设是一个几十年时间的过程，应当实行分阶段滚动开发，建一片、成一片，杜绝大片土地不建或闲置不用的现象，尽最大努力保护土地。

（6）坚持"长期有效"的原则。在新型城镇建设初期，会因进镇企业和人口少而缺乏基础设施和公用设施的建设资金，这样极易导致降低规划标准的短期行为。起步阶段资金困难是一个现实的矛盾，可以采用包括土地批租在内的多种办法筹集建设资金。经过努力确实筹集不到足够的资金，也应当坚持"长期有效"的规划原则，按照今后几十年内的需要高标准规划，低标准起步。例如，骨干道路的宽度要留足，但起步阶段可先造等级较低的路面，以后经济发展了，改造起来就较容易。新型城镇有着比腹地农村优越得多的对外通讯、交通条件和较完备的基础设施条件及方便地联系外部城市的广阔市场，因而特别适合各种为农业服务的企业和组织的集中。以新型城镇为依托，集中农产品的流通企业，精加工、深加工企业，农用物资供销企业和农业科学技术服务组织，使新型城镇成为数乡范围内的农产品集散中心、农产品加工中心、农用物资供应中心和农业科学技术服务中心，把专业农户同外部市场连接起来。因此，在农业产业化体系中，新型城镇发挥着不可替代的引导、组织和服务功能。充分发挥新型城镇的地理区位优势和中心功能，不仅能促进农业产业化的发展，而且也必将使新型城镇自身充满经济活力，为转入新型城镇的人口增加大量的就业机会。我国农村许多地区已经对农村城市化进行了积极的探索，积累了宝贵的经验。从操作的层面看，我国农村城市化必须解决好3个问题，即农业的规模经营、非农产业和人口的迁移、以农民自己的力量为主建设新型城镇。这些操作性的问题解决不好，农村城市化的后果不可避免将是消极的、有害的。令人鼓舞的是，在近几年的改革中，我国许多地区已经对解决上述问题进行了积极有益的探索，积累了宝贵的经验，从而增强了人们推进农村城市化的信心。

第二节　城镇发展规划与编制

一　城镇规划的内涵

（一）城镇规划的含义

城镇规划是人们为实现城镇的经济和社会发展目标而开发城镇物质空间环境的社会事业。首先，从城镇空间方面分析，现代城镇急剧增长的人口、加速发展的产业、错综复杂的城镇设施、十分有限的土地资源、日益严重的环境形势等，比以往任何时代都不允许城市建设的无政府状态。

城镇规划就是一定时期内城镇发展的目标和计划，是城镇建设的综合部署，也是建设城镇和管理城镇的依据。这说明城镇规划是一项特殊的发展计划，它不仅有一个特定的时间限制（即规划年限），而且有一定空间范围的制约（即具体城镇），它还要对各项建设在城镇这个空间上作出综合部署。城镇规划是一门综合性的学科，其研究和工作的主要对象就是城镇本身以及它的发展计划。

（二）城镇规划的起源

18世纪下半叶，蒸汽机的发明标志着资本主义产业革命的开始。蒸汽机提供集中的动力，使工业生产摆脱了过去依靠人力及水力的状况并创造了在城镇集中的可能。大工业带来了城镇的扩大，农民大量流入城镇，使城镇人口急剧膨胀。资本主义城镇的迅速发展，带来了各种复杂的矛盾，城镇居住环境恶化、城镇中心区衰落、贫民窟增多、汽车交通成为灾难、环境污染、能源危机等，这些不仅使劳动人民身受苦难，也危及资产阶级自身的利益，于是人们提出了"城镇能否生存"的严重疑问。因此如何解决这些矛盾的理论应运而生。从资本主义初期的空想社会主义者，到后来的各种社会改良主义者，都曾提出过种种理论和设想。这些理论和设想对当时的城镇建设并没有产生什么实际的影响，但他们中的某些理论，却成为现代城镇规划学理论的渊源。

19世纪末，英国政府以"城市改革"与"解决居住问题"为名攫取政治资本，授权英国社会活动家霍华德进行城市调查和提出整治方案。霍华德于1898年著述《明天——一条引向真正改革的和平道路》，书中揭示了工业化条件下的城市与理想的居住条件之间的矛盾以及大城市与自然隔离而产生的矛盾，提出了"花园城市"的设想方案。

霍华德经过一番调查之后看到了当时资本主义大城市恶性膨胀给城市带来的严重恶果，认识到城市的无限发展和城市土地投机是资本主义城市灾难的根源，城市人口的过于集中是由于城市具有吸引人们的磁性。他认为如能把这些磁性有意识地移植和控制，城市就不会盲目扩张。他同时又提出"城乡磁体"，企图使城市生活和乡村生活像磁体那样相互吸引、共同结合。这种城乡结合体既可具有高效能与高度活跃的城市生活又可兼有环境洁净、美丽如画的乡村景色，并能产生人类新的希望、新的生活与新的文化。

霍华德的理论，是把城镇当作一个整体来研究，联系城乡的关系，提出适应现代工业的城镇规划问题，对人口密度、城镇经济、城镇绿化的重要性等问题都提出了见解。霍华德的理论对现代城镇规划学科的建立和发展起了重要的作用。

二 城镇规划工作的任务和特点

城镇规划研究的主要对象就是城镇本身及其发展计划。从一般含义上讲，城镇是指具有一定规模的以非农业人口为主的居民点，城镇作为一个由多种体系构成的复杂系统，由于其涉及的面很广，在进行建设时，就可能遇到各式各样、错综复杂的问题。例如，城镇位置的选择，城镇与其周围地区的联系，城镇的性质及城镇规模的大小，城镇总体布局能否满足生产和居民生活的需要，如何使城镇有一个卫生、优美的环境，以及和谐统一的面貌，等等。

要建设好城镇，就必须合理解决好城镇问题，对城镇的各项建设进行统筹考虑和全面规划。

（一）城镇规划工作的任务

城镇规划工作的任务是：根据国家城镇发展和建设的方针及各项经济政策、国民经济发展计划和区域规划，在全面调查了解城镇所在地区的自然条件、历史演变、现状特点和建设条件的基础上，布置城镇居民点体系；合理地确定城镇的性质和规模；确定城镇在规划期内经济和社会发展的目标，统一规划与合理利用城镇的土地；综合部署城镇经济、文化、公用事业及战备防灾等各项建设；保证城镇按计划、有秩序、协调地发展。

具体地说，主要有以下几方面的内容：①调查、搜集和分析研究城镇规划工作所必需的基础资料；②根据国民经济发展计划和区域规划，结合当地现状条件、经济条件、自然条件和资源状况确定城镇的性质和发展规模，拟定城镇发展的各项技术经济指标；③合理选择城镇各项建设用地，拟定城镇规划结构，对城镇进行合理布局，全面综合地解决好城镇协调发展问题，并考虑城镇长远的发展方向；④确定城镇基础设施的建设原则和实施的技术方案；⑤拟定城镇旧区的利用、改建的原则、步骤和方法；⑥拟定城镇建设艺术布局的原则和设计方案；⑦根据城镇的基本建设计划和投资情况，安排城镇各项近期建设的项目，为各单项设计提供依据。

由于各个城镇在国民经济建设中地位与作用、城镇性质与规模、城镇建设速度各不相同，历史条件、现状条件、自然条件、民族习惯与地方风俗存在差异，所以各个城镇的规划任务、内容及侧重点也应有所区别。

在新建城镇的规划中，应着重了解该地区生产力的分布情况和本地的资源条件、自然条件、建设条件、交通运输状况，在满足生产建设需要的同时，特别要注意妥善解决好生活和服务设施的配套。在拟扩建的旧城的规划中，则需考虑旧城原有物质建设基础的利用与改造，生活服务设施的改善，工业挖潜和劳动力的安置等。因此，在具体规划时，必须从实际出发，针对各自不同的性质、特点和问题来确定城镇规划的主要内容和处理方法，不能生搬硬套。

（二）城镇规划工作的特点

从城镇规划工作的任务和具体内容中，可以看到城镇规划关系到国家的建设和人民的生活，涉及政治、经济、技术和文化艺术等各方面的问题。为了对城镇规划工作的性质能够有一个比较确切的了解，必须进一步认识城镇规划工作的一些特点。

1. 城镇规划工作的政策性

城镇规划几乎涉及国民经济和社会发展的各个方面，它不仅关系到城镇中各项建设的战略部署，同时也会影响到城镇居民物质和文化生活的组织。特别是规划中，对城镇性质、规模、发展水平、建设速度等的研究和确定，都不单纯是技术和经济的问题，而是关系到生产力发展水平、城乡关系、消费与积累比例等重大问题，关系到国家的有关方针政策。在城镇规划工作中要加强防灾建设，防治污染和保护环境，绿化美化城镇和保护文物古迹，等等。

2. 城镇规划工作的综合性

城镇规划工作的一个重要任务是综合部署城镇的各项建设。这些建设包括：城镇的工业生产、商业服务、文教卫生、交通运输、生活居住、市政建设、园林绿化等。内容很多，既涉及大量的社会经济问题，又涉及大量的工程技术问题。

3. 城镇规划工作的长期性

城镇规划既要解决当前的建设问题又要充分考虑今后的发展要求。例如规划要力求做到科学合理方向明确，并留有余地。而近期规划则应注重现实。因此，城镇规划既要具有现实性和可行性，又要具有科学性和预见性。

城镇规划的方案，都是根据当时的方针政策和国民经济计划与社会发展目标，并结合当地的具体条件编制的。因此，它必然受到一定时期内物质与经济条件的制约，同时也必然反映出这个时期的城镇建设特点。然而，社会是在不断发展变化的，城镇也就必然处于新旧交替之中。此外，在城镇建设过程中，影响城镇发展的因素也是在变化的，城镇的规划方案不可能对城镇未来作出完全准确无误的预测，必然需要随着城镇发展因素的变化而不断加以调整或修改，不可能一锤定音、固定不变。所以城镇规划工作是一项长期性和经常性的工作。

虽然城镇规划需要不断地调整和修改，但是必须明确指出，每一个时期的城镇规划都是根据当时的方针政策和建设计划，在广泛调查研究的基础上编制出来的，是符合现实的、可行的。经人民政府审批同意后，就必须严格执行，任何组织与个人不得擅自改变，这就是我们常讲的要维护城镇规划的严肃性。

4. 城镇规划工作的地方性

城镇之间个别条件相似的情况总是存在的，但不可能找到条件完全相同的城镇。因此要求在城镇规划中具体分析城镇的条件与特点，因地制宜地制定规划方案，所以说城镇规划工作具有地方性。

三 城镇规划工作的指导思想

城镇规划和城镇建设在各个不同历史阶段和不同社会制度下，有着不同的内容，它总是受到一定历史时期生产力发展水平和生产关系的约束。我国社会主义城镇的规划工作，必须坚持为社会主义经济建设服务，必须突出体现社会主义时代精神。

（一）城镇规划应贯彻有利生产、方便生活的原则，为城镇居民服务

城镇规划首先要树立为居民服务的指导思想，促进城镇的发展与繁荣，使城镇居民安居乐业，并使他们的物质生活和精神生活得以不断提高。城镇规划工作的核心是城镇用地的合理组织和布局，它应满足居民的需要，把人们的活动与建筑、环境紧密地结合起来，促使城镇环境生态系统的良性循环。但必须指出，居民生活水平的提高程度和城镇建设的速度，取决于国民经济发展的水平。城镇规划既不能只强调生产发展，不顾居民生活，相反，也不能脱离生产发展，只强调居民生活，去追求与建设高标准的生活福利设施。城镇规划必须坚持从实际出发，两者兼顾，根据可能提供的建设资金，着重解决当前城镇生产建设和居民生活中迫切需要解决的问题。

（二）城镇规划应能使城镇各项事业和各组成体系各得其所，有机联系，综合平衡，协调发展

城镇作为一个有机综合体，各组成体系互相依存、互相制约，在系统内和体系间都要求紧密配合，互相协调。城镇规划的结构布局要紧凑而富有弹性，要处理好生产与生活的关系，促进城镇经济、社会、文化同步发展，为提高居民文化水平和劳动技能创造条件，并应考虑到城镇发展的多样化和多变性的特点。

（三）城镇规划与建设应十分注意合理用地、节约用地

我国是世界上人口较多，人均土地较少的国家之一，与加拿大、美国、俄罗斯等一些国家相比，差距就更大。随着我国城镇化进程的加快，城镇发展与农业生产争地的矛盾会日益突出。过去的城镇由于缺乏合理规划和科学的用地管理，滥占耕地和浪费土地的现象比较严重。因此，在城镇规划与建设中，要特别注意合理利用每一寸土地，节约每一寸土地，充分发挥城镇用地的综合效益。

另外，我国农村经济结构的改革已取得很大进展。在农村地区，以中小城镇为基地的商品生产与商品交易发展很快，同时也带来了许多复杂的实际问题。城镇规划要为振兴农村经济服务，为促进城乡经济交流积极创造条件，做到妥善安排，正确引导，合理布局。

（四）城镇规划要根据国情、国力来考虑城镇发展，处理好需要与可能、普及与提高、国家集体与个人的关系

目前我国城镇建设资金短缺，主要靠城镇工农业生产自身的积累和投资。因此，要开辟多种渠道，依靠当地工农业生产的发展，充分发挥集体和城镇居民的积极性，统筹解决建设资金问题。要实事求是地确定规划设计标准，把有限的资金重点投放到城镇住宅和城镇基础设施的建设上。

（五）城镇规划要尊重城镇的个性，保持城镇的特色，因地制宜地发挥城镇的优势

城镇的个性、特色、优势是个统一的概念，在城镇规划中，应以比较的观点、全局的观点和发展的观点来看待城镇的个性、特色和优势。

四　城镇规划工作的步骤

城镇建设是一个相当长的过程，从提出建设任务到各个项目建成，需要有一个长期工作和实施的过程,以及和这个过程相适应的规划、设计工作。按其工作内容和要求,一般分为以下四个阶段:①城镇所在地区的区域规划;②城镇总体规划;③城镇小局部地段的详细规划;④城镇中各项拟建工程的修建设计。通常所说的城镇规划,只包括总体规划和详细规划。城镇规划对区域规划和建设来讲,是一项承上启下的工作,它们之间联系十分密切。这是因为,一方面城镇规划应当在区域规划的指导下进行,使城镇规划具有可靠的依据,更符合国民经济发展的要求,另一方面城镇规划也应当为城镇各建设项目提供修建设计的依据,真正起到指导建设和为建设服务的作用。因此,从城镇建设的全过程而言,区域规划和修建设计也是城镇规划工作应该认真考虑和参与的工作内容,但就编制城镇规划而言,一般分为总体规划和详细规划两个阶段。

(一) 总体规划

总体规划是城镇规划的主要工作阶段。总体规划的主要任务是确定城镇的性质、规模和城镇的发展方向,对城镇中各项建设与环境面貌进行合理布局与全面安排,选定规划定额指标,并制订规划的实施步骤和措施。

总体规划宜有一个适当的规划期限,规划期限应与国民经济计划或长远发展设想相适应。一般说来,总体规划期限为20年。总体规划中还包括近期建设规划,它是实施总体规划的第一阶段,一般近期建设规划的期限为5年。

总体规划是一项带有战略性的城镇布局,主要目的是确定城镇发展方向和重大原则。总体规划的内容如下:

(1) 确定城镇性质和发展方向,估算城市人口发展规模,选定有关城镇总体规划的各项经济技术指标。

(2) 选择城镇用地,确定规划区范围,进行城镇总体布局,综合安排城镇各类用地。

(3) 布置城镇道路系统和车站、码头、机场等主要对外交通设施的位置。

(4) 提出城镇公共活动中心和大型公共建筑位置的规划设想。

(5) 确定城镇主要广场位置,主要道路交叉口形式,主次干道断面,城镇主要控制点的坐标和标高。

(6) 提出城镇给水、排水、防洪、电力、通讯、煤气、供热、人防等各项工程规划；制定城镇园林绿地规划；编制城镇公交客运运输的组织方案。

（7）制定改造城镇旧区的规划。

（8）综合布置郊区的农业、工业、林业、交通、村镇居民点用地，蔬菜生产基地，建筑材料基地，郊区绿化和风景游览区，以及其他各项工程设施。

（9）确定近期建设规划范围，提出近期建设的主要工程项目，安排近期各项建设用地。

（10）估算城镇近期建设总造价。

（二）详细规划

详细规划是总体规划的进一步具体化。详细规划的主要任务是根据城镇总体规划，对城镇近期建设地段内的房屋建筑、市政工程、园林绿化和公共服务设施等的建设进行具体的布置，选定技术经济指标，提出建筑空间和艺术上的处理要求，确定各项建设用地的控制性坐标与标高，为各单项工程的建设提供修建设计的依据。

详细规划的内容如下：

（1）确定规划范围内各项用地的界线和各项建设工程的具体位置。

（2）确定规划范围内的道路红线和道路断面形式，确定规划范围内主要控制点的坐标和标高。

（3）选定居民建筑、道路广场、公共建筑和公共绿地等项目的定额指标，提出特定地段的建筑高度、建筑密度等限制性规定与要求。

（4）安排各种工程管线、工程建筑物的位置和用地。

（5）确定主要道路和广场建筑群的平面、立面规划设计。

（6）提出详细规划范围内的工程量和估算总造价。

第三节　城镇总体布局

城镇总体布局是城镇总体规划的核心和表现形态，它是研究组成城镇主要要素相互间内在联系的一项为城镇长远合理发展奠定基础的全局性工作，是城镇的社会、经济、自然条件以及工程技术的综合反映。

城镇总体布局要科学、合理，并具有较强的适应性，为城镇居民的工作、居住、游憩和交通创造良好的条件。要达此目的，就必须开展全面的调查研究，进行技术经济分析与论证，进行多方案比较和方案选优。

一　城镇总体布局的任务与内容

城镇活动概括起来主要有工作、居住、游憩、交通四个方面。为了满足各项城镇活动，就必须有相应的不同功能的城市用地。各种功能的城镇用地之间，有的相互间有联系，有的相互间有依赖，有的相互间有干扰，有的相互间有矛盾，这就需要在城镇总体布局中按照各类用地的功能要求以及相互之间的关系加以组织，使城镇成为一个协调的有机整体。

城镇总体布局的任务是在城镇的性质和规模基本确定之后，在城镇用地适用性评定的基础上，根据城镇自身的特点和要求，对城镇各组成用地进行统一安排、合理布局，使其各得其所和有机联系，并为今后的发展留有余地。合理的城镇总体布局，必然会带来城镇建设与管理的经济性，并能取得良好的社会效益与环境效益。城镇总体布局任务的核心是城镇用地功能组织。具体说来，可通过以下几方面内容来体现。

（一）按组群方式布置工业企业，以形成城镇工业区

目前，我国城镇劳动力的主体是从事工业生产以及从事科研、教育、文化、卫生、商业服务、行政管理、城镇基础设施建设等工作的人员。所以在城镇中，工业的组织方式与布置形式对城镇居民的劳动组织有着很大的影响。

在新城镇的建设和旧城镇的改造中，由于现代化的工业组织形式和工业劳动组织的社会需要，城镇布局都力求将那些单独的、小型的、分散的工业企业按其性质、生产协作关系和管理系统组织成综合性的生产联合体，或按组群方式相对集中地布置成为工业区。

（二）按居住区、居住小区、居住生活单元组成梯级布置，以形成城镇生活居住区

在城镇中，居民必然要根据居住生活的需要对城镇住宅与公共服务设施提出不同的要求，这些生活需要的一部分可能能在工业区或其他场所得以满足，但绝大部分则应在城镇生活居住区内解决。因此，城镇生活居住区的规划布置应能最大限度地满足城镇居民多方面的生活需要。实践经验

已经证明，城镇生活居住区由若干个居住区组成，居住区又由若干个居住小区组成，居住小区再由若干个居住生活单元组成，在集中布置大量住宅的同时，相应设置公共服务设施，并组成各级公共中心（包括市级、居住区级、居住小区级和居住生活单元级中心），这种梯级组织形式能较好地满足城镇居民生活居住的需求。

（三）配合城镇各功能要素，组织城镇绿化体系，建立各级休息与游乐场所

居民的休息与游乐场所，包括各种公共绿地、文化娱乐和体育设施等，应把它们广泛地分布在城镇中，其目的在于最大限度地方便居民使用。在城镇总体布局中，既要考虑在市区（或居住区）内设置可供居民短暂休息与游乐的场所，也要考虑在市郊独立地段建立营地或设施以满足城镇居民的短期休息与游乐活动。布置在市区的休息与游乐场所一般以综合性公园和小游乐园的形式出现，而布置在市郊的则一般为森林公园、风景名胜、夏令营地和大型游乐场等。

园林绿化是改善城镇环境、调节小气候和构成休息游乐场所的重要因素，应把它们均衡分布在城镇各功能组成要素之中，并尽可能与郊区大片绿地（或农田）相连接，与江河湖海水系相联系，形成较为完整的城镇绿化体系，充分发挥绿地在总体布局中的功能作用。

（四）按居民活动特点分布建筑群体系，以形成城镇的公共活动中心

城镇公共活动中心是城镇居民进行政治、经济、社会、文化等公共生活的中心，是城镇居民活动十分频繁的地方。各类城镇公共活动中心一般由一组建筑群组成，这些建筑群是城镇建筑群体系的核心与精华，是城镇空间艺术的杰出代表。各类公共活动中心的建筑物、绿化、雕塑及广场的布置应与自然环境的特色相协调，融为一体，既要满足实用、经济的要求，又要体现建筑空间艺术审美的要求，还要能表现出城镇空间艺术上的协调，展现出城镇功能、技术和艺术三位一体的完美效果，以满足居民的精神生活与物质生活的需要。

（五）按交通性质和交通速度划分城镇道路的类别，形成城镇道路交通体系

在城镇总体布局中，城镇道路与交通体系的规划占有特别重要的地位。这是因为城镇道路与交通体系不仅构成了城镇的骨架，而且是城镇经济活

动的命脉。但是它的规划又必须与城镇工业区和居住区的分布相关联，它的类别及等级划分又必须遵循现代交通运输对城镇本身以及对道路系统的要求，即按交通性质和交通速度的不同，对城镇道路按其从属关系分为若干等级。比如联系工业区、仓库区与对外交通设施的产业性道路，这类道路以货运为主，要求高速；联系居住区与工业区或对外交通设施的生产性道路，用于职工上下班，要求快速、安全。产业性道路和生产性道路都属于城镇交通性道路，而城镇生活性道路则是联系居住区与公共活动中心、休息游乐场所以及它们各自内部的道路。此外，还有城镇外围迂回的过境道路，等等。在城镇道路交通体系的规划布局中，还要考虑道路交叉口形式、交通广场和停车场位置等。

以上 5 个方面构成了城镇总体布局任务的主要内容。城镇总体布局就是要使城镇用地功能组织建立在工业与居住的合理分布这一重要的基础之上。按此原理组织城镇布局，就能保证居住区与工业区之间具有简捷而方便的联系，最大限度地简化城镇交通组织和节省交通时间，并能保证合理的社会生产条件和高质量的服务水平，保证劳动工作地点、生活居住环境和休息游乐场所拥有良好清洁的卫生条件。然而在城镇中，工作、居住、游憩等几大功能既相互联系，又相互制约，在城镇总体布局中需要同时综合考虑这些相互有关联的问题，从总体布局的多方案比较中择优。

二 城镇总体布局的基本原则

不同城镇的总体布局各不相同，但其布局的原则是一致的。在城镇总体布局中一般按以下几个基本原则来考虑。

（一）立足全局、讲求效益

由于城镇总体布局的综合性、政策性很强，因此城镇总体布局要立足于城镇全局，符合国家、区域和城镇自身的根本利益和长远发展的要求。城镇总体布局的形成与发展取决于城镇所在地域的自然环境条件、工农业生产、交通运输、动力能源和科技发展水平等因素，同时也必然受到国家政治、经济、科学技术等因素的影响。在我国，社会主义的城镇总体布局必须坚持为发展社会主义经济服务、为实现四个现代化和建设社会主义的物质文明与精神文明服务和为城镇居民服务的宗旨，遵循"工农结合、城乡结合、有利生产、方便生活"的原则，为加速城镇的社会发展和经济发展，为城镇建设取得更大的社会效益、经济效益和环境效益奠定坚实的基础。

（二）集中紧凑、节约用地

城镇总体布局在充分发挥城镇正常功能的前提下，应力争布局的集中紧凑。这样做不仅可以节约用地，缩短各类工程管线和道路的长度，节约城镇建设投资，有利城镇经营，方便城镇管理；而且可以减少居民上下班的交通路程和时间消耗，减轻城镇交通压力，有利城镇生产，方便居民生活。城镇总体布局能否集中紧凑是检验规划是否经济合理的重要标志。当然集中的程度，紧凑的密度，应视城镇性质、规模和城镇自然环境条件而定。应当引起注意的是，不要走极端不顾一切地追求集中紧凑，过分的集中、过密的紧凑会导致工业过于密集，人口在局部地域急剧膨胀，进而增加了解决工作、居住、游憩、交通乃至环境污染等一系列问题的难度与复杂性。

因此，城镇总体布局可以是成片的形式、组团的形式或其他形式，但其组织结构应是相对集中与紧凑的，要防止一个工业企业一条路、一个居民点的各自为政的分散零乱的布局，也要防止把各种门类的工业企业都集聚于城镇某一地域的布局。前者不利于生产协作和经营管理，导致生活不便，而后者极易造成严重的环境污染和城镇局部地域交通、动力、水源的过度紧张。

城镇总体布局要十分珍惜有限的土地资源，尽量利用荒地、薄地、劣地，少占农田，不占良田。兼顾城乡，统筹安排农业用地与城镇建设用地，促进城乡共同繁荣。

（三）合理组织、有机联系

城镇各组成要素在用地上可能是相对独立的，但并不是说孤立存在于城镇之中。它们之间有可能相互制约，但不应该相互限制；它们之间应保持相互联系，但不应该相互干扰。城镇总体布局应促成城镇各组成要素完整，相互配合，合理组织，协调发展，避免出现将不同功能的用地混淆安插在一起的做法。城镇总体布局要充分利用自然地形、江河水系、城镇道路、绿地林带等空间，来划分功能明确、面积适当的各功能用地，使它们组成一个有机联系的综合体。城镇总体布局应在明确道路系统分工的基础上促进城镇交通运行的高效率,并使城镇道路与对外交通设施和城镇各组成要素之间均保持便捷的联系。

(四) 远近结合、利旧图新

城镇总体布局是城镇发展与建设的战略部署,必须具备长远观点和科学预见性。城镇总体布局应适应现代化工业与交通发展的需要,应满足大规模开发与建设的需要,并在此基础上力求科学合理,方向明确,留有余地。城镇远期规划要坚持从现实出发,科学预见通过若干年建设城镇所能达到的目标,否则,再好的城镇总体布局也将成为空中楼阁。至于城镇近期建设规划,必须在城镇远期规划的指导下才能方向明确,否则,近期建设规划将是盲目的,甚至可能造成城镇布局的混乱而影响到远期规划目标的实现。城镇近期建设应坚持紧凑、经济、现实、由内向外、由近及远、成片发展的原则,并在各规划期内保持城镇总体布局的相对完整性。

在旧城镇规划中,城镇总体布局要把城镇现状有机地组织起来,既能充分利用城镇现有物质基础发展城镇新区,又能为逐步调整或改造旧城区创造条件,这对于加快城镇建设与发展速度,节约城镇建设的用地与投资均具有十分重要的现实意义。在旧城镇总体布局中要防止两种错误倾向,一是片面强调改造,过早大拆大迁,其结果就会出现破坏甚至摧毁城镇原有的建筑风格和文物古迹;二是片面强调利用,完全迁就现状,其结果必然会使旧城镇不合理的布局长期得不到调整,甚至阻碍城镇的发展。

(五) 保护环境、美化城镇

城镇总体布局要有利于城镇环境的保护与改善,创造优美的城镇艺术景观,提高城镇环境质量。城镇总体布局要十分注意保护城镇地区范围内的生态平衡,力求避免或减少由于城镇开发建设而带来的自然环境的生态失衡。在城镇总体布局时,要认真选择城镇水源地和污染物排放及处理场的位置,防止天然水体和地下水源遭受污染;要慎重安排污染严重的工厂企业的位置,防止由工业生产与交通运输所产生的废气污染与噪声干扰,按照卫生防护的要求,在居住区与工业区、对外交通设施之间设置卫生防护林带;要注意加强城镇绿化建设,尽可能将原有水面、森林、绿地有机地组织到城镇中来,因地制宜地创造优美的城镇环境;要注重城镇公共活动中心位置的选择与名胜古迹、革命纪念地的保护,为美化城镇奠定基础。

三　城镇总体布局的基本方法

城镇总体布局是以城镇现状条件、自然环境条件、资源状况和经济发展水平为基础，根据城镇性质和发展规模确定下来的城镇发展方向与主要发展项目（工业、居住、交通和其他等），以及它们用地的数量和要求，并利用用地适用性分析评定的成果，在城镇现状地形地物图上着手布置方案。在实际规划工作中，城镇用地的功能组织与用地选择工作是不能决然分开的，这是因为在选择工业用地的同时，必须一并考虑生活居住用地以及其他组成要素的选址，所以城镇总体布局是一项十分复杂而又带全局性的工作。在城镇总体布局阶段，要集思广益，与各有关部门密切协作，共同商量，最好能做出几个方案，以供分析比较，从中择优选出经济合理的最佳方案。

在做城镇总体布局方案时，通常是优先考虑并且安排对城镇发展影响大的建设条件要求高的城镇主要组成要素。例如，在从事以工业为主的城镇总体布局时，要首先考虑并合理选择工业用地，满足主要工业项目的特殊要求；在交通枢纽城镇的总体布局中，则要把考虑如何满足对外交通用地布局的特殊要求放在首位；在风景游览城镇的总体布局中，就应从保护风景游览名胜与古迹区的完整不受损害，以利于发展旅游业以及各游览景点的布局放在重要的位置上加以考虑。不论哪类城镇，在总体布局中考虑其主要组成要素的用地选择与布置的同时，必须考虑它们与生活居住等其他用地的关系，确保其相互间协调地发展，以有利于城镇居民的工作、居住和游憩。

在城镇总体布局中，当城镇主要用地基本选定之后，就应依次选定城镇其他用地，并着手布置城镇道路系统，使城镇居住区、工业区、仓库区与对外交通设施之间相互都有便捷的交通联系。此外，城镇总体布局还要合理确定城镇郊区的范围，并对郊区范围内的用地进行统一安排，使城镇形成一个完整的有机整体。

四　城镇总体艺术布局

城镇艺术面貌是通过城镇总体艺术布局来实现的，同时它又对城镇的精神文明建设起着重要的作用。由于城镇性质与规模、现状条件与总体规划的不同，对城镇总体艺术布局的要求也就有所不同。城镇总体艺术布局的目的就是要在城镇风貌上反映出适宜的城镇体量、历史的传统、地方的特色，并通过现代化的城镇建设将它们三者融为一体。

（一）适宜的城镇体量

城镇体量应与城镇规模相适应，城镇美在一定程度上是反映城镇尺度的匀称、功能与形式的统一，违背了这一美学法则就很难达到美的艺术效果。

（二）历史传统的继承

我国大多数城镇都有悠久的发展历史，我们的祖先所创造的历史文化古迹是留给后人的珍贵遗产。城镇悠久的发展历史是城镇特色最明显的表现，也是城镇物质文明和精神文明的集中反映。我国不少城镇中有留存至今的古城墙、古建筑、古河道、古桥梁、古园林等。在总体布局时应尽量将它们保留下来，并组织到城镇规划总图中来，使它们在城镇道路、园林绿化、文化设施中成为有机的组成部分，充分发挥它们美化城镇环境的作用。对于历史悠久、文物古迹比较集中的城镇，应认真做好古城和文物古迹的保护规划。

（三）保护地方特色

我国许多城镇都有其鲜明的地方特色，要保持城镇的地方特色必须注重城镇总体规划。与自然环境的结合，这是城镇建设保持地方特色最经济有效的方法。在城镇总体布局中，要充分利用城镇范围内的山、水、草、木等自然环境条件，并将它们组织到城镇的景观中去。丘陵山区城镇要充分利用起伏多变的地形条件，依山就势布置城镇道路，进行总体布局，创造多层次、生动活泼的城镇空间，体现出山城的特点。水乡城镇应充分利用河道水网的有利条件，并组织建设园林绿地，以充分反映水乡城镇的景色。

（四）保护民族形式

在一些少数民族地区的城镇或城镇中少数民族聚居的地区，应该保留民族的风俗习惯与民族的建筑形式。在城镇建设中也同样要反映出各民族的文明。

（五）充分利用地方材料，吸收地方建筑形式精华

对富有乡土味的、建筑质量比较好的、完整的旧街道与旧民居群，应

尽量采取整片保留的方法，并加以认真地维修与改善，更新它们的内部设备，不要一律拆除。至于新建建筑也应从传统的建筑中汲取精华，以保持地方特色。

（六）充分反映城镇气候条件的差异

绿色植物是反映城镇气候特点的物质要素。单就城镇建筑而言，南方的骑楼、西北的窑洞、江南的水榭等，都是建筑与当地气候条件相适应的设计范例。我们祖先的这些设计思想是需要后人弘扬与继承的。

综上所述，城镇总体艺术布局只能因地制宜，充分挖掘与发扬当地所长，继承传统，推陈出新，则不难创造出具有鲜明个性的、独特的城镇风貌。

第四节 案例分析

某市作为中国北方重要的新兴的现代化城市，近年来坚持开放，不断创新，积极建设，努力经营，经济健康发展，社会持续进步，取得了显著的成绩。在全面推进"十一五"规划研究编制工作的过程中，该市的广大干部和群众充分认识到，为了谋求该市未来的发展，必须树立新的理念，坚持以人为本，转变经济模式，创新发展思路，提高生活质量，把该市建设成为风光旖旎、美好和谐、安居乐业、享誉全球的世界名城。

一 案例背景

为了更好地把握该市发展的战略机遇，实现该市经济社会的全面进步，落实全面协调可持续的科学发展观，把握国内外经济、政治环境变化趋势，顺应该市周边地区、京津冀都市圈、环渤海乃至东北亚经济带一体化发展和产业转移趋势，该市勾画了未来 20~25 年城市经济社会发展的宏伟蓝图和基本走势，同时就如何进一步推动产业结构优化、促进经济结构调整、扩大对外开放、尽到社会责任等方面的问题进行了系统分析和论证，以期为未来该市大城市格局的发展以及相应的政府决策提供一定的理论支撑。

该市发展旅游的历史悠久，是中国最著名的旅游城市。该市对中国经济和社会的贡献，不仅仅体现在其各项经济发展指标上，更体现在该市作为一座美丽海滨城市的长久存在。为加速地区经济发展，该市市委、市政府在"十一五"规划中重新进行了城市定位,制定了新的发展战略。该市新的城市定位是:生态型、国际型现代化工业港口和旅游城市。新的发展战略是:以港兴市、旅游兴市、科教兴市、开放带动、可持续发展。

二 该规划的基本原则及主要任务

(一) 基本原则

1. 坚持规划的继承性和衔接性

城市发展规划必须与该市"十一五"发展总体战略及周边地区中长期规划相衔接;项目的选择及规划必须符合国家产业政策、国家区域政策、国家科技发展规划以及全国国民经济和社会发展中长期规划纲要的要求;同时,充分消化、合理吸收各方面业已形成的研究成果,深入调查研究,广泛了解和吸收社会各方面的看法与建议。

2. 坚持"兼顾现实,着眼未来,统筹兼顾,适度超前"的原则

将该市中长期发展战略项目纳入河北全省、环渤海地区、京津冀都市圈乃至东北亚经济圈的国际社会经济环境中进行分析,树立开放的观念,强化宏观—中观—微观综合分析评价,注重理论分析与实证研究、技术经济分析和社会综合分析的有机结合,杜绝"就项目论项目"的思维方式与工作方式。

3. 坚持"统一指挥,综合管理,明确职责,条块结合"的原则

在城市管理中应当实行统一指挥、分级管理的管理体制,理顺"条条"与"块块"的关系、建设与管理的关系、职责与权利的关系,健全目标责任制,分解落实责任。进一步完善管理规章制度,开展"城市管理年"活动,对已出台的城市管理规章制度进行充实和完善,同时结合新情况、新问题,有针对性地制定出台新的管理规章制度。

4. 坚持"既要利用优势条件,又要考虑限制因素"的原则

该市城市发展现已具备一定的基础,形成了独特的优势条件。如地处京津冀都市圈与东北地区结合部,具有较好的区位优势;城市环境空气质量良好,适宜人类居住和休闲度假;该市港口是我国西煤东运的一条大通道,是世界上最大的能源输出港之一,具有良好的港口优势;旅游资源丰富等等。该市应充分利用这些优势条件,选择一些具有比较优势的项目和产品进行优先发展,以提高未来城市的竞争能力。

5. 切实保护生态环境，坚持可持续发展道路

要用世界的眼光重新审视该市的过去、现在与未来，寻求一种具有该市自身发展特色的人口、经济、社会、环境和资源相互协调的发展模式。该市中长期城市发展中的环境保护与建设不仅涉及区域生态环境质量，还将涉及整个区域旅游、港口、支柱产业、海洋经济、发展形象与吸引力，乃至整个区域的可持续发展能力。城市发展建设必须采取切实措施，加强生态建设与环境保护，合理开发、综合利用和保护环境资源。

（二）主要任务

在明确研究背景和基本原则的基础上，提出本课题研究的主要任务是：立足于该市资源、环境、社会、经济的调查研究和评价分析，预测未来中长期（15~25年）的发展趋势。在对该市资源、环境、经济社会发展评价分析及预测的基础上，进行城市功能地位和区域空间功能区划，确定经济结构调整的方向与重点，明确城市主导产业并对各主导产业发展方向与布局进行研究，促进区域经济协调发展。本课题研究的一些基本结论将作为该市未来15~25年社会经济发展总体规划编制的理论依据和基础支撑。

三 该市城市发展现状和存在的问题

（一）该市经济发展现状

1. 工业体系初步形成，支柱产业已具有一定竞争优势

该市工业布局已经基本形成。一是以现代工业为基础，高新技术产业为主导的经济技术开发区；以临港工业为基础，以船舶修造、重型装备出口和粮油食品加工为主导产业的经济技术开发区。二是以玻璃原片生产及深加工为主导产业的北部工业组团；以建材、金属压延业为主导产业的重工业区；以钢铁冶炼为主的工业区；以建材、干红葡萄酒和甘薯精深加工为主的工业区；以石材加工和钢铁采选冶炼加工为主的工业区。

2. 高新技术产业带动了产业升级

目前，该市已经初步形成了以电子信息、光机电一体化、新材料、生物技术为重点的高新技术产业群，这些产业群对推动全市产业结构优化升级发挥了积极作用，逐步成为带动该市经济发展的新增长点。2005年，全市高新技术产业完成总产值67.7亿元，同比增长15.4%，高新技术产业产品销售收入74.9亿元，同比增长32.7%。

3. 旅游产业已形成明显特色

该市旅游业在布局上形成了以该市海滨风景区为中心和向东发展沿长城旅游区，向西发展休疗养度假区，向北发展绿色旅游区的"东引西延北扩"格局。近年来，该市旅游经济整体规模和水平全面攀升，截至2004年底，全市共有旅游景区（点）35处，其中4A景区10处，星级饭店60家，休疗养院所400余所，接待总床位约18万张。2004年全市各项旅游接待指标均创历史新高。

4. 综合交通体系发展基本齐备

该市地处华北、东北两大地区之要塞，且公路、铁路、水运、空运、管道五种运输方式齐全，独特的地理位置和齐全的运输方式决定了该市将成为环渤海经济圈和京津冀都市圈综合交通网上的重要节点。四条国铁干线通过进出港线与港区站相连，年接卸能力超亿吨。全市规划的"三纵六横九条线"的公路主骨架格局已经基本形成，全市乡镇已经全部实现了乡乡通柏油路。该市港口拥有目前全国最大的自动化煤炭装卸码头和设备先进的原油、杂货与集装箱码头。

（二）该市城市经济发展存在的问题

1. 总体经济实力稳定，但不具备高速发展的能力

该市是中国较早开放的沿海城市之一，但是从这些城市之间经济指标的比较来看，该市始终处在整个阵列尾部，即后三分之一处的中部。

2. 产业集群规模不足，综合配套能力薄弱

从目前的情况看，尽管该市在机械装备制造、粮油加工、金属压延、玻璃加工等产业方面已经形成了相对明显的规模优势，对整个区域经济的发展做出了一定的贡献，产生了一定的带动作用，甚至在某些产业范围内已经形成了一定的特色，但是若以世界工业发展的先进水平以及该市及其周边经济活动的需求来看，还远远没有达到真正的"经济水平"。从该市工业发展情况看，各个产业内部乃至不同产业之间实现综合配套的能力均非常欠缺，整体协调能力十分薄弱。

3. 港口与城市联动发展局面尚未形成

从目前情况看，该市海岸线缺乏长远的战略整体规划，适宜建港海岸线被多家公司多处、多点、多层分割。港口与城市中心区紧密相连，可供城市进一步发展的空间极为有限。一方面城市发展的需求旺盛，急需向外

拓展；另一方面临港产业可用土地资源短缺，寸土寸金。城市发展面临长远制约，港区内部平面布局却不尽合理，土地利用率较低。个别临港产业项目靠海太近，不符合海岸线利用原则，在一定程度上也是浪费了宝贵的海岸线资源。另一个比较突出的问题是港城依存度偏低。

4. 县域经济初具规模，需要积极扶持发展

该市的县域经济发展取得了一定成绩，生产总值、规模以上工业、财政收入、固定资产投资等主要经济指标实现了较快增长。这种发展和增长，无疑都是该市经济社会发展当中不可或缺的重要组成部分。目前该市县域经济薄弱，依然处在初创的起飞阶段，概括起来讲，就是"总量不大、质量不高、速度不快"。首先，该市县域经济的总量不大，其次，该市县域经济的质量不高。

5. 城市发展空间不足，需要彻底转变思路

土地是传统城市发展中最重要的制约因素，城市发展空间不足更是传统城市面临的普遍现象，除非彻底转变思路，否则这些问题将永远成为城市发展过程中的"消极因素"。该市先建港，后建市，城市建成区面积小，城市用地空前紧张，大港小市的局面始终没有得到根本改观，预计在短期内也难以从根本上发生彻底的改变。这是源自自然条件和历史惯性的约束，既制约了该市的扩张发展，制约人口聚集度，导致该市的人气不足，也限制了该市在京津冀都市圈中作用的发挥。

四 该市城市总体发展战略

（一）城市定位

该市的城市定位是：立足京津冀都市圈，成为京津冀都市圈副中心城市；以绿色农业、清洁工业为基础，以旅游业为特色、以高新技术产业和现代服务业为发展方向，构建具有特色的临港工业体系，建设成为中国著名的以能源输出为主的综合性枢纽港口城市；环渤海重要的先进制造业基地；全国著名的旅游休闲度假区；具有浓郁海滨特色的园林式、生态型、现代化滨海名城。

（二）战略目标

该市中长期发展的总体目标是：利用 15～25 年的时间，全市基本实现现代化，经济和社会发展的主要指标分别超过和达到当时中等发达国家水平，形成雄厚的综合经济实力、发达的现代产业体系、完善的市场机制、高度国际化的开放格局、和谐协调的生态环境和社会发展体系；市民素质、生活质量、文明程度显著提高，形成拥有良好精神文明的社会风尚，实现人与自然的和谐发展；塑造良好的城市文化氛围，实现现代文明与传统文化的相融；建立适应现代化建设需要的科技教育体系和与经济发展水平相适应的社会保障体系。

"十一五"时期的总体目标是：全市综合经济实力明显增强，社会事业全面进步，城乡环境显著改善，人民生活更加宽裕，绿色、和谐、活力、魅力城市和园林式、生态型、现代化滨海名城建设取得重大进展，为率先实现全面建设小康社会目标奠定坚实基础。

（三）战略重点和思路

1. 坚持走新型工业化道路，推进经济结构战略性调整

该市充分利用港口优势和区位优势，巩固和增强已经形成的机械制造、金属压延、粮油食品、玻璃工业等四大临港强势产业，依托骨干龙头企业的聚集和带动作用，延伸产业链条，壮大产业规模，走集群化发展道路，全面提升四大支柱产业的整体规模和素质。加快推进经济结构调整工作，以市场为导向，以科技为先锋，以创新为动力，优先发展高新技术及其产业，全面提升产业的技术水平；以高新技术改造武装第二产业，实现工业支柱产业部门的升级和战略替代，延长产业链条，推动工业向高加工度化和高附加值化方向发展，淘汰一批污染重、效益差、缺乏竞争力的产品和企业；以临港物流业、滨海旅游业为重点大力发展第三产业，使其成为国民经济的主导产业。总体的发展思路是：在注重质量的前提下，加快扩张工业经济总量；在扩张服务业整体规模的同时，加速优化内部结构。

2. 以港兴市，实现港城联动发展

港口发展是推动全市经济和社会发展的切入点，该市的现代化必须依托港口的现代化来实现。加快港口建设，提高通过能力，完善港口基础设施与功能，建设现代化枢纽港，增强港口的产业集聚功能和对全市经济的带动作用。

3. 加快县域经济发展

坚持规划先行，落实公众参与，加快推进城镇化进程，构建与现代化

港口城市相适应的中心城区——中心镇——一般镇的三级城市空间布局，组成较为完善的城镇体系。遵循"改造老城区，发展新城区，新老城区协调发展、功能互补"的城市发展总体思路，加大老城区的保护力度，珍惜历史，拾遗补缺，以保护为主线实施适度改造，以构造形成能够保持城市历史风韵的该市城市的基础框架。要加快新城区建设步伐，使新城老城形成鲜明对照，新城新办法，老城老风格。

加强基础产业基础设施建设，提高城市对区域经济的辐射功能，带动周边乡镇发展。要充分认识到周边乡镇对城市的补充作用，提倡城乡互补，鼓励差别融合，结合社会主义新农村建设，坚持"规划进村"，要继续实施"村村通油路"及乡村道路改造工程，进一步完善农村路网结构，提高公路路面等级。加强水利基础设施建设，构建防洪保安、水资源供给、水生态保护和现代水利管理"四大保障体系"，巩固完善骨干防洪工程。

4. 实施可持续发展战略，建设宜居城市

资源环境问题日益成为制约未来经济发展的关键因素。该市未来的发展要继续落实节约资源和保护环境的基本国策，建设低投入、高产出，低消耗、少排放，能循环、可持续的国民经济体系和资源节约型、环境友好型社会。

5. 实施科教兴市和人才强市战略，建设创新型城市

发展科技教育和壮大人才队伍是提升城市竞争力的决定性因素。科学技术发展，要坚持自主创新、重点跨越、支撑发展、引领未来的方针，不断增强企业创新能力，加快建设创新体系，全面提高科技整体实力和产业技术水平。加强基础研究和前沿技术研究，集中优势力量，加大投入力度，增强科技和经济持续发展的后劲。继续深化科技体制改革，调整优化科技结构，整合科技资源，形成产学研相结合的有效机制。强化企业技术创新主体地位，加快建立以企业为主体、市场为导向、产学研相结合的技术创新体系。加大知识产权保护力度，建立知识产权预警机制。深化科技体制改革，合理配置基础研究、前沿技术研究和社会公益性研究力量。

五　该市城市空间功能区划

考虑到该市空间功能区划与其自然资源、基础设施、社会经济以及生态环境条件空间差异的密切相关性，必须理清空间功能与各种决定因素之间的科学关系，因此在对未来城市发展进行功能区划之前，我们首先采用系统聚类分析方法，选取适当的分区指标，对其城市产业结构进行分区研究。

在运用系统聚类方法对该市产业结构进行分区时，为使区划结果更为准确和科学，聚类分析应以乡镇一级行政区为系统聚类分析对象。确定指标时，根据已有数据资料的情况，我们适当进行了取舍，并且依据典型性和代表性原则，选取出了产业结构分区指标。

考虑该市长远发展的需要，加速实现"县改区"非常必要。这样做的必要性和现实性，首先体现在结合城市发展空间的拓展，实现城市经济一元化上。该市现辖市区面积有限，且功能固化严重，除了考虑从环境生态目标出发的建设改造，似不宜做更大规模的功能调整。但是与此同时，为了适应市区整合的需要，发展城市循环经济，乃至从根本上提高港城互动的水平，又急需拓展城市空间，实现规模经营。经过数十年的发展建设，该市与周边区县的经济发展水平亦有较大落差，经济水平与人民生活水平都有相当差距。落实"县改区"，可以加速实现城乡一体化的步伐，有助于促进社会平等，实现社会经济发展水平的梯度转移。

根据《××市城市总体规划（2001~2020年）》确定市域城镇的发展战略，城市总体布局采用带状组团式发展思路。未来发展中，各组团间由绿化带隔离，构筑城在林中、林在城中的带状组团式城市空间布局。海港组团坚持外延拓展与内部挖潜相结合，调整港城空间关系，重点做好旧城改造、铁路线路调整、城市功能中心的组织和港口布局调整，继续推进西城区集中改造，谋划建设滨海娱乐文化休闲区和高档商住区。

依托现有建制镇的地理、资源优势，结合社会经济发展条件和产业结构分区现状，实行小城镇空间功能区划。明确中心城镇、一般城镇、中心村、基层村的层次和具体建设标准，统一规划、合理布局、综合开发、配套建设。

工业园区必须重点发展，要建立临港强势产业园区、高新技术产业园区和县域特色产业园区。该市经济技术开发区西区重点安排技术含量高、附加值高的工业项目，培育电子信息、生物技术、光机电一体化、新材料等新兴产业，形成产学研一体化的高新技术产业开发园区。

六　该市城市主导产业发展战略

尽管从未来展望的角度看该市的远期目标应该是一个更为清洁美丽的城市，但是作为城市工业发展的必经阶段，该市与任何城市一样都不能不经历必要的成长与演变过程。该市现在须及时选择符合自己特色的主导产业，给予重点扶持和培育，使之迅速成长壮大，尽快成为该市经济高速发展的坚强后盾。

（一）基本原则

（1）发挥比较优势。该市具有地理区位较好、资源非常丰富、商贸流通业发达等比较优势。

（2）尊重市场规律。产业结构优化升级，既可由市场力量来推动，也可由政府力量来推动。应尊重市场规律，充分发挥市场机制在产业结构优化升级过程中的基础性作用，政府最好是在市场发挥作用的前提下起引导作用。

（3）依靠技术进步，提高自主创新能力。该市要充分依靠技术进步来推动产业结构优化升级，要加大对科技开发和推广应用的投入，尊重知识，尊重人才，保护知识产权，为技术进步创造良好的环境。

（4）产业集聚原则。根据现实基础和未来发展方向，进一步强化产业发展重大项目布局的空间约束，促进产业的空间集聚。

（5）坚持可持续发展。随着该市工业的快速发展，今后产业结构优化升级一定要符合资源节约和环境保护的要求。该市要重点发展资源节约型和环境友好型产业，限制资源消耗型和环境破坏型产业，要加大对节能和环保技术的投入，着力提高企业的能源使用效率，提高企业的环境保护水平。

（二）总体战略

根据该市区域资源条件、经济基础、发展战略定位，以及国内外产业发展环境与市场条件，我们对该市主导产业选择提出"4+2"的总体发展战略。

按照全面建设小康社会和科学发展观的要求，充分利用该市的自然资源优势、历史文化优势和区位优势，积极主动参与京津冀、环渤海和东北亚等区域的产业分工，充分融入环渤海经济圈的发展中。有选择地主动承接京津等经济发达地区的产业转移，带动该市工业产业结构的升级、优化和构建。以机械装备制造业、冶金及金属压延业、粮油食品加工业、玻璃及加工业为重点，通过延伸产业链，提升产业规模和产品档次，发挥产集聚效应，形成该市经济发展的重要支柱产业。在壮大已有四大产业的同时，加快谋划并培育石油化工等新的战略支撑产业。以现代物流业和旅游业为重点，加快培育和发展现代服务业。发挥区域优势，内引外联，推动高新技术产业发展，力争在 2020 年左右使其成为该市新的经济增长点，带动该市的产业升级和经济社会的持续发展。

（三）战略思路

1. 主动承接与自主培育相结合，实现产业异构式发展

环渤海经济圈作为中国第三大经济圈，其发展日渐成熟与强壮，将产生数个能够辐射和带动县域经济发展的"增长带"。京津正在向建设国际化大都市的目标迈进，城市内部产业转移和升级为周边地区的发展带来了巨大的机遇。该市具有得天独厚的区位优势、交通优势和良好的生态和人居环境，要及时抓住环渤海经济圈和京津都市圈的发展机遇，一方面承接其产业转移，形成产业配套；另一方面要注重产业的主动选择和培育，实现异构式发展。尤其是围绕奥运商机，以先进的制造基础和工业环境为依托，充分发挥该市强大的产业发展优势，实现全面融入环渤海经济圈的战略目标。

2. 围绕自身资源和能力，建设新型工业化基地

该市经济的发展，首先面临自身的资源和能力约束，目前，该市在产业发展上具有较为明显的资源依托特征。随着买方市场作用的不断加强，资源约束的进一步凸现，该市经济面临着转型的问题，资源依托的产业特性尽管还将在未来发展中扮演相对重要的角色，但逐步淡出将是一种必然趋势。该市迫切需要重新评估已经形成的工业基础和产业能力，建立适应市场需求、具有持续发展特征的主导产业群，形成新的经济增长极。

3. 完善产业链，打造全国领先的循环经济基地

该市"十五"期间，在工业规模化发展方面取得了长足的进步，并具备了在"十一五"期间发展生态工业的现实基础。随着循环经济已经成为工业发展的普遍共识，结合该市作为国际滨海旅游度假城市的发展特点，构建环境友好型的现代产业体系刻不容缓。"十一五"时期是我国落实科学发展观，加快和谐社会建设的关键时期，因此，该市未来的产业发展应按照循环经济的标准和模式，延伸和完善产业链体系，力争使其成为具有全国领先水平的生态工业和循环经济示范基地。

第八章 区域环境规划

环境规划应该是经济、社会发展规划的有机组成部分，有明确的环境目标，以及防止环境的污染与破坏，解决现有环境问题的措施。环境规划问题既是整个经济规划中的独立部分，又与工业发展、能源发展、农业现代化等部分密切相关，渗透至其他各部分之中。环境规划的任务是解决发展经济和保护环境之间的矛盾，达到促进经济发展的目的。

第一节 区域环境和区域环境问题

一 区域环境的概念

（一）区域环境的含义

区域环境一般是指某一空间地域的自然作用与人为活动过程的全系统，它是一个含自然、社会、经济的整体系统，在这个系统中存在着物质、能量、信息的相互作用和转换的复杂过程。该系统不是孤立系统，而是一个开放的系统，因此必须遵循开放系统的特性与原则进行区域环境影响评价。

（二）人与环境的辩证关系

从人类诞生起就建立起来的人类与环境的辩证关系，表现在整个"人类—环境"系统的发展过程中。人类用自己的劳动利用和改造环境，把自然转变为新的生存环境，而新的生存环境又反作用于人类……在这一反复曲折的过程中，人类利用和改造环境的行动遵循了自然规律，就会对地球环境产生有利的影响，人与自然就会和谐，经济与环境就会协调发展；但如果违背了自然规律，则会对地球环境产生不良影响，而遭到大自然的

"报复"。

1. 人类是物质运动的产物，是环境发展到一定阶段的产物，环境是人类生存发展的物质基础，人类与环境是统一的、密不可分的

人类在生存发展过程中，既要以资源形式向环境索取物质、能量和信息，又以废弃物的形式向环境输出物质、能量和信息。而环境既向人类提供物质、能量和信息，也承接人类活动产生的废弃物。但是，我们不能只看到人类与环境统一的方面，还必须认识到两者对立的一方面。人类向环境的索取超过环境承载力，违背自然规律去利用和改造环境，最终都会导致人类生存发展条件的恶化，从而带来环境灾难。

2. 在人类与环境构成的"人类—环境"系统中，人是矛盾的主要方面

为促使经济与环境协调发展、人与自然和谐共处，改善环境质量和生活质量而对"人类—环境"系统进行调控，人类主要是通过对其经济活动和社会行为的调控来实现的。如转变发展战略、改变消费观念和方式、控制人口、正确选择科学技术发展方向，等等。

总之，人类要正确认识人与环境的辩证关系，学会预料自己行为的长远后果，正确处理发展与环境、生产与生态眼前利益与长远利益的关系，这样就会使"人类—环境"系统在相互作用中，人类与自然界都不断地得到发展，即可持续发展。

二　世界性环境问题

环境是人类赖以生存和发展的外部空间和物质基础。环境问题是人类文明进程的必然产物。随着工业革命和科技进步带来的巨大财富，人类的生产和生活方式发生了空前的变化，同时也造成了自然环境的严重破坏和环境问题的日益突出。大气污染、臭氧层损耗、全球气候变暖、水体污染、水资源缺乏、生物物种消失等一系列问题，早已超越国界，发展成为全球性问题。

（一）环境污染日益加剧

环境污染越来越威胁到人类的生存环境与生命安全，其主要包括大气污染、水环境污染、固体废弃物污染等。垃圾成灾作为全球环境问题之一，近年来日益严重。全球每年产生垃圾近100亿吨，而且处理垃圾的能力远远赶不上垃圾增加的速度。危险垃圾，特别是有毒、有害垃圾，其造成的危害更为严重、产生的影响更为深远。另外还有有毒化学品污染，市场上约有7万~8万种化学品，对人体健康和生态环境有危害的约有3.5万种。由于化学品的广泛使用，全球的大气、水体、土壤乃至生物都受到了不同程度的污染毒害，对于化学品污染问题，如果人类不采取有效防治措施，将对人类和动植物造成严重的危害。

（二）淡水资源危机

目前世界上100多个国家和地区缺水，其中28个被列为严重缺水的国家和地区。预测再过20~30年，严重缺水的国家和地区将达46~52个，缺水人口将达28~33亿。一些河流和湖泊的枯竭，地下水的耗尽和湿地的消失，不仅给人类生存带来严重威胁，而且使许多生物也正随着人类生产和生活所造成的河流改道、湿地干化和生态环境恶化而灭绝。

（三）臭氧层破坏

臭氧含量虽然极微，却具有强烈的吸收紫外线的功能，它能挡住太阳紫外线辐射对地球生物的伤害，保护地球上的一切生命。然而人类生产和生活所排放出的一些污染物使臭氧迅速耗减，臭氧层遭到破坏。南极的臭氧层空洞，就是臭氧层破坏的一个最显著的标志。

（四）全球变暖

全球变暖会使全球降水量重新分配，冰川和冻土消融，海平面上升，既危害自然生态系统的平衡，更威胁人类的食物供应和居住环境。

（五）资源、能源短缺

当前，世界上资源和能源短缺问题已经在大多数国家甚至全球范围内出现，这种现象的出现，主要是人类无计划、不合理地大规模开采所至。在新能源开发利用尚未取得较大突破之前，世界能源供应将日趋紧张。此外，其他不可再生性矿产资源的储量也在日益减少，这些资源终究会被消耗殆尽。

（六）土地荒漠化

荒漠化是由于气候变化和人类不合理的经济活动等因素，使干旱、半干旱和具有干旱灾害的半湿润地区的土地发生了退化。当前世界荒漠化现象正在加剧，全球现有12多亿人受到荒漠化的直接威胁，其中有1.35亿人在短期内有失去土地的危险。荒漠化给人类带来的贫困和社会不稳定，已经不再是一个单纯的生态环境问题，而且演变为经济问题和社会问题。在人类当今诸多的环境问题中，荒漠化是最为严重的灾难之一。

(七) 物种加速灭绝

现今地球上生存着 500 万～1000 万种生物，2000 年地球上 10%～20% 的动植物即 50 万～100 万种动植物已消失，目前物种灭绝速度正越来越快。

环境资源是一种公共资源，全球公共资源的特性决定了如果所有国家都根据局部效益的最大化原则选择污染排放量，则必然导致全球环境污染的日益加剧。这种由个体理性导致的集体非理性的产生，使全球环境危机愈演愈烈，已经影响到人类社会整体的生存和发展。全球环境问题已经超越了主权国家的范围，任何一个国家都无力单独地面对环境的严峻挑战，国际合作中寻求集体理性的建立是保护全球环境的必然要求。

三 区域环境问题

各个国家和地区由于政治、经济和文化背景的不同，所研究的环境主体也存在较大的差别。总体上，环境是以人类社会为主体的外部世界的总体，外部世界主要指的是人类已经认识到的、直接或间接影响人类生存与社会发展的各种自然因素和社会因素。

自然因素是指与人类生存和社会发展直接或间接相关的各种自然资源或存在体，诸如高山、海洋、江河、湖泊、森林、草原、野生动植物等；社会因素是指人类活动的创造物以及人与人之间的关系，诸如住房、工厂、桥梁、娱乐设施等各种人工建筑物以及政治、经济、文化等因素。自然因素的总体为自然环境，社会因素的总体为社会环境。随着社会的发展，科技的进步，人类干预自然的能力增强，范围扩大，方式也有所改变，自然环境与社会环境之间的界限也就日益模糊化。

环境问题的产生是由于人类活动作用于环境所引起的环境质量不利于人类的变化，以及这些变化危及人类和发展的问题。它是人类无法逃避的一个现实问题。工业化的发展，科学技术的突飞猛进，使人类拥有了急剧增长的物质力量。就在人类尽情享受工业文明带来的物质财富、陶醉于历史进步的时候，却发现人类在创造出巨大生产力的同时，也陷入了前所未有的困境。

四 我国区域环境存在的主要问题

环境问题不仅是技术问题，更主要的是经济问题。新中国成立以来中国发生的"大跃进"和"文化大革命"两次宏观经济决策的严重失误，导致了严重的环境问题。20世纪80年代，乡镇企业的崛起，使经济高速增长建立在生产高消耗和生活高消费上，粗放型经济增长模式追求资本生产率与利润最大化，从而忽视了资源利用率与环境损失。

目前，我国虽然加大了对生态环境的保护力度，但生态环境总体态势是局部有所改善，总体却在恶化，治理能力远远赶不上破坏速度，生态赤字持续扩大。目前，我国生态出现了水土流失严重、土地沙漠化迅速发展、草地退化加剧、森林面积锐减等典型的环境问题。我国生态环境存在的问题主要表现在以下几个方面。

（一）大气环境污染严重

相关数据显示全国500多座城市，大气质量符合国家一级标准的不到1%，城市居民肺癌发病率和死亡率逐年上升，大气污染已成为城市居民健康的头号杀手。由于二氧化硫和氮氧化物等气体排放量大，从而造成我国约1/3的国土面积及20个省市出现了不同程度的酸雨现象。土壤酸化、物种退化等已成为一个尖锐的生态环境问题。

（二）水环境污染严重

近年来我国工业发展迅速，不重视环保的现象大量存在，特别是一些私营小工厂只顾自己眼前利益，不顾国家长远利益，根本不关心环境问题。污水到处排放，结果既污染了地表水，也污染了地下水，威胁着城市居民的生命健康。据对全国110个重点地表水河段统计，污染物严重超标。在地表水遭受严重污染的同时，我国城市地下水污染已达80%以上。地下水污染，水资源告急已成为全国城市发展中的严重问题。

（三）固体废弃物污染严重

我国城市固体废弃物主要是工业垃圾、生活垃圾、工业粉尘，特别是工业垃圾和生活垃圾未经处理，到处堆放的现象普遍。目前全国已有数十个城市废渣，存量在1000万吨以上，废物露天堆存，日晒雨淋，可溶物质分解，有害成分向大气、水体、土壤中侵入，造成二次污染，最终导致人畜疾病的传染，同时影响市容美观。

（四）城市噪声污染严重

众所周知，大气等污染直接影响到植物、动物及人类的身体健康。全国各大城市患癌症人数在不断上升，主要是由环境污染所致。由于污染，全国一些城市的地方病、多发病、常见病的发病率明显升高。同时，随着城市的汽车数量迅猛增长，我国大部分城市汽车噪声超过国家规定的标准，工业噪声超过工业企业噪声卫生标准，城市噪声超标率逐渐加大。生活噪声、航空噪声污染也越来越突出，成为主要的噪声源。这些情况都给人们的工作、生活以及健康带来很大影响。

（五）荒漠化严重

我国是荒漠化最严重的国家之一，荒漠化土地面积约占国土面积的1/3，受之影响的人口达4亿，由此造成的经济损失每年达165亿～250亿元。我国水土流失的面积已达367万平方公里。道路建设、开发区建设、城市建设、自然灾害、矿产资源开发以及其他各种非农利用等因素，造成我国每年土地损失近30万公顷。

所有这些生态退化问题，都是我国农业乃至整个国家可持续发展面临的挑战，我们应当采取主动的措施加以防范。我国的环境质量伴随工业发展也在逐渐下降，并呈加剧恶化之势。从国家环保总局发布的环境年报可见，我国环境污染在20世纪70年代呈点状分布，80年代城市的河流和大气污染严重，90年代则呈区域扩大的态势。从总体上看，70年代我国的环境污染是局部的，影响范围有限。80年代我国环境污染主要集中在城市。环境年鉴资料表明，80年代末我国水污染的比例约为50%，远比1996年80%的城市河流受到不同程度的污染状况要轻。这也说明了随着经济规模的扩大，环境污染也在加重。90年代环境污染呈区域扩大的态势，虽然我国环境质量局部上有所改善，但总体上在恶化，并由城市向农村转移，出现了区域性的污染。

这些问题不解决，势必制约城市经济社会的发展，也影响城市化的进程。解决当前我国所面临的环境问题迫在眉睫，它关系到我国经济发展的能力，关系到全民生活水平的不断提高，更关系到我国今后在全球的竞争力。要解决当前的环境问题，最根本的途径就是政策支持与全民参与，只有这样环境问题才能得到解决，经济才能持续发展。环境污染损失和环境治理投入之和是一个动态的变量，由环境污染所造成的经济损失仍将是增加的，这一点需要引起我们的高度重视。否则，环境污染将极大地制约我国的中长期发展。

第二节 区域环境规划的原则与依据

一 环境规划的基本概念

环境规划是国民经济与社会发展规划的有机组成部分,是环境决策在时间、空间上的具体安排。这种规划是对一定时期内环境保护目标和措施所作出的规定,其目的是在发展经济的同时保护环境,使经济与环境协调发展,实现经济可持续发展。

环境规划问题长期以来被人们所忽视,直到 1975 年联合国欧洲经济委员会才在荷兰鹿特丹召开了"经济规划的生态对象"讨论会,美、苏、西德、英、法、意等 15 个国家参加会议,与会代表提出了制定环境经济规划问题,并在制定经济发展规划中考虑生态因素。1992 年联合国环境与发展大会之后,解决环境与发展问题,实行可持续发展战略,促进经济与环境协调发展,成为环境规划的主要目的和中心内容。这种规划实质上是宏观与微观相结合的"环境与发展规划"。

我国在制定"六五"规划时明确提出,要社会、经济、科学技术相结合,人口、资源、环境相结合,计划中包括环境保护部分,计划的其他部分充分考虑了环境保护的要求,由此环境保护纳入了国民经济计划。

二 环境规划的基本原则

(一)坚持环境保护基本国策

1983 年的第二次全国环境保护会议,把环境保护提到战略高度,确定环境保护是我国的一项基本国策,而国家环保总局撤局建部,也说明国家对环境保护越来越重视。

1. 控制人口增长,把环境保护提到战略高度

人口的增长从本身来说无所谓好坏,但"人口爆炸"却表明人满为患,在这个意义上,"人口控制"与"人口爆炸"是相伴相随的。我国人口由于在新中国成立初期没有及时采取计划生育的有效措施,在相当长一段时期内对人口问题的认识有片面性,只看到它是生产力的一面,没有认清它同样也是消费者。尽管从 20 世纪 70 年代初就开始实行卓有成效的计划生育政策，但人口仍在急剧增长。由于人口失控和计划生育滞后，虽然严加控制，人口仍然剧增，给环境与经济带来很大压力。

人口过多使我国各项人均指标大大低于世界平均水平，自然资源相对紧缺，资源供求关系紧张的局面将长期存在。所以，我国应该吸取人口问题的教训，及早注重解决环境问题，不要等到矛盾非常尖锐时再去重视，否则将会付出巨大的代价。

2. 保护环境资源，为经济建设服务

环境是资源，保护环境就是保护资源。资源紧缺、水污染严重、人均土地资源减少已成为影响农业发展的重要制约因素，保护环境就是保护发展工农业生产所必须的物质条件。

为了保证工业经济持续发展，也必须保护好环境。工业生产过程需要不断输入资源才能继续正常运转，保证工业经济持续发展。中国已进入经济快速发展的阶段，技术水平低、设备陈旧、管理落后、资源消耗量大、环境污染和生态破坏严重，各种矛盾相互交织和激化。中国的社会经济基本特征和资源环境的约束状况表明，如果不把合理开发利用资源、保护生态环境纳入经济管理的轨道，统筹兼顾、综合决策，经济增长就难以持续，也难以为后代创造可持续发展的条件。

3. 保护人民健康，满足人们对环境的要求

环境污染危害人民健康，这是多年实践得出的结论。20 世纪 90 年代以来，死因排在前 3 位的癌症（恶性肿瘤）、呼吸系统疾病、心脑血管疾病及其他与环境污染呈正相关的疾病，死亡率呈上升趋势。目前已知的化学致癌物达 1100 多种，其中有一部分已证实存在于人类的生存环境（空气、水、土壤、食物）中，控制污染，保护和改善环境质量保护人民健康已是一项十分紧迫的战略任务。

4. 保护环境资源，造福子孙后代

在我们注重当代人利益的同时，也要为后代人的利益着想，决不能只顾眼前利益，牺牲环境求发展。要为子孙后代保留一个资源可以永续利用和清洁、安静、优美的环境，使我们的后代在这块 960 万平方公里的土地上生活得更加幸福、更加美好。

为了子孙后代，我们不能盲目发展，掠夺式地开发资源、破坏资源，决不能给人类社会和人类的生存环境造成不可逆转的损害。我们要自觉地调节控制自己的行为，使人类的经济发展模式和生活方式，能够适合持续发展的要求，这也是把环境保护提高到国策高度的重要原因。

"国策"是治国之策、立国之策，环境保护既然是我国的基本国策，各级政府和全国公民都有责任在自己的工作和各项活动中认真贯彻。制定和实施环境规划的整个过程，要充分体现环境保护的国策地位。

（二）坚持可持续发展战略

可持续发展既不是单指经济发展或社会发展，也不是单指生态持续，而是指以人为中心的环境—经济—社会复合系统的可持续，其表现为工业高产低耗，能源清洁利用，粮食保障长期供给，人口与资源保持相对平衡，经济、社会与环境协调发展等。同样，区域可持续发展也是经济、社会和环境三者既相互独立又相互作用的动态系统，只有当区域的发展在经济增长、社会进步与环境保护三者相互协调发展的共同支撑下，区域的发展才是可持续的。

随着社会生产力的发展，在人类利用自然、改造自然获取物质生活资料能力大幅度提高的同时，对生态环境的污染和破坏也日益加剧，环境与经济的协调度日益降低。但是，经济增长的最终目标是为了不断提高人们的生活水平，促进小康战略目标的顺利实现。经济增长与环境保护这两方面在目标上是一致的，是相互作用的，因此在要求经济增长的同时，也要注重环保的协调。

走可持续发展的道路，由传统的发展战略转变为可持续发展战略，是人类对环境系统的辩证关系、对环境与发展问题进行长期反思的结果，是人类作出的唯一代表了当今环境科学对人与环境辩证关系认识的新阶段。

坚持可持续发展战略，在环境规划制定过程中要体现以下思想：人与自然共同进化的思想；当代与后代兼顾的思想；效率与公平目标兼容的思想。

（三）坚持污染防治与生态保护并重

国家环境保护总局在《地方环境保护"十五"计划和2015年长远目标纲要》编制技术大纲的总则中指出："环保'九五'计划基本上是以污染防治为重点，这是根据当时环境形势所作出的决定。环境形势发生变化，在环保'十五'计划中要突出生态保护与污染防治并重。目前，我国环境污染形势仍然严峻，生态破坏的趋势在加重，所以，必须污染防治与生态保护并重。"

我国到 2015 年环境保护长远目标规划的主要指导思想是，经济与环境可持续发展，基本解决第一代环境问题，重点转向生态环境保护，积极参与全球合作。从总体上看，中国的环境规划由以污染防治为主到污染防治与生态保护并重，再到转向以生态保护为重点，这是一个随着环境形势发展而变化的进步过程。

（四）坚持以合理开发和利用资源为核心

环境保护就是对人类的总资源进行最佳利用的管理工作。第二次全国环境保护会议提出："建立以合理开发利用资源为核心的环境管理战略，是制定环境规划必须遵循的原则。"

要在经济建设和社会发展的各个方面，提倡节约自然资源，充分利用自然资源，综合利用工业"三废"，使之再资源化，达到既提高经济效益又保护环境的目的。生态平衡的破坏，主要也是由于对自然资源的盲目开发造成的。因此，只有同时重视资源的节约和合理开发，才能有效地控制环境破坏，保证自然资源的充分和永续利用。今后各地区、各部门在制定经济、社会发展和环境保护政策与措施的时候，都要从这个基本原则出发，使之更好地协调起来。

所以，在制定区域环境规划时，要坚持以合理开发和利用资源为核心的原则。

（五）坚持预防为主和保护优先的原则

中国环境政策思想中很重要的一点，是把"预防为主"作为环境政策的基本出发点，要求环境保护与经济建设和城乡建设同步进行。这项原则的提出主要是为避免走"先污染，后治理"的老路。

"预防为主、保护优先"，要求在制定环境规划时，对经济开发建设和社会发展可能造成的不良影响进行全面的预测分析，并提出切实可行的战略对策和规划方案，防止环境问题的产生，将可能造成的环境污染与生态破坏减少到最低限度。如果区域开发方案可能对生态环境造成巨大损害，甚至是不可逆转的损害，按照保护优先的原则，必须对开发方案进行调整，实现"在保护中开发，在开发中保护"的总原则。

（六）坚持以改善环境质量为目标

搞好环境保护工作，制定环境规划，其主要目的就是在经济持续快速发展的同时，保护好环境，使环境质量不下降并逐步改善，使各个环境功能区都能达到国家规定的相应的环境质量标准。所以，"以改善环境质量为目标"是制定环境规划必须坚持的原则。

保障环境安全是更为广泛的高层次的要求。狭义的环境安全是指工业生产环境（也包括其他生产环境）的生产技术性安全，包括生产环境的物理特征、化学特征、生物特征、生产工艺、设备和装置的运行状态以及对生产者的健康、人身安全有没有危险和危害。随着环保事业的发展，这种概念扩展到环境污染和生态破坏对人群健康和人身安全有没有危险和危害的程度。

目前，环境安全的概念已经扩展到经济、政治、社会性的安全，成为一个广义综合性的概念。环境安全问题不只是指对当代人健康和后代人健康成长的危害，而且主要是指因环境污染和生态破坏所引起的对全世界的和平与发展，对国家安全、经济安全，甚至对整个人类的生存与发展的有害影响。这种广义的综合性的环境安全概念正逐步为人们所理解和重视。

保障环境安全是一个涉及面广，多层次、多单元的复杂问题，要求环境的物理特征、化学特征、生物特征处于良好状态，即物理环境质量、化学环境质量、生物环境质量良好，生态系统处于良性循环，可更新资源持续利用，替代品的开发速率大于不可更新资源的消耗速率。在制定和实施环境规划的过程中，坚持保障环境安全的原则是十分重要的，但也是一项很艰巨的任务。

（七）坚持实事求是和因地制宜

坚持实事求是的原则，就是从国情、省情、市情出发，提出恰当的环境目标要求。我国积累了大量的环境问题，解决这些环境污染和破坏问题不是轻而易举的事情，需要付出巨大的投资，并需经过长期的努力。实事求是地提出恰当的环境目标，这种环境目标应该是积极的，与两个文明建设的要求相适应的；同时，这种环境目标又是建立在现实可靠的基础之上，考虑到经济技术的实际发展水平，并且经过努力是可以达到的。

环境问题由于自然背景、人类活动的方式、经济技术发展水平和环境标准的差异，有着明显的区域性，而且从我国的实际情况来看这个问题更为突出。由于我国幅员辽阔，地形、地貌、地质情况复杂，各省、区之间自然环境有很大的不同；同时，各地区的人口密度不同，经济发展的规模、速度不同，能源、资源的多寡也不同，污染源密度、生产布局以及管理水平也有差异。因而，环境特征、生态特征有明显的差异性、区域性。这就决定了制定环境规划必须从区域环境的实际状况和经济技术发展的水平出发，因地制宜地提出切实可行的、具有可操作性的规划方案。

三 制定环境规划的理论基础

（一）协调发展论

协调发展论是中国提出来的促进经济与环境协调发展的理论。早在1973年第一次全国环境保护会议时，国务院就提出："经济发展和环境保护同时并进，协调发展。"但是这种观点并未被大多数决策者、经济管理人员和环境保护工作者所接受，因而经济发展与环境保护仍是各行其道。20世纪80年代初，经济与环境必须协调发展的观点在决策层中逐步取得共识，也逐步为经营管理人员和环保工作者所接受。

协调发展论的基本观点可概括为：经济与环境协调发展是历史的必然，我们绝不能走"先污染后治理"的老路；经济与环境只有协调发展，才能保证经济持续稳定地发展。协调发展论这些基本观点的形成以及所取得共识，大约经历了近20年的时间。

经济与环境必须协调发展、也能够协调发展的道理还在于经济与环境既有相互对立、相互制约的一面，又有相互依赖、相互统一的一面。环境是经济发展的物质基础和制约条件，经济发展可能影响和损害环境质量，但技术进步和经济实力的增长又为保护和改善环境提供技术支持和物质保证。

在环境保护发展历史上，经济发达国家走过的"先污染后治理"的道路似乎是不可避免的。经济发展初期，由于经济实力较弱，环境保护投资能力小，难于控制污染，因而环境质量恶化；经济发达以后，由于经济实力增强，技术水平也提高了，再来治理污染，使环境质量恢复和改善。发达国家总结这一时期的经验教训时认为，不顾环境求发展，甚至牺牲环境求发展，必将导致污染严重，环境质量下降，进而资源遭到破坏，甚至枯竭，不但会阻碍经济持续发展，影响工农业生产，造成巨大经济损失，而且会损害当代人的身体健康并危及子孙后代的健康成长。环境质量恶化，有些是不可逆转的,有些虽然能够恢复但要付出巨大的代价。

可见,"先污染后治理"不但不是规律,而且是惨痛的教训。作为发展中国家,我国在经济发展过程中,应该尽量避免走发达国家走过的老路,采取有力措施,促进经济与环境协调发展。

（二）可持续发展论

可持续发展论的基本观点可概括为：走可持续发展的道路,由传统发展战略转变为可持续发展战略,是人类对"人类—环境"系统的辩证关系、对环境的发展问题经过长期反思的结果,是人类作出的唯一正确选择。

可持续发展论要求在发展过程中坚持以下两个基本观点：一是坚持以人类与自然相和谐的方式,追求健康且富有生产成果的生活,这是人类的基本权利,但也不应该凭借手中的技术与投资,以耗竭资源、污染环境、破坏生态的方式求得发展；二是坚持当代人在创造和追求今世的发展与消费时,应同时承认和努力做到使自己的机会和后代人的机会相平等,而不要只想尽先占有地球的有限资源,污染它的生命维持系统,危害未来全人类的幸福,甚至使其生存受到威胁。

（三）生态理论

生态理论的基本观点可概括如下：其一,生态系统（包括自然生态系统和人类生态系统）是客观存在的,它具有不以人类意志为转移的客观规律；其二,不管是否承认和是否意识到,人类的经济活动和社会行为都对生态系统产生影响,并改变着生态系统的结构和功能；其三,人类必须深刻认识生态规律,掌握和运用生态规律去改造环境,使之更适合人类的生存和发展。

自然生态系统和人类生态系统都是地球环境发展变化的产物,是物质运动的结果。因此,生态系统是客观存在的,它有着不以人的意志为转移的客观规律。所以,不管你是否承认和是否意识到,人类的经济活动和社会行为只要违背了生态规律,就会使生态系统的结构和功能发生不良变化,使生态环境恶化。1998年的南方大洪水清楚地显示了生态遭到破坏的严重恶果；而沙尘暴肆虐北方则是森林生态系统、草原生态系统遭到破坏,削弱了防风固沙、保持水土、调节气候的生态功能,使土地沙化、退化,破坏了土地生态系统的结果。

这种违背生态规律遭到自然界"报复"的惨痛教训不胜枚举。所以，人类应该善于学习，并掌握和运用生态规律去利用和改造环境，使之更适合人类的生存和发展。

四 环境评价的理论与方法

（一）环境及环境评价的概念与内涵

环境内涵的科学界定是进行环境评价的核心，环境评价是"环境影响评价"（EIA）和"环境质量评价"的简称。广义上的环境评价是对环境系统状况价值的评定、判断和提出对策。环境影响评价是人们在采取对环境有重大影响的行动之前，在充分调查研究的基础上，识别、预测和评价该行动可能带来的影响，按照社会经济发展与环境保护相协调的原则进行决策，并在行动之前制定出消除或减轻负面影响的措施。L. W. Canter 定义的环境影响评价是系统识别和评估拟议的项目、规划、计划或立法行动对总体环境的物理、化学、生物、文化和社会经济等要素的潜能影响，这种潜能影响通过人类行动变为现实的影响。

环境质量评价包括自然环境和社会环境两方面的内容，是 20 世纪 70 年代以来在我国广泛应用的名词，它指的是研究人类环境质量的变化规律，评价人类环境质量水平，并对环境要素或区域环境状况的优劣进行定量描述，也是研究改善和提高人类环境质量的方法和途径。

环境质量评价的重点是环境现状的研究、评价和探讨改善并提高环境质量的方法和途径。此外，环境质量现状评价与环境质量回顾评价也属于环境影响评价的范畴。

（二）环境评价的发展历程与趋势

环境评价的发展历程始于 20 世纪 40 年代，当时随着世界范围工业化和城市化的速度加快，在工业发达国家中不断发生大规模污染事件。在公众强烈要求下，各工业发达国家强化以法制手段控制污染物向空气、水体和土壤中的排放，其对保护环境起到了重要作用。与此同时，用以监督执法的环境监测，包括污染气象和气质、水文与水质的同步监测和研究工作也普遍开展起来。为了使环境监测取得的大量数据资料能概括反映环境现状、判断环境污染程度或评价环境现状的质量是否符合法规要求及其对人类健康和其他方面的影响，从 20 世纪 50 年代起，许多环境科学家研究和编制出各种环境指数，如最早的格林（M. H. Green）大气污染综合指数和豪顿（R. K. Horton）水质指数以及各种生物指标等。

中国从1973年起在全国陆续开展了环境质量评价工作，最早的是《北京西郊环境质量评价研究》，以后许多城市如南京、茂名等地相继开展了城市环境质量评价，在松花江流域、官厅流域等许多水系开展了水环境质量评价。在评价中，环境指数被广泛应用于描述环境质量或污染的现状。为了将污染源调查、环境质量评价、污染物在环境中的迁移规律与区域污染防治目标结合起来，我国采用系统分析方法对不同防治方案进行经济损益分析，并提出了污染物总量控制方法。为了预防环境污染，吸取发达国家经验，1979年我国颁布了《环境保护法（试行）》，标志着环境影响评价制度在我国正式实施。

（三）环境评价方法与技术

环境评价是按照一定的评价目的，把人类活动对环境的影响从总体上综合起来，对环境影响进行定性或定量的评定。由于人类活动的多样性与各环境要素之间关系的复杂性，评价各项活动对环境的综合影响是一个十分复杂的问题。经过几十年的发展，目前在文献中有报道的评价方法已有上百种，但常用的方法总体上可分为两种类型。

1. 综合评价方法

这类方法主要是用于综合地描述、识别、分析和（或）评价一项开发行动对各种环境因子的影响或引起的总体环境质量的变化。常用的综合评价方法包括核查表法、矩阵法、网络法、图形叠置法、环境指数法及幕景分析法等，每种方法又可衍生出许多改型的方法以适应不同的对象和不同的评价任务。

2. 专项分析和评价方法

这类方法常用于定性、定量地确定环境影响程度、大小及重要性；对影响大小排序、分级；用于描述单项环境要素及各种评价因子质量的现状或变化；还可对不同性质的影响，按环境价值的判断进行归一化处理。属于这类方法的有环境影响特征度量法、环境指数和指标法、专家判断法、智暴法、德尔斐法、巴特尔指数法、费用—效益分析法以及定权法，等等。

与此同时，随着环境科学理论和研究的不断深入以及其他相关学科的发展，环境评价的内容和方法也在不断深化和拓宽，包括GIS技术在内的新技术、新手段在建设项目环境评价、区域环境评价以及环境评价预测模型中的应用日益广泛，为环境评价迈向信息化、现代化提供了更为广泛的技术支持。

第三节　环境容量指标体系的确定

一　环境容量的概念与内涵

（一）环境容量与环境承载力

环境容量与环境承载力是环境系统的两个方面，它们紧密联系，共同体现和反映出环境系统的结构、功能和特征，但两者各有侧重。

1. 环境容量

环境容量是指某一环境在自然生态结构和正常功能不受损害、人类生存环境质量不下降的前提下，能容纳的污染物的最大负荷量。它既包括环境本身的自净能力，也包括环境设施对污染物的处理能力（如污水处理厂、废气回收设施等）。环境自净能力和人工环保设施处理能力越强，承污能力就越强，环境容纳量也越大。当污染物进入环境中的量超过环境对污染物的承受能力——环境容量时，就会产生环境污染。概括地讲，环境污染取决于环境自净能力、人工环保设施的处理能力及污染物的种类和浓度三方面的因素。这是狭义上的环境容量的概念，后来该概念又扩展到社会经济领域，成为广义上的环境容量概念，即指某区域环境对该区域发展规模及各类活动要素的最大容纳阈值。这些活动要素包括自然环境的各种要素（大气、水、土壤、生物等）和社会环境的各种要素（人口、经济、建筑、交通等）。

2. 环境承载力

环境承载力是在某一时期、某种状态或条件下，某地区的环境所能承受的人类活动作用的阈值，它可看作区域环境系统结构与区域社会经济活动相适宜程度的一种标志。环境系统所能承受的人类各种社会经济活动的能力，是在不违反环境质量目标的前提下，一个区域环境能够容纳的经济增长、社会发展的限度以及相应的污染物排放量。确定环境承载力必须分析区域的增长变量和限制因素之间的定量关系。增长变量包括人口、生活水平、经济活动强度与速度以及污染物排放量等；限制因素包括自然环境质量、生态稳定性、基础设施和居民对环境的心理承受力等。通过承载力分析可以确定增长和发展的关键制约因素以及增长的合理规模。

环境容量和环境承载力是反映一个区域环境能够容纳污染物的能力。环境承载力较清楚，但应用较复杂，定量计算较困难；环境容量概念较含糊但易于表达和接受，应用广泛。环境容量强调的是区域环境系统对其自然和人文系统排污的容纳能力，侧重体现和反映了环境系统的自然属性，即内在的自然秉性和特质；环境承载力则强调在区域环境系统正常结构和功能的前提下，环境系统所能承受的人类社会经济活动的能力，侧重体现和反映了环境系统的社会属性，即外在的社会秉性和特质，环境系统的结构和功能是其承载力的根源。在区域的发展过程中，环境容量是以资源性和一定的环境质量为标准，而环境承载力是以环境容量和质量为标准的，从一定意义上讲，没有环境的容量和质量，就没有环境的承载力。

（二）环境容量的影响因素

环境容量是一个非常复杂的环境现象，影响环境容量的因素如下。

1. 自然环境因素

自然环境因素是城市环境容量中最基本、最重要的因素。它包括地质、地形、气候、矿藏、动植物等因素的状况及特征。由于现代科学技术的高度发展，人们改造自然的能力越来越强，自然因素在城市环境容量中的地位和作用常被轻视和忽略，这是造成环境问题的主因。

2. 物质因素

城市各项物质因素的现有构成状况对城市建设与发展以及人们的活动都有一定的容许限度。这里的物质因素主要指工业、仓库、居住建筑、公共建筑、城市基础设施、物资供应等。

3. 经济技术因素

城市现有的经济技术实力对城市发展规模也提出了容许限度。一个城市的经济技术条件越雄厚，则它所具有的改造城市环境的能力也越大，城市环境容量越有可能提高。

（三）环境容量的类型

环境容量可分成整体环境单元（区域环境）容量和某一环境单元单一要素的容量。若根据环境要素，又可进一步细分为大气环境容量、水环境容量（其中包括河流、湖泊和海洋环境容量等）、土壤环境容量、生物环境容量、人口环境容量、城市环境容量等。若根据污染物性质划分，可分为有机污染物（包括易降解的和难降解的）环境容量和重金属与非金属污染物的环境容量。若从污染物在环境中的迁移转化机理上区分，则可分为物理扩散和化学净化两种类型的容量。

在目前的环境容量研究中，对区域环境中存在的主要环境污染问题进行不同类型环境容量的研究，主要是开展区域环境要素中污染物的环境容量计算，可以作为环境目标管理的依据，它既是区域环境规划的主要环境约束条件，也是污染物总量控制的关键参数。

二 环境容量指标体系的确定原则

要准确客观地反映环境容量或环境承载力，为区域社会经济活动的方向、规模和区域环境保护规划的对策与措施提供依据，就必须有一套科学完整的指标体系，它是分析环境容量的根本条件和理论基础。环境容量指标体系是由一系列相互联系、相互补充、具有层次性和结构性的评价指标组成的一个具有科学性、相关性、目的性和动态性的有机整体。建立环境容量指标体系应遵循以下原则。

（一）科学性原则

评价指标体系要建立在科学的基础上，能够充分反映环境容量的内在机制，应从为区域社会经济活动提供发展的物质基础条件以及对区域社会经济活动起限制作用的环境条件两方面来构造，并且各指标应有明确的界定，测算方法标准，统计计算方法规范，具体指标能够度量和反映环境容量或环境承载力的特征，这样才能保证评估方法的科学性、评估结果的真实性和客观性。

（二）完备性原则

评价指标体系所选取的指标作为一个有机整体，应能全面反映和测度环境容量的各个方面，既要有反映资源、环境、人口、经济、社会等各系统发展的指标，又要有反映以上各系统相互协调的指标。

（三）可操作性原则

评价指标体系所选取的指标应尽可能地利用现有的统计资料或易于直接从有关部门获得，指标要具有可测性和可比性，易于量化处理。

（四）区域性原则

环境容量所涉及的资源、环境和社会经济条件均具有明显的区域性特征，因而选择指标时应重点考虑能明显代表区域特征的指标。

（五）规范性原则

评价指标体系所选取的指标应尽可能采取国际上通用的名称、概念与计算方法，做到与其他国家或国际组织制定的类似指标具有可比性，同时也要考虑到与研究区域历史资料的可比性问题，即指标体系应同时符合纵向可比和横向可比的原则。

（六）独立性与层次性相结合的原则

评价指标体系应尽量避免指标间信息量的重复，指标应具有相对独立性，从而增加评价的准确性与科学性。同时，指标之间还应具有一定的层次性。

（七）动态性与稳定性相结合的原则

区域环境容量与承载力一方面总是处于动态变化之中，另一方面在一定的时期内又保持相对的稳定性，这就决定了环境容量与环境承载力具有动态性与稳定性相结合的特点。因此，评价指标也具有动态性与稳定性相结合的特点。

（八）适应性原则

评价指标体系所选取的指标应体现环境管理的运行机制，与环境规划、环境统计指标、环境监测项目和数据相适应。此外，还应与经济社会发展规划的指标相联系或相呼应。

三 环境容量指标体系的筛选方法

建立科学合理的指标体系是进行区域环境容量研究的关键。评价指标的筛选应遵循综合性的原则，在依据指标体系建立原则的基础上，还要考虑到各项原则的特殊性及目前研究认识上的差异，根据实际情况确定各项原则的衡量精度与研究方法。

环境容量评价指标体系的筛选可采用频度统计法、理论分析法和专家咨询法。频度统计法主要是对目前提出的有关环境容量研究的指标体系进行频度统计，从而选择那些使用频度较高的指标；理论分析法主要是对区域环境容量的内涵、特征、基本要素、主要问题进行相关分析、比较、综合，选择重要并且针对性强的指标；专家咨询法则是在初步提出评价指标的基础上，进一步征询有关专家的意见，对指标进行调整及确定。

四 环境容量指标体系的确定

根据区域环境和社会经济发展实际，在充分考虑环境容量指标体系建立的原则、筛选方法及指标体系类型的基础上，应用层次分析法，从诸多原始评价指标方案中，优化综合，层层筛选，建立环境容量指标体系（见图 8-1）。

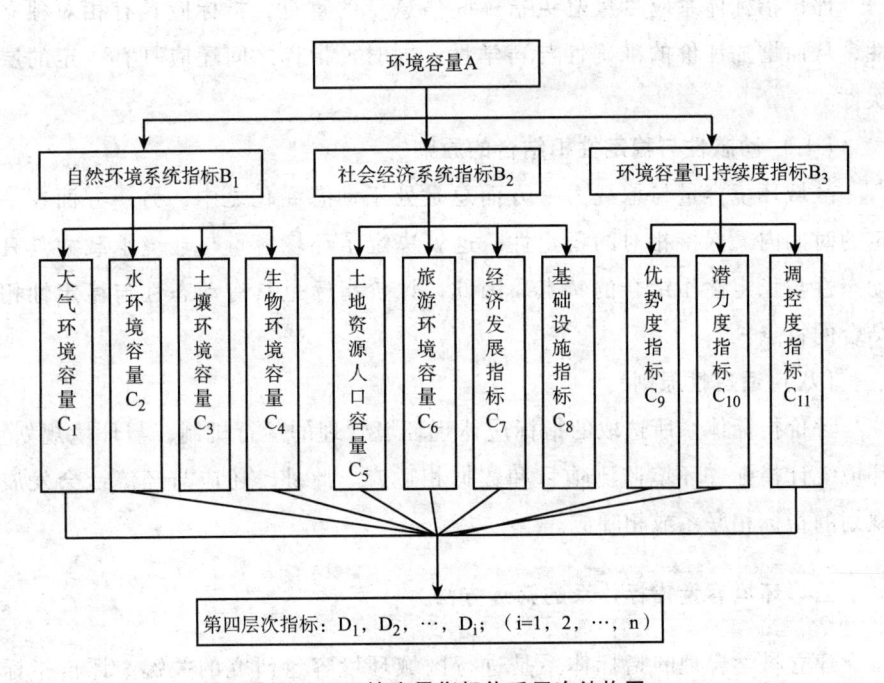

```
                            环境容量 A
            ┌──────────────────┼──────────────────┐
    自然环境系统指标 B₁    社会经济系统指标 B₂    环境容量可持续度指标 B₃
    ┌────┬────┬────┐   ┌────┬────┬────┬────┐   ┌────┬────┬────┐
    大气  水   土壤  生物  土地  旅游  经济  基础  优势  潜力  调控
    环境  环境 环境  环境  资源  环境  发展  设施  度   度   度
    容量  容量 容量  容量  人口  容量  指标  指标  指标  指标  指标
    C₁   C₂  C₃   C₄   容量  C₆   C₇   C₈   C₉  C₁₀  C₁₁
                         C₅
```

第四层次指标：$D_1, D_2, \cdots, D_i$（$i=1, 2, \cdots, n$）

图 8-1 环境容量指标体系层次结构图

指标体系的分类应从环境系统与社会经济系统的物质、能量和信息的交换入手。一般可分为 3 类：①自然资源供给类指标：如水资源、土地资源、生物资源等；②社会条件支持类指标：如经济实力、公用设施、交通条件等；③污染承受能力类指标：如污染物的迁移、扩散和转换能力、绿化状况等。

由图 8-1 可知，环境容量指标体系总体上分为 4 个层次。

第一层次：目标层，即环境容量的求解。

第二层次：由自然环境系统指标 B_1、社会经济系统指标 B_2 和环境容量可持续度指标 B_3 构成。

第三层次：①自然环境系统指标主要包括大气环境容量 C_1、水环境容量 C_2、土壤环境容量 C_3 以及生物环境容量 C_4；②社会经济系统指标主要包括土地资源人口容量（或土地承载力）C_5、旅游环境容量 C_6、经济发展指标 C_7 与基础设施指标 C_8；③环境容量可持续度指标则主要包括优势度指标 C_9、潜力度指标 C_{10} 与调控度指标 C_{11}。

第四层次：①大气环境容量指标主要包括区域大气空间有效面积、混合层高度、污染点源、面源与线源、平均风速、主要大气污染物、环境质量目标值、污染物日（年）均排放量、大气环境本底值、大气净化能力等；②水环境容量指标主要包括区域水资源总量、主要河流类型、分布、流量及容积、水体主要污染物、水体自净能力、水环境目标值、水体本底浓度、污染物日（年）排放量等；③土壤环境容量指标主要包括土壤类型、土地利用变化、污染物排放量、污染源的类型与分布等；④生物环境容量指标主要包括栖息地（森林、草地、水域）面积及覆盖率、平均净生产力、生物量、生物多样性指数等；⑤土地资源人口容量指标主要包括粮食产量、播种面积、主要农作物与经济作物产量、总人口数与非农业人口数、营养结构等；⑥旅游环境容量指标主要包括旅游资源的类型、面积、等级与分布、旅游交通状况、接待能力、用水量、人均绿地面积、人均游客面积等；⑦经济发展指标主要包括人均 GDP、三次产业的产值、增长率及比重、投入产出比、科技教育贡献率等；⑧基础设施指标主要包括区域供水供电设施及能力、交通运输条件及客货总运量、住宅建筑面积、邮电通讯条件与业务总量等；⑨优势度指标包括区域、全省以及全国的自然资源与区域环境质量现状，公众对环境的满意程度等；⑩潜力度指标包括区域自然资源与社会经济资源增长状况、水土流失治理率、"三废"处理率与排放达标率等；⑪调控度指标主要包括森林覆盖率、自然保护区覆盖率、区域人口结构、产业结构与环境协调状况、排污费征收面、环保设施运行率等。

第四节 区域环境规划的编制

一 环境规划的类型

环境规划的类型因研究问题角度不同，采取的划分方法也不同，下面从不同角度分别作简要介绍。

（一）从范围和层次来划分

从范围和层次来划分，环境规划可分为国家环境规划、区域环境规划和部门环境规划。区域在我国习惯上认为是省或相当于省的经济协作区。区域环境规划综合性、地域性很强，它是国家环境规划的基础，又是制定城市环境规划、大型经济技术开发区规划的前提。

1. 区域环境规划

区域环境规划包括江河流域环境规划、近海海域环境规划、城市环境规划、大型开发区环境规划、乡镇环境规划（农村地区环境规划）、风景旅游区环境规划等。

2. 部门环境规划

部门环境规划包括工业部门环境规划（冶金、化工、石油、电力、造纸等），农业部分环境规划，交通运输部门环境规划等。

（二）从宏观和微观的层次上划分

从宏观微观上讲，环境规划可分为宏观环境规划、专项环境规划以及环境规划决策实施方案。以区域环境规划为例，有区域宏观环境规划、区域专项环境规划和区域环境规划实施方案，它们的内容既有区别也有联系。

1. 区域宏观环境规划

这是一种战略层次的环境规划。主要包括环境保护战略、污染总量宏观控制规划、区域生态建设与生态保护规划等。

2. 区域专项环境规划

由于区域的地理分布、生态特征和环境特征以及经济技术发展水平等各不相同，所以制定区域专项环境规划一定要因地制宜。例如，非滨海地区就不必作"近海海域环境规划"。专项环境规划主要有大气污染综合防治规划，水环境污染综合防治规划，城市环境综合整治规划，乡镇（农村）

环境综合整治规划和近岸海域环境保护规划等。

3. 区域环境规划实施方案

从宏观环境规划、专项环境规划到规划实施方案这三个层次中，宏观环境规划是战略决策，最低层次的规划——实施方案则是决策和规划的落实和具体的时空安排。

（三）从环境保护所承担的任务来划分

环境保护应坚持污染防治与生态保护并重、生态建设与生态保护并举。所以，环境规划也可分为两大类型：一是污染综合防治规划，二是生态建设与生态保护规划。

1. 污染综合防治规划

污染综合防治规划也称为污染控制规划，是我国"九五"及以前环境规划的重点，根据范围和性质可分为区域污染综合防治规划、部门污染综合防治规划、环境要素（或污染因素）污染综合防治规划。

（1）区域污染综合防治规划。这类环境规划主要有城市污染综合防治规划，工矿区污染综合防治规划，江河流域污染综合防治规划，近岸海域污染综合防治规划等。

（2）部门污染综合防治规划。这类环境规划主要有工业系统污染综合防治规划，农业污染综合防治规划，交通污染综合防治规划，商业污染综合防治规划等，其中工业系统污染综合防治规划是重点。

环境的污染与破坏是伴随着经济发展、生产活动产生的，不同的部门其经济活动的特点不同。如以煤为主要燃料的发电厂，主要造成粉尘、二氧化硫、氮氧化物等对大气的污染、热污染，以及粉煤灰的处理和利用等问题。化工、冶金等行业也都有各具特点的环境问题。另一方面，环境的污染与破坏，也必须结合经济活动过程，才能从根本上获得解决。发展经济与保护环境是一个问题的两个方面，所以按部门制定污染防治规划是非常必要的。这种类型的污染控制规划，要密切结合部门的经济发展，提出恰当的环境目标、污染控制指标、产品标准和工艺标准。一般说来，对大中型企业的要求比小型企业要严格；进行技术改造、设备更新的企业比没有进行技术改造、设备更新的企业要严格；污染源密度大的地区、重点保护地区的企业要严格；布局合理、污染源密度小的地区对企业的排污要求可以放宽等。在污染控制中，对街道工业、县办和集体企业的污染也不能忽视，这类企业量大面广、设备简陋、操作管理水平低、污染严重并有扩大的趋势，污染问题主要应从产品方向、工业类型的布局上控制，这是环境规划的重要内容。

（3）环境要素（或污染因素）污染综合防治规划。这类环境规划主要包括：①大气污染防治规划。其包括城市大气污染防治规划，区域大气污染防治规划，全球性大气污染防治规划等。②水环境污染防治规划。其包括饮用水源地污染防治规划，城市水环境污染防治规划等。③土壤污染防治规划。如农药、化肥污染防治，重金属污染防治等。④固体废物处理和利用规划。如工业固体废物污染综合防治规划（包括减排、综合利用及无害化处理），危险固体废物处理、处置规划，城市垃圾处理和利用规划等。⑤物理污染防治规划。其主要有噪声污染综合防治规划，电磁波污染防治规划，放射性污染防治规划，热污染防治规划等。

2. 生态建设及生态保护规划

这是环境保护规划的一个重要方面，主要有以下内容。

（1）生态建设规划：包括区域生态建设规划，城市生态建设规划，农村生态建设规划，自然保护区生态建设规划，生态特殊保护区建设规划，生态示范区建设规划。

（2）自然资源开发与保护规划：包括森林、草原等生物资源开发与保护规划，土地资源开发与保护规划，海洋资源开发与保护规划，矿产资源开发与保护规划，旅游资源开发与保护规划等。

（3）生态环境保护规划：包括区域生态环境保护规划，城市生态环境保护规划，海洋生态环境保护规划等。

（4）生物多样性保护规划：包括遗传多样性保护规划，物种多样性保护规划，生态系统多样性保护规划等。

二　环境规划研究的一般内容

环境规划研究的一般内容如下。

（1）自然资源（土地资源、水资源、矿产资源、生物资源、气候资源、农业资源等）的分布现状，消长变化分析及评价，以及自然资源开发对策研究。

（2）社会经济发展特点研究包括，社会经济发展现状分析、社会经济发展的空间结构分析、社会经济发展的主要影响因素分析、社会经济发展的趋势分析。

（3）通过生态环境建设、环境容量指标体系的建立与环境容量承载能力分析（分别以各县和各类土地类型以及主要的区域为单元），确定环境容量分析、环境承载能力预测及区划、未来生态环境建设的主要思路和措施。

（4）确定空间功能区划指标，建立空间功能区划体系，进行空间功能区划（重点开发区、待开发区、生态环境脆弱区、基本农田保护区等）。

（5）空间开发内涵的界定、当前空间开发存在的主要问题、确定空间开发持续的基本原则、不同尺度下的空间开发秩序、空间开发秩序的比较分析及空间结构动态预测以及有关协调空间开发的政策建议与对策措施。

（6）土地资源评价和开发与供给（分析各类土地资源的开发价值和今后土地的供给）。

（7）按照功能分区，提出城镇体系布局、产业布局、基础设施和投资政策调整。

三　环境规划前期的准备工作

环境规划前期准备工作的主要目的是摸清家底、掌握特征，为分析问题、制定环境规划提供科学依据。应调查分析的情况主要有以下几点。

（一）经济和社会发展概况

环境与经济和社会存在着相互依赖、相互制约的双向联系。一般说来，经济和社会发展起主导作用，经济和社会发展计划是制定环境规划的前提和依据；但经济和社会发展又受环境因素的制约，经济和社会发展计划要充分考虑环境因素，满足环境保护的要求。在某些条件下，环境因素又可能变为某些方面的决定因素。因此，地方的经济和社会发展现状及发展趋势应在环境规划中予以概要说明（包括发展的规模、速度、结构布局等）。

调查分析主要关注经济发展的规模、速度、结构及布局对资源的需求，以及人口的数量、结构、密度及增长率对消费需求的增长。同时，对科技发展的现状和趋势也应给予应有的重视。

（二）城乡建设的概况

根据"三同步"方针，城乡建设与环境建设要同步规划、综合平衡。所以在制定区域环境规划时，要对城乡建设的现状及发展趋势进行调查并作概况分析。

四 环境调查评价

任何计划和规划都是从实际问题出发的，环境现状主要反映的是环境的问题。所以，环境调查评价是制定环境规划前期工作中的重要一环。主要步骤如下。

（一）环境调查

包括自然环境和社会经济环境调查：①自然环境。其主要包括土地状况、水系状况（河流、湖泊）、气候状况（日照时间、平均气温、降水量、风速、风向、风频等）；②社会经济环境。其主要包括人口、经济结构等的发展状况；③科学技术发展状况，包括工业技术水平等。

（二）生态特征调查

要选定生态因子，按要求进行生态登记分析，包括自然生态子系统、社会生态子系统和经济生态子系统。

（三）污染源调查评价

为制定环境规划而进行污染源调查时，主要需获得以下几个方面的资料和数据：①污染源密度及分布，以及向水域排污的排污口分布（要求绘图）；②各污染源的主要污染物年排污量及污染负荷量；③按行业计算的工业污染源排污系数（乡镇企业可另列）；④各污染源的排污率；⑤本区域内的主要污染物及重点污染源。

污染源一般分为工业污染源、生活污染源、交通运输污染源、农业污染源。在分类调查时，要与另外的分类（大气污染源、水污染源、土壤污染源、固体废物污染源、噪声污染源等）结合起来汇总分析。对海域进行污染源调查，主要是按陆上污染源、海上污染源、大气型污染源（扩散污染源）分类作调查。

（四）环境污染与生态破坏现状调查

①环境污染现状调查分为，江河湖泊污染现状及污染分布（绘图）、地下水污染现状及分布、海域污染现状及分布、大气环境污染现状及分布、土壤污染现状及分布。另外，还应对城镇污染现状作专项调查（包括大气污染、水污染特别是饮用水源的污染、固体废物污染、噪声与电磁污染）。②生态破坏现状调查，当前主要调查土地荒漠化现状，水土流失状况，沙尘暴出现的频率及影响范围，土地退化的状况，森林、草原破坏现状，生

物多样性的锐减以及海洋生态破坏现状等。

（五）环境效应调查

环境效应调查主要包括环境污染与生态破坏导致的人体效应、经济效应（直接与间接的经济损失）以及生态效应。

五 环境与发展问题预测分析

环境与发展问题预测分析主要包括两个方面：一是资源供需平衡预测分析和自然资源开发利用中的问题；二是主要污染物排放总量控制及环境容量分析。这两个方面实质上包括以下 4 个问题。

（一）资源供需平衡预测分析

实现区域的可持续发展，必须建立可持续发展的经济体系、社会体系和保持与之相适应的可持续利用的资源和环境基础。所以，在制定环境规划时必须对资源的供需平衡进行预测分析。

资源供需平衡预测分析主要有水资源的供需平衡分析，土地资源的供需平衡分析，生物资源（森林、草原、野生动植物等）供需平衡分析以及矿产资源供需平衡分析等。

（二）资源开发利用中的问题

随着人口的激增和国民经济的迅速发展，我国许多重要自然资源开发力度都比较大，特别是水资源、土地资源和各种生物资源。再加上我国对自然资源开发利用的管理不严格、科学技术水平低以及政策指导失误，开发利用不当，因而在资源开发利用过程中存在许多问题，制定区域环境规划时应对这些问题进行预测分析，确定主要问题及主要原因。

（三）主要污染物排放总量控制及环境容量分析

这是保证区域环境质量的重要环节，其主要内容如下。

1. 主要污染物排放总量增长预测

根据污染源调查评价所确定的本区域的主要污染物，结合国家统一要求控制的主要污染物目录，确定本区域应进行总量控制的主要污染物；根据人口、工业、交通、农业、城乡建设的发展（规模、速度），选用恰当的方法预测主要污染物排放量的增长。

2. 环境容量分析

环境容纳污染物的能力有一定的界限，这个容纳界限称为环境容量。

所谓一定的界限，指排污与开发活动造成的环境影响不能超过的环境容许极限，通常以国家按环境功能区规定的环境质量标准作为衡量的标准。

环境容量有两种表达方式：一是在能满足环境目标值的范围内，区域环境容纳污染物的能力，其大小由环境的自净能力和区域环境"自净介质"的总量来决定；二是在保持环境目标值的范围（极限）内，区域环境容许排放的污染物总量。这样就将环境容量问题，转化为用区域环境目标值计算出主要污染物最大允许排放总量的问题，其框架与思路如图 8-2 所示。

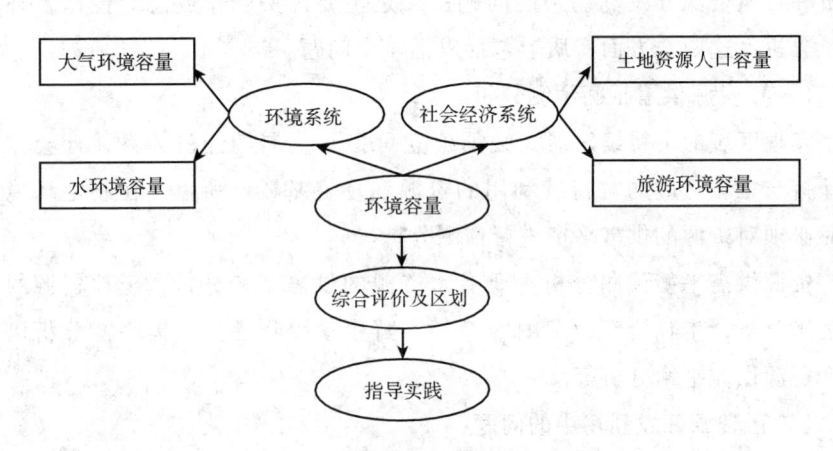

图 8-2　环境容量分析总体框架流程图

大气环境容量指在满足大气环境目标值的条件下，某区域大气环境所能承纳污染物的最大能力，或所能排放的污染物的总量。大气环境目标值指能维持生态平衡及不超过人体健康阈值，常被称作自净介质对污染物的同化容量。研究大气环境容量可以为制定区域大气环境标准，控制和治理大气污染提供重要依据。地球大气环境一方面接纳自然和人工过程释入大气中的污染物，一方面又不断把污染物转化和清除，当这种动态平衡得以维持时，大气中的污染物将维持在一定的水平之下。若这一水平在规定的大气质量目标值以下，则该地区的大气环境不致危害人类的生存与发展，在此种意义上，大气对污染物有一定容量。但对于局地甚至区域大气环境，污染物不断在边界上发生输送交换，也有一部分污染物经大气边界层输送到更高层大气中去，它本身不能形成孤立的空间。同时，区域大气污染物的释放能否达到污染水平，这与气象条件、污染物的排放方式有密切关系。

因此，大气环境容量对于局地性区域来说是大气传输、扩散和排放方式的具体体现。

水环境容量指在满足安全卫生使用水资源的前提下，区域水环境所能承纳的最大的污染物质负荷量。水环境容量与水体的自净能力、水质标准及水体量密切相关。一般来说，水环境容量取决于水环境的量及状态、该污染物的地球化学特性、人及生物有机体对该污染物的忍受能力这三个因素。

土地资源人口容量是指一定生产条件下土地资源的生产力和一定生活水平下所能承载的人口限度，也称之为土地承载力，它是近20多年来资源、人口及生态等诸多领域研究的热点问题。研究土地资源的生产状况和可承载人口的能力，对于发展农业生产、合理地开发和利用土地资源、制定地区人口发展规划、改善生存条件和人居环境、提高人民的生活水平，从而达到资源、人口、环境和区域经济的协调发展，具有非常重要的现实意义和实践指导价值。

旅游环境容量是指在一定条件下，一定时间、空间范围内所能容纳的游客数量和对旅游行为方式所能容忍的程度，其大小与旅游地环境的承载力、旅游地规模、交通条件、食宿条件、人口构成、民情风俗等因素有关，其内涵主要包括旅游生态容量、旅游空间容量以及旅游生活环境容量。旅游空间容量包括面积容量、游道容量、游线容量以及洞穴容量。各地区旅游资源包含若干大小不等、风景各异的景区，每一景区内又有许多独具特色的景点，因此，不同地区旅游空间容量的测量方法也不尽相同。开展旅游容量分析，能为各地区旅游资源的充分合理开发、旅游经济的加速发展以及生态环境的有效保护提供重要的依据。

根据环境容量分析，对主要污染物排放总量进行控制，是环境规划的重要措施。

第五节 案例分析

某市是我国西部地区的一个地级市，本《环境评价及规划》是与该市"十一五"期间经济与社会发展总体规划目标本配套的一个子系统，重点在于评价该市资源与生态环境状况，合理开发资源，保护生态环境，确定合理的空间开发秩序，促进人与自然协调发展，从而为该市社会经济发展总体规划的编制提供理论依据和基础支撑。

一 案例背景

本研究的基本思路是，以科学发展观为指导，结合该市的实际情况，在对该市资源、环境评价分析及预测的基础上，进行区域空间功能区划，确定相应的开发思路和对策措施，建立资源开发、产业结构、基础设施等重要内容的空间格局。在功能区划的基础上，确定合理的空间开发秩序，形成优先开发地区和优先开发项目，并预测未来社会经济发展模式及其发展速度，为该市社会经济发展总体规划的编制提供理论依据和基础支撑。

该市具有丰富的能源、矿产资源，尽管目前开发程度较低，但其前景相当广阔。如何达到经济效益与环境保护的和谐统一，做到既发展经济，生态环境质量又得到明显改善，这是一个重要的课题。长期以来，针对本市实际，该市对生态环境进行了卓有成效的建设，取得了可喜的成就，积累了大量宝贵的经验。

二 该市生态环境存在的主要问题

对该市当前及未来所面临的主要生态环境问题的分析与预测，可为全市国民经济的持续快速发展，社会事业的全面进步以及实现"追赶型、跨越式"的发展目标提供重要的参考价值。该市生态环境问题主要包括如下内容。

（一）环境污染

1. 大气环境污染

该市主要的大气污染物类型为 SO_2、可吸入颗粒物以及 NOx 等，尤其是目前 SO_2 的排放量已大大超出大气环境容量标准，导致酸雨危害相当严重，在很大程度上制约了全市经济的进一步发展。由于该市地处西藏高原东侧静风区，其受地形性锋面的影响和"盆地效应"的作用，造成中低空的气流速度小，不规则且微弱，平均风速一般仅 1.0~1.3m/s，年静风频率为 34%~53%，极不利于大气污染物的迁移与扩散。

2. 水环境污染

基于历史和自然因素等原因，该市主要工矿企业大都沿长江、金沙江、岷江、南广河、越溪河等水系分布，并且这些企业大都是以火力发电、酿酒、造纸、化工为主的重污染企业，由于治污成本相对较高，加之环保意识不强，其污染物大都未经处理而直接排放于水体。

3. 土壤污染

自然发育的土壤不存在污染，而由于人类各种活动对土壤造成污染的直接和感观性状不明显，其污染与否及其污染程度必须通过植物在生长发育过程中表现出来的某种不正常状况，或因具有残毒而影响产品质量时才能加以确定。土壤污染物一般着重考虑各种无机重金属元素，如 Cd、Cu、Zn、Pb、As 等。

4. 噪声污染

该市环境监测站的监测结果表明，该市噪声污染有逐年上升的趋势。噪声污染声源主要是社会噪声和交通噪声，此外还有施工噪声及工业噪声。2003 年该市城市区域昼夜等效声级为 51.6dBA，低于国家《城市区域环境噪声标准》。但同时将城市划为居民文教区（Ⅰ类）、一类混合区（Ⅱ类）、工业集中区（Ⅲ类）及交通干线两侧（Ⅳ类）4 个功能区后进行噪声污染监测，结果表明，全市昼夜等效声级较 2002 年均有所增加，尤其是Ⅳ类区噪声较为严重，夜间超标率为 100%。

（二）自然生态系统的稳定性变差，脆弱性增强

1. 严重的水土流失导致土地资源的破坏

该市是四川省水土流失最严重的区域之一，侵蚀面积占土地面积的 57% 左右，年均侵蚀量达 2530 万吨。

2. 生物多样性丧失

土地利用结构的调整、城市的扩张、道路的建设以及矿产与旅游资源的开发，一方面直接导致生物多样性的丧失，另一方面通过森林斑块的破碎化导致生物迁移廊道的减少。

3. 自然灾害发生较为频繁

自然灾害主要包括地质灾害和各种气象灾害。该市因煤炭等矿产资源的开采经常导致土地的塌陷、泥石流的发生，其中，土地塌陷在各矿产资源开采区均有发生。与此同时，干旱、洪涝等气象灾害也时常发生，成为该市经济快速健康发展的不利因素。

（三）生态环境所承受的压力与日俱增

该市在"十五"及"十一五"期间的社会经济发展将大力加快城市化进程。2003 年该市城镇化水平为 23%，到 2010 年、2020 年和 2025 年，城市化

水平分别预计达到30%、42%和49%。城市化水平的提高，使城市生活污水大量增加，城市河流有机污染加重，城市大气环境面临煤烟型和汽车尾气污染的双重压力。城市化将给生态环境带来巨大的压力，从而必须增加城市基础设施投资，才能在一定程度上对城市污水和城市垃圾的污染加以控制。

三 环境容量分析及区划

对该市环境容量进行分析评价旨在为该市的城市发展、工农业布局做出合理发展规模的判断，为该市生态环境建设、污染物的区域性环境标准制定、环境污染的控制和治理、区域环境影响评价提供科学依据，为资源开发利用、经济发展与环境保护关系的协调提供基础数据。因此，本研究在对获得资料进行数据一致性分析的基础上，从环境系统与社会经济系统两个方面，有针对性地对该市的大气环境容量、水环境容量、土地资源人口容量与旅游环境容量进行了分析与评价。

（一）该市大气环境容量分析

该市位于四川盆地南缘，西连川西南山地，南接云贵高原。根据《四川省地貌区划》，该市跨越1个一级区（四川东部盆地山地区）、3个二级区（四川盆地、巫山和大娄山中山与川西南山地区）和3个三级区（盆中丘陵、盆地山地与丘陵和峨眉山中山区）。该市地处山谷盆地，四周群山，与平原地区相比，不利于污染物的扩散和迁移，容易造成地面烟尘滞留、集聚及浓度的上升。受总体地形影响，该市全年盛行偏北风和偏南风，季风特征明显，容易形成湍流，有利于污染物的充分混合。

该市雨量充沛，长江以北地区年降雨量为1050mm左右，长江以南和岷江流域为1200mm左右，金沙江河谷年降雨量为950mm左右，该市大部分地区年降雨量为1000~1200mm，该市丰富的降水资源可在一定程度上削弱因地形、风向与风速等因素造成的对大气环境容量的不利影响。

污染源是指造成环境污染的污染物发生源，按照排放污染物的空间分布排放方式，可以分为点污染源、线污染源和面污染源。由于目前该市大气环境监测网络还尚未健全，大气污染物现状排放量的相关资料仅该市主要区及其所属的中心城区较为完整，因此，本研究对于其他9县市的点源与面源污染物排放数据力图通过污染源的分布、城市规模、人口数量、工业产值等因素在建模的基础上加以估算，以期为该市的自然与空间资源的合理开发提供较为可靠的基础数据。

（二）该市水环境容量分析

该市水资源非常丰富，水系和江河网发育良好，河网密度达0.4km/km²，拥有金沙江、岷江的下游段和长江的起始段，三江支流共有大小溪河600多条。南广河、长宁河、横江河、西宁河、黄沙河、越溪河、箭板河、宋江河、古宋河等9条中等河流流域面积均在500平方公里以上。此外，有21条河流流域面积为100~500平方公里，有23条小河流域面积为50~100平方公里。

城镇和工矿企业排放的生活污水、粪便、垃圾及三废是该市水环境的主要污染源。三江河段不仅受到市内一些大中型企业如该市造纸厂等所排放废水废液的污染，而且还受到区外企业排污的影响，如乐山以上河段每年排入岷江的工业废水就达43405万吨，这些工业废水中，主要污染物达28种之多。另外，农业生产中对农药和化肥使用不当也是水质污染的一个重要原因。

污染物排入河流后产生的各种作用及过程可用如下简单模型来描述，见图8-3。

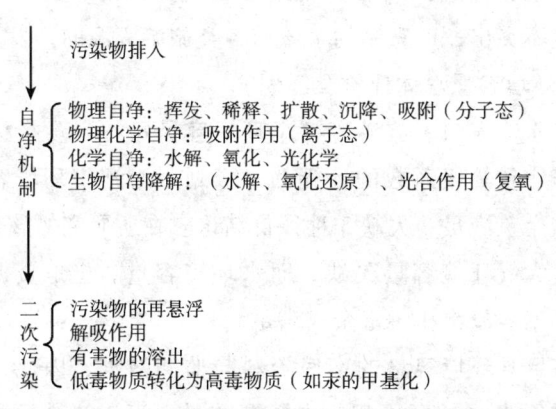

```
                    污染物排入
                        ↓
        ┌ 物理自净：挥发、稀释、扩散、沉降、吸附（分子态）
  自净  │ 物理化学自净：吸附作用（离子态）
  机制  │ 化学自净：水解、氧化、光化学
        └ 生物自净降解：（水解、氧化还原）、光合作用（复氧）

        ┌ 污染物的再悬浮
  二次  │ 解吸作用
  污染  │ 有害物的溶出
        └ 低毒物质转化为高毒物质（如汞的甲基化）
```

图8-3　水污染物作用与过程的简单模型

（三）该市土地资源人口容量分析

土地资源生产潜力（主要指单位面积产量）是土地承载力研究中最关键、最主要的环节。目前计算土地生产潜力的方法可归纳为趋势外推法和潜力递减法两大类。趋势外推法是以产量的统计数据为基础，利用指数平滑、自然增长、回归方程、Logistic曲线、灰色模型等方法，按历史发展趋势顺延外推，以确定未来的土地生产力；潜力递减法则是首先

计算理想的生物产量（气候生产潜力），即其他环境条件均处于最佳状态时，由气候条件决定的作物的最大生产能力，然后根据特定的生产条件，充分考虑各种限制因素对理想产量的影响，将理想产量层层递减后求得预期的土地生产潜力。

（四）该市旅游环境容量分析

该市是我国第二批国家级历史文化名城，巴、蜀以及僰人文化交聚融合，全市自然、人文及产业旅游资源不仅丰富，文化与自然相对融合，而且具有环线布局的特点，是川、渝、滇、黔结合部的重要旅游支撑点和目的地，也是四川旅游南环线的重要支撑点。在相关部门的密切配合与努力下，经过20多年的开发与发展，该市已初步形成了旅游体系，旅游业在该市经济中的地位逐年上升，2003年，该市全市接待海内外游客316万人次，旅游收入达到15.19亿元。

但是，由于交通、住宿等旅游基础设施还不够完善以及资金的匮乏，加之各旅游景区与该市、四川省及周边省区（如云南、贵州）的其他旅游资源的整合效应不突出，严重制约了该市各类旅游资源的开发。

（五）该市环境容量总体评价及区划

在对大气、水、人口、旅游等各个环境容量每一定量指标值计算的基础上，通过环境容量等级系数的计算和等级划分对该市环境容量进行总体评价，可得出富余、满足、欠缺3种评价结论。在所研究的该市环境容量的各个分容量中，大气环境容量欠缺，而水环境容量、土地资源容量、人口容量以及旅游环境容量都相对富余或满足。

由于缺乏各区县环境容量的本底资料与监测数据，因此，根据各环境容量类型的影响因素（辖区面积、水资源数量、河流流域面积与水量、降水量与径流量、人口数量与结构、农业生产情况、旅游景区面积、绿化状况与森林覆盖率等），综合运用专家咨询法、菲特尔调查法对该市各区县环境容量进行等级评定，并在此基础上，按照行政区域界限，运用灰色系统理论的灰色关联度分析和聚类分析方法进行该市环境容量区划。

四　环境建设的思路和措施

（一）该市未来生态环境建设的目标需求

区域生态环境的建设必须与区域发展的性质、总体目标和战略定位相协调。根据《四川省城镇体系规划（2001～2020年）》、《××市城市总体规划（1997版）》以及《××市国民经济和社会发展第十个五年计划》对该市的功能定位，可将该市的城市性质与总体目标概括如下。

该市城市性质：国家级历史文化名城，长江上游的一级中心城市，交通枢纽和商贸中心，长江上游生态保护屏障的重要组成部分，以能源、食品、化工为主导，以酿酒和旅游为特色的山水园林城市。

该市战略定位与总体发展目标：将该市建设成为长江上游的经济发达、城乡一体、商贸繁荣、社会稳定、环境优美、设施配套和集交通、商贸中心为一体的现代化区域性中心城市和生态型山水园林城市。

因此，该市生态环境建设的目标需求是：①长江上游的生态保护屏障；②优美适宜的投资性环境；③自然景观与人文景观协调统一的旅游环境；④理想的人居环境——生态型山水园林城市。

（二）该市生态环境建设的主要思路

未来该市生态环境建设的主要思路应从生态环境建设的目标与需要出发，从目前生态环境建设中存在的问题和急需解决的关键问题入手，根据该市环境容量的总体评价与环境区划的结果，结合该市区域发展目标以及各区县的地理位置与资源优势，有重点、有步骤、因地制宜地开展生态环境的建设与综合治理，充分发挥长江上游的生态保护屏障功能，创造一个优美适宜的投资性环境，一个自然景观与人文景观协调统一的旅游环境，一个怡人的生态型山水园林城市居住环境。

（三）该市生态环境建设的主要措施与建议

1. 大气环境污染防治措施

该市大气环境容量已处于欠缺或极度欠缺状态，尤其是 SO_2 的现状排放量已大大超过环境所能容纳的阈值，因此，该市生态环境建设的重中之重在于大气环境污染的防治与控制，改变大气污染现状，促进区域经济的健康发展。

主要防治措施：大力推广成型煤和低污染燃烧技术，限制燃烧散煤；回收利用工业生产中产生的焦炉煤气等可燃性气体，对企业因燃煤产生的 NOx 及汽车尾气中 NOx 也应采取适当措施；加强市区道路施工方式、施工程序、施工检查验收的管理，减少或防止扬尘污染；改善道路交通状况，保证车流通畅，减少汽车有害废气的排放；加强城市大环境绿化和绿化隔离带建设，大力推进城郊绿化，减少自然沙尘的发生；扩大市区绿化面积，减少裸露地面面积。

2. 水环境污染防治措施

该市水资源十分丰富，岷江、金沙江及长江穿境而过，中下游河流众多，因此该市生产力布局的显著特点就是"沿江"。尽管计算结果表明该市"三江"水环境容量非常富余，但是水环境的污染现状也非常严重。

主要防治措施与对策：加大宣传教育力度，提高人们的环保意识；企业要加大"三废"处理的环保投资力度，避免污染物未经处理而直接排入水体中；相关政府职能部门要加强对企业污染物处理、环保设施运行的监督；慎重发展污染企业，企业的布局要纳入该市整个区域经济发展的规划之中；引进、利用先进的水污染处理技术，加大水污染治理力度等。

3. 加大水土流失治理力度

提高长江上游生态保护屏障功能，结合天然林保护工程、退耕还林还草工程等国家重点林业生态工程，积极推进小流域水土治理和农村以电代柴等工程，对各流域进行人工造林、草地治理，大力治理水土流失，开展植被恢复与重建，提高生态系统的稳定性，强化生态建设和环境保护，建成长江上游的生态保护屏障和绿色生态家园，实现人、社会、经济和环境的可持续发展。

4. 发展生态特色农业，提高土地承载力

该市农业资源非常丰富，仅农作物品种就达800余种，其中粮食作物250多种，经济作物80余种，蔬菜200余种，绿肥5种。以市场为导向，充分利用特色资源优势，发展生态特色农业，建立优质粮、茶叶、果蔬、畜牧、林竹五大特色农产品基地，确保粮食生产安全。充分发挥土地资源生产潜力，提高土地承载力，保障区域生态安全。

5. 统筹规划，因地制宜，分区治理，分区建设

根据该市区域发展总体目标与环境容量区划结果，结合各区县的自然资源优势，因地制宜地发挥各区县的战略优势与独特功能，生态环境建设的侧重点也有所不同。此外，各区县内又可根据实际特点划分亚区。这些亚区及各区县生态环境的建设与综合治理应统筹规划、重点突出、分区治理、分区建设，最终达到明显改善和提高该市生态环境质量的目的，实现经济发展与生态建设的协调统一。

第九章 港口城市经济发展规划

港口是一个国家乃至全球经济循环系统的一个重要结点，其满足和服务于不同主体和不同层次的社会需求。目前世界上进行国际贸易的港口已经达到2000多个，其中许多已经演变成为全球的经济中心，港口城市经济也因其具有的特殊地域特点而颇具特色。本章重点研究分析港口城市经济发展规划的特征及所包含的内容和相关制约因素。

第一节 港口城市经济发展的特征

人类的生存离不开水，而有水的地方往往能吸引人类定居和开发。在人类社会的发展历程中，埃及的尼罗河和中国的黄河以及美索不达米亚平原的幼发拉底河成为人类文明的发祥地。港口作为水上运输的重要节点，其发展贯穿了人类文明发展的整个过程。

一 世界港口的发展历程

截至今天，世界上进行国际贸易的港口已经达到2000多个，其中许多已经演变成为全球的经济中心。从这些港口的形成和发展轨迹来看，它们的形成和发展与经济发展水平是紧密相关的，可以大致分为早期、近代和现代三个阶段。

（一）早期港口的发展

绝大多数国家现代大港的雏形都形成于这一时期，这是港口的启蒙和初步发展阶段，从港口的出现一直到17世纪欧洲产业革命的开始。在这一阶段，港口的发展基本局限在港口的自然形成和一些远洋航行的初步尝试上。

港口的发展最早可上溯到古代的腓尼基（希腊语意为"紫红之国"）时代。11世纪左右，中国指南针技术传入欧洲，使航海技术不断提高，大大促进了港口的发展。中国拥有悠久的航海历史，唐代为了扩大海外贸易，开辟了海上"丝绸之路"，并且形成了许多重要的港口。

早期对港口的开发和利用，最初只是自发的。这一时期，港口多是人类为了满足生存、出行、产品交换和初始贸易活动的需要而出现的，从而其功能属于简单的运输范畴，基本的作业范围就是迅速、安全、优质、低价地将抵达港口的货物和旅客，通过装卸作业和承载服务等过程运送出港。在这一时期，港口与周边地区的联系是松散的，因而对周边经济的聚集力和辐射力相当脆弱。依港形成的早期城市，还不能对一个地区的经济发展起到控制的作用，只是相对地在打破封建割据，疏通贸易通道，促进商品生产和古代经贸往来等方面，起到一定的促进作用。

（二）近代港口的发展

这一时期从产业革命一直持续到"二战"结束。在此阶段，资本主义国家的工业革命直接推动着社会关系和国际关系的深刻变革，并为港口的进一步发展准备了各种物质和社会条件。这一时期，蒸汽机的发明引起新的能源方式和新的生产交通工具的革命，也标志着航海和港口开发建设进入一个崭新的阶段：港口的规模不断扩大；港口的功能不断拓宽，由最初单一的运输功能开始向多种功能不断发展；港口经济对一个地区的聚集力和辐射力开始大大加强，港口的战略地位也越加重要。港口在功能演进上逐渐摆脱了最初作为运输枢纽的单一角色，开始成为一个地区或国家重要的经济贸易和文化交汇点。

20世纪以后，随着资本主义商品经济的发展，港口作为国家对外联系的窗口和水路运转、江海联运的枢纽，作为联结生产与消费、沿海与内地、国内与国外的纽带以及参与国际市场竞争的联结基地的作用日益突出，越来越被世界多数国家，特别是当时发达的资本主义国家所重视。

在这一时期，港口的发展出现了一种新的管理模式，即自由港。它对在规定范围内进口的外国商品，无论是供当地消费或转口输出，原则上都不征税。设立自由港，对于吸引外国商船进出，发展贸易和转口贸易，增加商业收入和繁荣该国的经济有很大的促进作用。

（三）现代港口的发展

"二战"以后，世界经济的发展进入了新阶段，港口的开发也已有了较强的经济基础，而世界经济的发展、人口的增加和生活水平的提高，促使了国际市场容量的日益扩大和各国之间贸易的持续增加，这又进一步刺激了港口的开发利用和港口经济的进一步发展。世界上经济发达的国家和地区，都把加快港口建设纳入国民经济发展的重要内容。新加坡和中国香港，就是在当地资源相当短缺的情况下，仅凭其优越的地理位置和深水良港，取得了经济的长足发展。

世界贸易和世界航运业的重大变化，使货源、货运量、船舶和货运形式等都发生了重大变化。其主要特征如下。

1. 港口运输进入现代物流时代

物流业通过高效率、低成本、专业化的运输、储存、包装、装卸、配送、加工、信息处理，极大地提高了经济活动的效率，已成为发达国家和地区经济发展的重要组成部分。传统的单一模式的运输、仓储等服务正在被现代物流服务所取代。有关航运专家认为，物流将是航运业21世纪发展的新领域和新的经济增长点，会给航运业带来巨大的变革和进步。

2. 国际班轮公司进入全球承运人时代

随着世界经济一体化进程的加速发展，跨国公司大规模向世界各地渗透，纷纷在海外建立自己的生产基地，进行跨国生产、经营和销售。跨国公司全球性的经营影响着国际贸易格局的变化，改变了海运货物的传统流向，对海上运输服务的质量也提出了更高的要求。20世纪90年代以来，国际班轮运输市场发生了显著的变化，一些大公司开辟新的班轮运输航线，将业务扩展到新的航区，形成"全球承运人"，同时存在于欧洲、北美和远东三大航运市场，并兼营南北贸易航线以作为其整个现代物流系统的补充。

3. 全球联营体纷纷形成

由于跨国公司和集团在全球范围内进行生产和销售，使得货物流动频繁化，流向分散化，流量小批量化。他们总是乐于选择那些航班密度高、港口覆盖面广、运输速度快的航运公司，这引发了班轮公司规模空前的全球性大联合。联合的形式多种多样，从贸易航线上的舱位共享、船期安排协议到更高层次的联营协定甚至兼并，以及超出船舶经营范围以外的码头共享和设备管理等。

4. 航运企业参与港口的建设及经营

大船东参与建设港口泊位已很常见。联营和联盟的发展以及大型集装箱船的使用已经使得干支线的运输模式发生了变化。由于运输服务由整个联盟共同进行，选择合适的港口作为枢纽港不但对港口而言至关重要，对于整个联盟或联营体来说，也具有重要的战略意义。拥有自己的码头，就能拥有最大的装卸自主权，并能控制码头费用。

5. 港口的竞争集中体现在集装箱运输的竞争

目前国际航运已普遍采用国际标准化的集装箱进行运输，集装箱吞吐量已成为衡量港口实力和地位的重要标志。1970~1995年期间，世界港口集装箱吞吐量从630万标箱激增至14159万标箱，增长近22.5倍，年平均增长率约为13.3%。

6. 港口码头深水化、船舶大型化

集装箱船的大型化对港口的发展提出了更高的要求。2000年集装箱船平均载箱量为3200TEU（TEU为国际标准箱单位，即20英尺标准集装箱），预计2020年为5500TEU。目前，4000~6000TEU船舶订造正处于高峰时期，载箱量为8000TEU的船舶已经投入运营，10000TEU船舶已经设计完成。而超巴拿马型（6000TEU）集装箱船以及在未来10年中将会出现的15000TEU超大型集装船，其满装吃水均在14米以上，这就必然要求集装箱主干线上的枢纽港航道、泊位水深超过-15米。如果80%的杂货最终都将进箱运输，那么，没有集装箱深水泊位，就没有现代国际大港的位置。因此，优先发展集装箱深水码头是现代化港口不可避免的发展趋势。

7. 港口管理的现代化、信息化

一个港口的现代化程度如何，发展水平的高低，在很大程度上取决于信息化管理。因为大型船舶的营运成本很高，其接卸港口必须具备全天候进出、快速装卸、通关、储运与配送等综合能力，而所有这一切都要靠现代化的信息技术做后盾。特别是"信息高速公路"即国家信息基础设施建设方兴未艾，将带动一批高新技术产业及相关服务业蓬勃兴起。高新技术产业和现代化基础设施有机结合，是不可逆转的大趋势，而新一代港口恰是两者的最佳结合点之一。"谁拥有EDI（电子数据交换），谁将拥有21世纪"的呼声越来越高。新一代港口已经不再属于劳动力密集型的产业，由于货物的快速流动，集装箱多式联运和"门到门"运输，物流体系的发展，对港口信息网络的建设提出了越来越高的要求，因此，技术与信息已经成为现代化港口生存和发展的决定性因素。而且，信息化的技术水平对大、中、小港口并无原则上的差别。因而，港口管理现代化、信息化已经成为港口的重要目标之一。

8. 港口投资和经营主体的多元化、市场化

港口经营和投资的多元化、市场化是发展的必然趋势。港口经营民营化是将码头设施出租经营或完全出售，交由个人、私营企业或半公共组织进行经营管理。由于全球经济正在逐步走向自由化、市场化，未来10年内，港口经营必然会出现民营化趋势。因为港口建设必须投入大量资金，才能实现快速滚动发展，这就客观上迫使港口必须采取承包、租赁、参股、合资、独资、产权转让等方式，吸引民间人士来港投资经营。目前，各国政府在推进民营化方面有各种基本的做法：一种是在部分民营化的港口组织中，政府以一定的深度参与；另一种是出租、出让或完全出售港口资产和港口服务。

9. 港口竞争程度日益提高，港口间的合作令人关注

技术进步、内陆运输系统的完善和政府放松对港口的管制等使港口经营的竞争环境加快形成，这种竞争包括国际、国内港口间和港口内的竞争。新加坡、中国香港港口争夺东南亚运输市场，鹿特丹、汉堡、安特卫普等港口争夺英国货物运输就是国际港口竞争的最典型例子。国内港口间的竞争多数是由于内陆运输系统的改善，除了某些大宗货物外，直接腹地或称专属腹地的概念将不复存在。港口民营化带来的港口投资主体、经营主体多元化，促进了港口内部码头公司的竞争。港口竞争的日益加剧成为港口加快改革、改善管理和经营的重要动力，同时也提高了现代港口的发展水平和服务质量。

为应对船舶大型化及航运公司的全球联盟，并避免港口之间对同一腹地的过度竞争而导致设施过剩，世界上许多港口也实行战略联盟、兼并等多种合作。港口企业之间的兼并，如2000年6月比利时安特卫普港最大的集装箱码头公司Hessenatie和Noordnatie的合并，马上使其运输规模扩大，谈判地位加强。港口经营的联盟，包括通过港口分工或资本联合达到共用码头，扩大港口服务范围，形成干支线集装箱运输网络，统一费率及投资政策，共建EDI系统，相互开发技术和联合开发市场等。美国的纽约和新

泽西、洛杉矶和长滩，比利时的根特和奥斯坦德等港口合并是另一种形式，近几年还出现了丹麦哥本哈根与瑞典马尔莫港通过 Oresund Fixed Link（厄勒联络线）通道实现跨国合并的形式。港口间的合作给合作各方带来明显效益，如扩大港口经营规模、提高与船舶公司的抗衡能力、稳定港口运营、降低投资风险、加快技术开发与提高管理水平等。港口合作是在自愿、互利双赢的基础上，以共同的长远利益为目标建立的利益共同体，港口合作并不影响港口之间的竞争。

10. 港口普遍实行属地管理，先进港口采用"地主型"管理模式

世界各国的港口管理体制各不相同，并随形势发展不断进行着变革。港口管理权下放、实行港口属地城市直接管理是变革的主要趋向。港口不仅是重要的运输枢纽，也是地区经济的增长点，属地管理有利于加大地方政府的介入力度，把港口作为城市发展的基础设施，在土地、疏港通道建设及融资等方面积极提供支持。

地主型港口管理局（landlordport）统一港口码头设施、临港工业及其他设施的用地管理，拥有经营管理自主权和土地使用权；代表政府优惠征用土地，建设码头主体、防波堤、航道，并租给私人公司经营；根据经济、航运发展，制定港口发展战略与规划。政府将注意力集中在社会整体利益、资源利用、环境保护及维护投资者权益方面，港口经营实行市场化，政府不干预。地主型管理模式可为港口多功能发展提供制度保障。

进入 21 世纪，现代港口的功能比过去大大拓展，港口不仅是运输枢纽，而且是全球化大生产的重要组成部分。政府把港口作为国家参与国际竞争的重要基础和经济、产业发展的依托，以法律手段、行政手段和经济手段积极扶持港口的发展和经营，实行倾斜政策。

二　港口的发展规律

研究和解释港口发展规律与发展趋势，在遵循港口发展历史的同时，应从多方面予以考察，既可从港口的功能考察，又可从港口的建设内容考察；既可从港口的水深规模考察，又可从港口的运输内容考察；既可从港口的航线发展考察，还可从港口的布局形态考察。

（一）从港口的功能考察

按照港口的用途，港口可分为军港、渔港、避风港和商港等。世界上的港口，有的用途十分单一，有的则兼有各种用途，但各有所侧重，这其中，比较有代表性的是商港的发展。从港口的发展历史来看，港口的功能一般经过运输功能、商贸功能、工业功能和综合功能四个发展阶段。

运输功能是港口的最基本功能。在早期，港口被用作出行和海上生产、运送和装卸货物的站点、靠泊船只。随着生产力的发展，在港口所在地出现了商品的交易和流通。在货物运输中，由于船舶候潮、货物运量与船舶装载能力的矛盾以及陆运、船期、气候等因素影响，产生了货物在港口的仓储、包装和销售等需求，于是港口的功能就派生出了商贸功能。商贸功能的产生又促进了运输功能的增强。

伴随着社会生产力进一步发展，工业文明逐步兴起，利用港口优势不仅可以发展运输业和商贸业，而且还可以发展工业，获得更好的经济效益。临港工业特别是大型的重化工业、能源原材料和出口加工工业逐步发展。船舶制造业和商品经济的发展，促使港口的运输功能和商贸功能也得到进一步加强。随着生产力的进一步发展，港口的运输功能、商贸功能和工业功能也不断发展和完善，在港口区域产生了集聚效应，形成了人流、物流、信息流、商流等的繁荣局面。运输功能、商贸功能和工业功能已不能满足港口自身和社会发展的需要，要求港口向综合功能发展，随之进入了港口发展的高级阶段，逐步造就了以港口为依托的港口城市。

（二）从港口的建设内容考察

在对总体规划进行综合考虑的前提下，港口往往是先硬件建设，后软件建设。这是因为软件必须以硬件为载体，没有硬件，软件就会失去表现的舞台。其中硬件建设相对稳定，软件建设可变因素多，竞争激烈。在硬件既定的前提下，港口的经营服务水平、生产效率直接关系到港口的发展。相反，软件落后，硬件优势也很难得到充分发挥。

（三）从港口的水深规模考察

随着生产力和经济的发展，为了适应船舶大型化的要求，港口经历了从内河港向河口港、海港和深水港发展的过程，并且发展速度不断加快。

（四）从港口的运输内容考察

一是集装箱运输迅猛发展。随着经济发展和产业结构的调整与升级，集装箱化率提高较快，集装箱增长速度也远远高于大宗散货运输的发展。二是大宗散货运输增长总体表现缓慢。首先，大宗散货运输的发展主要取决于基础工业和加工工业的发展。其次，在市场经济条件下，某一港口大宗散货的运输发展主要取决于港口提供给货主和船舶公司的比较运输成本，包括时间的节约程度，与货主的经济合作程度，港口的自然条件以及集疏运便利程度等因素。三是与大宗散货运输相反，国际集装箱运输由于货主分散、点多、面广、量相对较少的特点，加上大型集装箱船舶要求挂靠港口较少，所以需要干支线互相配合。在激烈的市场竞争下，港口的发展将会形成枢纽港、支线港的格局。

就大宗散货运输而言，其主要取决于港口的设施和实用性、港口与货主的空间区位和距离、集疏运条件、合作关系以及与周边港口的竞争关系。就国际集装箱运输而言，航线一般要经过先支线后干线，先试航后正式班期，航班先疏后密，竞争从无到有再到激烈，由无序走向规范，由不成熟走向发达的过程。

港口的发展经由依港设城，渐使港城一体，发展到城市繁荣，再到港口不适应社会需要，迫使港城分离，再进入到依港建城、港城一体的良性可持续发展循环中。

第二节 港口城市经济发展的制约因素

一 港口城市经济发展需要考虑的因素

（一）港口的特征

港口城市产业是依托港口的优势所发展起来的产业群体。港口的特征及其功能定位不同，在现代物流体系中的功能和作用也明显不同，与其相适应的港口城市产业的发展方向也会明显不同。

（二）港口城市的产业优势

面对科技竞争和经济全球化的挑战，区域经济不可能在一个封闭的自我循环系统中得到发展，区域产业系统的建立和产业发展方向的选择要充分考虑到世界经济一体化的因素，把区域产业选择放在全球范围内产业结构调整的大环境中，选择具有竞争优势的产业为区域主导产业。对于一国而言，产业竞争优势是某一国产业在全球性产业的国际竞争中建立起来的、在资源的获取和利益的分配方面相对于竞争对手和竞争产业的特定的优势，具有竞争优势的产业应该成为一国产业选择的方向，更应该成为区域主导产业的最佳选择。

(三) 区域经济发展阶段

港口城市地区产业发展方向的选择与培育必须与区域经济所处的特定发展阶段相适应，选择和扶持发展的产业不能超越经济发展阶段，否则只能导致产业结构的"虚高度化"。

根据发展经济学的基本观点，处于经济起步阶段的产业结构特点是以轻纺工业为主导产业的劳动力密集型轻工业化产业结构；处于经济起飞阶段的产业结构特点是以基础瓶颈类重化工业为主导产业的资本密集型与资源密集型重工业化产业结构；处于经济加速发展阶段的产业结构特点是以加工组织类重化工业为主导产业的高加工度化、技术密集型产业结构；处于经济发展成熟阶段的产业结构特点是以高新技术产业和服务业为主导产业的高附加值化的知识与技术密集型产业结构。由此可见，区域经济所处的发展阶段不同，发展的主导产业也就不同。只有顺应区域经济发展的阶段性规律，选择适合特定发展阶段的港口城市产业，才能推进产业结构向高度化发展。

(四) 区域经济目标取向

港口城市经济和社会发展的目标取向，以及港口城市所在区域经济发展的目标取向，也是港口城市经济发展规划中必须着重考虑的因素。

除以上因素外，政治法律环境、经济政策环境、历史文化背景等都会在不同程度上影响地区的产业结构。这些因素相互联系、相互作用，共同决定了地区产业结构的现状和发展方向。

二 港口城市经济发展的制约因素

经济全球化和区域化趋势的加快，带来全新的经济空间尺度和极为严峻的市场竞争环境，竞争与分工协作成为经济活动和经济发展的最基本形态。港口城市经济发展必须具备国际视野，着眼于所处地区经济发展的结构性调整及未来产业分工协作的前景，确保规划的前瞻性。

在制定港口城市经济发展战略的过程中，既要充分利用各种优势条件，又要充分考虑各种限制因素，因为发展中的限制因素正是形成现有经济条件的羁绊，也会对今后经济发展带来限制。主要限制因素如下。

(1) 缺乏系统完整的临港产业发展规划，政府缺乏对临港产业整体发展方向进行宏观调控的有效机制和手段；没有形成与临港产业发展战略目标相适应的区域枢纽港口设施，与港口功能配套的现代物流系统还亟待完善，发展现代临港产业仍缺乏强有力的现代物流及综合运输体系的支持。

(2) 由于地域分割与地区间行政区划分割等因素的影响，使得沿海临港地区难以形成统一规划、优势互补、协调发展的局面，影响了地区综合竞争力的形成和提高。

(3) 国际临港产业是伴随着第三代港口的出现而发展起来的基于现代港口物流体系的临港产业区、物流中心、仓储保税区、出口加工区等港口产业链综合体，以港口带动工业发展成为推进地区工业化的重要力量，港口与腹地一体化发展成为临港产业布局的重要趋势，临港产业的发展离不开现代物流业的高度发展。同时，物流的不畅也会影响港口城市及临港产业的发展。

(4) 由于临海的地理条件，一般临港地区水资源及其他资源相对匮乏，这是经济发展中不可忽视的制约因素。所以加强港口基础设施建设，必须尽可能发展节水型产业，根据本地区环境、气候、土地、水利、资金、技术、市场等条件，进行产业结构的调整和优化。

(5) 生态保护是港口城市发展中需要重点考虑的因素，临港产业发展中的环境保护与建设不仅涉及区域生态环境质量，还将涉及整个区域海洋产业与旅游业的发展、区域的发展形象与吸引力，以及整个区域的可持续发展能力。临港地区的发展建设必须采取切实措施，加强生态建设与环境保护，合理开发、综合利用和保护环境资源。

三 对港口城市经济发展的建议

面对已划分的港口城市不同经济类型区经济发展水平的显著差异，要实现沿海港口城市经济协调发展和可持续发展，关键就在于怎样促进落后地区发展，缩小地区差距。

（一）确立适当的经济发展战略

对于经济较发达的港口城市，相对于其他城市来说，其经济基础较好，区位优势也比较明显，因此在今后的发展中，主要是加速港口功能调整，提高沿海产业承载和要素集聚能力，并且在此基础上，探索新思路，抓紧谋划沿海重大建设项目开发。对于经济发展水平一般的城市，应注重其潜力的开发和后发优势的积蓄，如依靠现代物流的发展来降低物流成本，减少资金占用，降低库存水平等。对于经济较落后的港口城市，其经济基础十分薄弱，因此要强化基础设施建设，大力发展外向型经济，并且发展高新技术产业，拉动工业经济增长。当务之急则是要充分发挥其交通条件和地理位置的优势，因地制宜发展港口主业和临港产业，壮大临港工业，做强港口主业。

（二）改善经济运行的经营环境

交通主管部门应加强同海关、边防、公安、三检、海事、水利、航道等部门的沟通协调，提高港口的通关效率，为港口企业创造一个高效的通关环境。随着集装箱船舶大型化的发展，应加强集装箱码头和深水港泊位的建设，加快老港区的改造。如由于广州港进港航道水深不足，其应加强航道的浚深，广州港深入经济腹地，还应积极发展铁路集装箱运输。

（三）加大经济结构的调整力度

港口行业主管部门应加强港口总体布局规划，保护岸线资源。防止港口不合理建设，应完善市场准入制度和资源管制，实行港口资源的集中统一配置和监督使用，促使有限的港口资源合理、高效运用。

（四）港口经济资源的优化配置

国家深水港口是稀有资源，其资源优化配置涉及港口发展、城市经济发展和区域经济发展三个方面。港口资源优化配置应综合考虑三个方面作用，满足国家现代化建设的需要，通过适度竞争促进资源整合，建成布局结构合理、层次分明、功能完善、信息畅通、优质安全、便捷高效、文明环保的现代化港口体系。港口资源优化配置涉及深水岸线、港口基础设施、临港工业、物流、土地开发、城市经济、区域经济和综合运输网络搭建等众多资源和因素。

除了一些有直接商业价值的资源可以通过合资、收购等形式实施资源整合之外，还有大量公共社会资源，如公共基础设施、集疏运通道和综合运输网络等，由于没有商业上的营运主体，所以很难用合资、收购等资本运作方式整合，因此需要改革港口行业的投融资体制，建立起市场化和社会化的融资体系，才有可能真正达到港口资源优化配置的效果。港口资源优化配置涉及的公共社会资源整合的特点是资源范围广，跨行业和跨区域整合资源，整合所需资金量大，整合的社会效果虽然比较明显，但需要整体运作才能达到效果，整合比较复杂，是一项社会化系统工程。

第三节 港口城市经济发展规划的内容

城市是社会分工的产物，城市之所以能形成和扩大，是由于城市能够聚集经济效益。人口和工商业向城市地区集中，可以享受到许多外在的经济效益；公用设施费用低，生产成本低，能形成专业化生产协作和规模经济效益，能提供众多的熟练劳动力和一系列服务设施，等等。随着经济的发展，城市化的步伐开始加快，而且现代化城市的规模也越来越大。一个社会城市化的发展程度是这个社会进步的标志之一。

一 当前我国港口产业发展的外部环境

随着世界经济一体化及中国经济国际化进程的加快，各地区经济发展战略的制订必须充分考虑该地区未来所面临的国际国内环境。

（一）经济全球化的宏观经济背景

经济全球化的发展对整个世界经济产生了深远的影响，它有效地促进了生产要素在全球范围内的合理配置和自由流动。这种趋势一方面可能为当地经济发展带来重大机遇，同时也可能带来巨大风险。发展中国家在获得快速发展的同时，在产业结构、经济体制、政治体制等方面积累了大量的风险因素和可能导致爆发金融风险的不确定性因素。经济全球化带来的机遇和挑战要求临港地区在积极吸引国际资本、承接产业转移的同时，必须注意内部产业体系的完善和自主能力的提高，加强资本的积累，以保证区域经济的协调稳定发展。这就要求在制订临港产业发展战略时，在研究国际化可能带来机遇的同时，更要设法规避各种风险。

（二）中国宏观经济环境的变化

进入21世纪以来，中国的宏观经济环境已经发生了一系列重大而深刻的变化。这些变化对各地区经济发展战略的制订都将产生重要影响。主要体现在以下4个方面。

（1）经济发展总量不足的阶段已经过去，产业高度化趋势正在加快。进行产业结构调整，提高国民经济整体效益，提高产品技术含量和附加值，已成为我国当前经济发展的主要任务。

（2）电子网络系统的广泛应用，市场信息流通不再是各地经济交往的障碍。金融电子网络系统的广泛应用使支付和资金的流动变得简单快捷；遍布全国的高速公路网建设，使物流畅通快捷便利，大宗货物运输成本在流通费用中的比重降低，距离不再是异地交易的障碍。尽管存在地方保护主义和行业保护主义，但是国内统一市场大体形成，区域经济专业化分工初见端倪，按照资源优化配置的原则调整各地区的生产力空间布局结构已经成为大势所趋。

（3）历经 30 余年的对外开放，中国已成为全球最具活力的国际投资热点地区。世界各主要跨国公司云集中国，在中国建立生产基地，中国日益成为全球制造业的"世界工厂"。国际资本进入和空间布局选择，将进一步推动国内区域经济专业化分工和产业结构调整。

（4）在世界经济不景气情况下，国家实施积极的财政政策，拉动内需，加大基础设施投资力度。与此同时，国内有效需求不足，国有企业效益不佳，就业压力增大，社会保障体系不健全，长期积累的金融风险日益显现，是当前经济中的主要问题。所有这些因素，将对沿海地区未来的经济发展产生不同程度的影响。

（三）周边地区临港产业的竞争态势

据统计，中国沿海港口已拥有生产性泊位 4321 个，其中万吨级以上深水泊位 579 个，年吞吐能力达 10 亿多吨，已经基本形成了布局合理、门类齐全、配套设施比较完整、现代化程度较高的港口运输体系。但相邻港口之间产业也存在相互竞争态势。环渤海湾已有大小港口几十个，这些港口的腹地不同程度交叉、重叠，已经形成了各自的功能和特点，且都为腹地经济的发展和对外交流发挥了重要作用；但由于港口腹地相近，各港口之间既相互补充，又相互竞争。

（四）国际临港产业发展的最新动态

从 20 世纪 90 年代开始，世界经济加速从工业经济向新经济阶段过渡。新经济的信息传递高速化、竞争的全球化和科技发展的高新化，对整个社会经济运行产生了巨大的影响。从世界物流流向角度看，区域性贸易增长速度开始高于洲际贸易增长速度，特别是亚太地区的贸易发展最快；从世界物流流量的变化看，世界贸易中制成品的贸易比重增加，初级产品的贸易比重明显下降，这些变化对航运和港口的发展提出了新的要求。同时，港口资本流向国际化，港口跨国经营趋势日益显著，都对临港产业的发展产生了重要影响。

1. 以港口带动工业发展成为推进地区工业化的重要力量

欧洲、日本、韩国等资源短缺的国家实施港口与临港地区一体化的发展战略，在港区内开辟临港产业区，重点引进和布局与港口相关的产业，以港口为依托，发展临港工业、保税区和加工区，形成沿海、沿江产业带，带动城市经济发展，推动地区工业化进程。韩国、新加坡等一些发展中国家，都将发展临港产业作为带动本国实现工业化跨越的突破口。

2. 临港产业的发展以现代物流和多式联运为依托

在新经济条件下，现代港口的服务增值功能愈加明显，而且这些功能在不断以港口为中心向相邻区域和内陆扩展，带动了中转、分拨、仓储等产业的发展，很大程度上影响到港口城市及地区经济的发展。同时重化工业沿海临港布局的形成和良性发展，使得综合生产得以在不同区域完成，从而实现成本的节省和质量的优化。因此，现代港口不仅仅是现代物流的重要节点，还正在成为国际化大生产的重要组成部分。由于大多数重要港口均位于海、陆、空三位一体运输方式的交汇点上，其商品原材料从开采到生产加工、配送营销，直至废物处理可形成一条典型的"物流"供应链，这是一种全新的业务运作、经营模式。这种新模式的应用给港口发展注入了新的生机和活力，并使港口在现代物流中的核心作用越来越明显，使得现代港口成为支持世界经济、国际贸易发展的国际大流通体系的重要组成部分，成为连接全世界生产、交换、分配和消费的中心环节。临港产业的选择，都将其是否与港口现代物流业的发展相适应作为首先考虑的因素。并且由于现代港口物流业的发展，临港产业衍生出一系列临港高新技术产业。

3. 港口与腹地一体化发展成为临港产业布局的重要趋势

港口对腹地经济的发展具有带动作用，同时腹地经济的发展是港口发展的支撑和保障。集装箱运输的迅猛发展，打破了原来相对狭小的港口与腹地进行经济联系的格局，使得世界各地的港口运作越来越处于同一个国际化的网络中。20世纪90年代以来，港口腹地进一步向周边扩大，小港成为大港的腹地，在内陆也出现了为集装箱运输服务的"旱港"，这就使港口与腹地关系所涉及的范围必须从更大的空间结构中去考察。港口功能的扩展使其在国际贸易和地区经济发展中发挥着巨大的作用，同时，港口功能的实现也需要以强大的港口城市功能及港口腹地经济的发展为支持和依托。现代港口已从一般基础产业发展到多元功能产业，从单一向腹地发展到向周边共同腹地扩展，并且向社会经济各系统进行全方位辐射，从城市社区发展到港城经济一体化，从国家的区域经济中心发展到世界区域经济中心，这一系列过程说明港口的战略区位中心作用日益突出。世界上大多数港口城市都十分重视港口的发展，制定了港城相互促进、共同发展的战略，并采取各种措施积极鼓励和扶持港口的发展。

二　港口城市经济发展规划的指导思想

港口城市经济发展规划与一般城市经济发展规划一样，在各个不同的历史阶段和不同的社会制度下有着不同的内容。但不管在任何历史阶段，港口城市经济发展规划都必须坚持为社会主义经济建设服务，必须突出体现市场经济意识。

（一）正确处理港口开发与港口城市的关系

港口的开发对城市经济发展之所以具有魅力，主要是因为港口的多功能性质与城市的多功能性质是互补的，港口能改善城市的投资环境，能为城市的经济添加活力，所以港城之间产生了依存关系。随着港口的开发，必然会吸引大量的国内外企业到这里来设厂办企业，必然促进城市外向型经济的发展，港口城市凭借其优越的地理位置，使其在开辟海外市场方面可以捷足先登。

我国沿海现已有主要港口30多个，其中绝大多数都有城市依托，14个沿海开放城市和5个特区都有港口，其吞吐量已占全国海港的90%以上。这些开放城市得益于港口，使经济发展步伐加快。目前我国沿海依托开放港口城市，已经初步形成了沿海经济发展带，外向型经济在这里崛起，以港兴城，城港共荣，正为我国小康社会的建设贡献出更大力量。

（二）正确处理港口生产作业与居民生活的关系

港口城市经济发展规划首先要树立为居民服务的指导思想，促进港口城市的发展与繁荣，使居民安居乐业，并使他们的物质生活水平和精神生活水平得以不断提高。居民生活水平的提高程度和港口城市建设的速度，取决于国民经济的发展水平。港口城市经济发展规划既不能只强调生产发展，不顾居民生活，也不能脱离生产发展，只强调居民生活，去追求建设高标准的生活福利设施。必须坚持从实际出发，两者兼顾。根据可能提供的建设资金，着重解决当前港口城市生产建设和居民生活中迫切需要解决的问题。

（三）正确处理经济快速发展与文化社会发展的关系

港口城市作为一个有机综合体，各组成体系互相依存、互相制约，在系统内和体系间都要求紧密配合、互相协调。港口城市规划的结构布局要紧凑而富有弹性，要处理好生产与生活的关系，促进经济、社会、文化同步发展，为提高居民文化水平和劳动技能创造条件，并应考虑到港口城市发展的多样化和多变性的特点。

（四）正确处理经济快速发展与合理规划用地的关系

我国是世界上人口较多，人均土地较少的国家之一。随着我国工业化进程的加快，城市发展与农业生产争地的矛盾会日益突出。过去港口城市由于缺乏合理规划和科学的用地管理，滥占耕地和浪费土地的现象比较严重。因此，在港口城市规划与建设中，要特别注意合理利用每一寸土地，节约每一寸土地，充分发挥用地的综合效益。

三 港口城市经济发展规划的主要内容

港口城市经济发展规划必须突出港口的地位和作用，以港口为主轴来规划城市的总体布局与经济结构，以充分发挥港口城市的总体优势。我国港口城市的战略发展目标是，将港口城市建设成为开放型、多功能、产业结构合理、科学技术先进、信息灵通、交通四通八达和具有高度文明的社会主义现代化城市。

规划方案需要重点研究的内容有：
（1）主导产业的选择及其与沿海地区其他产业的协调发展问题；
（2）重点项目的规划及实施方案；
（3）与临港产业发展相配套的港口发展问题；
（4）区域产业转移及协调发展问题；
（5）临港产业与港城之间的协调发展问题；
（6）临港产业发展的配套措施条件；

（7）环境保护和可持续发展问题。

为此，对老的港口城市要在产业结构、生产布局和城镇体系等方面做好调整，使之更好发挥港口城市的运输、工业、贸易、旅游等优势。对新建的港口城市应从一开始就做好合理布局的研究和规划，避免造成先建设后规划，或边建设边规划的被动局面。应该合理预测到 3~10 年后的港口城市发展前景，科学合理地做好港口城市规划。

四 编制港口城市经济发展规划应注意的问题

（一）应坚持港口和城市实行统一规划

过去由于管理体制方面的原因，港口规划与城市规划分头编制，分头报批，实践证明这样做利少弊多。应在规划体制上尽早进行调整，使港口与城市规划归口，统一编制，统一审批。只有这样才能避免脱节现象，提高规划的编制质量和维护规划的严肃性。建议港口城市应设立港城规划委员会，吸收港口当局参加，负责编制 3 年以上的长远规划，并且每 5 年修订一次。港口规划部分应先于城市规划的编制，由港口当局负责组织，而后再纳入城市总体规划中去。要认真理顺城市各部门在港口城市规划中的关系和职权。还应尽快制定和公布港口法，以便依法规划，依法治城和治港。

（二）要重视城市交通通道的规划建设

港口城市和一般城市的不同点是港口城市的交通量特别大，除了城市自身产生的客货交通量外，还有大量过境的客货交通量。港口是水陆交通的枢纽，港口每接纳一条 5 万吨货轮，就需要 20 多列火车或上万辆汽车参加集疏运，从而对城市带来巨大的交通压力。因此，必须根据港口和城市经济的发展，对城市内外交通通道作出相应的规划，并进行同步建设。新加坡是世界上数一数二的集装箱转口大港，由于他们过去未考虑铁路集疏运的规划，以致没有留有必要的和马来半岛铁路接轨的铁路通道。近年来随着马来半岛经济的发展，其需要开辟泰国、马来西亚至新加坡的铁路小陆桥，可是城市周围已被高架公路和其他建筑挡住，使铁路无法引到码头，因而迫使不少半岛的集装箱改由马来西亚的巴生等港进出口。我们应接受这方面的教训，注意港口后方铁路和公路通道的规划建设，以保证港口城市客货集疏运的畅通。

(三) 坚持港口与工业区、贸易加工区的统一规划

为了充分发挥港口多功能的作用和获取规模经济效益，凡是新建港区，港区后方宜布置工业区或贸易加工区（或保税区）。特别像钢铁、石化、建材、电力等临海工业及自由贸易区（保税区），均应布置在紧邻港口的后方，以使其原料及产品容易进出。法国的马赛、勒阿佛尔、敦刻尔克及日本的神户等港，当地政府都采取了建港与建工业区统一规划，同时并举的方针，从而使港口城市的经济获得迅速发展。这里需要指出的是，在规划工业港区时，对工厂专用码头应进行适当控制。现在有些地方在毗邻港口公用码头的地方大兴单位专用货运码头建设，这不仅占用了许多宝贵的岸线资源，而且使码头的社会经济效益降低。本来有些货物能经由公用码头通过的，被人为改到单位专用码头上装卸，一方面公用码头吃不饱，一方面专用码头利用率不高，大家都形不成规模经济效益。因此，建议对单位专用码头的规划建设加强宏观控制，凡能通过公用码头装卸的货物，就不要在相近地点批准再建单位专用码头。

(四) 港口城市的布局应向组团方向发展

现代化港口，随着码头吨级的扩大，运量的大幅度增加，新建港区将越来越远离市中心，逐渐向郊外或海（河）口下游发展。因此，港口城市必然要随着港口的发展，以新港区为核心建设新的市区，形成港区和市区新的组合。需要注意的问题是，今后在组团式港口城市规划中，应坚持将城市公用设施、学校、住宅、医院等纳入城市的统一规划、统一建设和统一管理的格局中，不再沿着企业办社会，大而全、小而全的道路走下去，不再由企业自办生活福利。这样不但有利于国土资源的综合开发和利用，也能使企业摆脱办社会的重负，集中力量办好企业，同时也有利于城市风格的形成和环境的美化。

(五) 考虑产业结构调整对港口的要求

产业结构的调整要求建设足够的物流和客流集散设施。产业结构调整的一个重要方面是第三产业在国民生产总值中所占的比重进一步提高。第三产业的发展，内外贸易、物资供销和仓储业扩大形成的货物吞吐量和中转量的大量增加，需要港口有足够的集疏运能力；旅游业和文化教育事业的兴旺，将带来客流量增加，要求港口有足够的客流集散设施。

（六）考虑城市布局及环境对港口城市的要求

对环境质量要求的提高，对港口城市规划的要求也要相应提高，城市规划对环境保护和园林绿化、革命遗址、历史古迹保护等都有原则要求，涉及港口的部分，应在江海岸线利用规划和老港区改造规划，以及新港区建设规划中做出相应安排。

第四节 案例分析

在全球经济一体化的浪潮中，寻求比较优势发展特色经济是推动区域经济发展的关键。而临港产业以其优越的地理环境与运输成本优势，成为工业制造业、食品加工业以及运输量特别巨大的企业特别青睐的重要投资领域，从而形成临港工业、现代物流业、现代农业和旅游业等产业协调发展，并对周边地区经济发展产生连锁带动作用的经济发展格局。临港产业的发展成为推动区域经济发展的强大动力。无论是国际知名大港，还是国内港口城市，在崛起和发展过程中，都是将优先发展临港产业作为整个城市经济发展的"催化剂"。因此，临港产业的发展历来受到沿海地区的高度重视。

一 案例背景

某省是我国北方地区经济大省，市场腹地辽阔，兼有港口资源优势，因此在区域经济布局中占有特别重要的地位。经过30多年的改革发展，目前该省已进入社会经济体系发生深刻变革的关键时期。城市化进程和区域经济国际化进程的加快，对该省的经济发展战略选择产生了重大而深远的影响，也对该省沿海港口在内的中国港口发展及港口腹地产业结构的调整带来新的机遇和挑战。

在这种背景下，认清该省沿海区域发展的未来走向，客观把握该地区今后发展的总体格局，处理好与周边地区区域经济合作关系，对于制定该省沿海地区临港产业发展战略规划具有重要的现实意义。

二 规划编制的基本思路

该省沿海地区临港产业发展战略规划的制定，充分考虑了现代发展观和新的规划理念。其具体内涵包括：①要实现由"资源依托型"发展思路向"市场导向型"发展思路的转变；②由"掠夺性开发"向"保护性开发、可持续发展"转变；③由"规模扩张型发展目标"向"结构优化、质量与效益提高型发展目标"转变；④由培育"地区比较优势"向着重培育"地区竞争优势"转变；⑤由"自成体系、结构趋同的封闭型发展模式"向"合理分工协作、优势互补的开放型发展模式"转变；⑥由"国家推动型外生发展机制"向"自成长型内生发展机制"转变。

三 该省临港产业的发展现状与问题

该省是全国粮棉油的集中产区之一，耕地面积648.5万公顷，是中国北方重要的水产品基地，海岸带总面积100万公顷，海洋生物资源200多种；该省是全国矿产资源大省，已发现各类矿产116种，其中探明储量的矿产74种，储量居全国省份前10位的有45种；该省是中国旅游资源大省，省级以上文物保护单位670处，居全国第一位。

（一）该省临港地区产业发展现状

该省位于首都北京连接全国各地的交通枢纽地带，已初步形成陆、海、空综合交通运输网。省内有11条国家干线公路，并有3大港口，年吞吐量1.36亿吨。

该省临港地区包括三个地级市。从地理位置上看，三市同属于环渤海的沿海地区。临港地区的国民经济仍然过多地倚重农业，工业化进程缓慢，经济发展水平已经明显落后于全国其他沿海地区。但另一方面也预示着该省临港地区的经济发展蕴涵着巨大潜力。

一般而言，一个地区劳动力的就业结构与产业结构有着密切关联。该省临港三市的劳动力就业结构也反映了这种关联性。该省临港地区的劳动力就业主要集中在传统的第一产业，这与全国和该省的情况极为相似，表明该省临港地区的经济具有明显的二元经济特征。

1. 临港农业

从大农业内部的产业结构来看，临港三市都是以种植业为主，种植业产值占农业总产值的比重都在50%以上。从总体上看，临港三市的农业依然过分地依赖种植业，林业的发展明显落后于全国，畜牧业明显落后于全省，渔业的发展与其沿海的地理优势也不相称。当然，临港三市目前农业内部的产业结构,与当地的自然条件有关。

2. 临港钢铁业

该省是钢铁工业大省,2001年钢产量居全国第二位,生铁和成品钢材产量均居全国首位。近3年,由于钢材市场需求旺盛,地方钢铁企业急剧发展,目前钢铁产能达1000万吨,占该地区总产能的三分之二。其中8家50万吨~200万吨级企业的生产能力占地方企业能力的80%,是地方企业的骨干力量。这批企业在技术装备、产品质量和生产管理方面都有较大提高,经济效益比较好。

3. 石化产业

该省化工工业发展历史悠久,化工工业产值在全国位居前列。2001年该省石油和化工工业产值(当年价)515.336亿元,占全国石油和化工工业产值(当年价)的3.72%,位居全国第9位,该省已形成炼油、石化、化肥、制药、合成材料和精细化工在内的完整生产体系。2001年该省原油产量513.2万吨、原油加工量628.4万吨、烧碱产量36.27万吨、化肥产量181.11万吨(折纯)、合成氨产量183.11万吨、农药产量5.85万吨、聚氯乙烯产量为33.37万吨,其中聚氯乙烯产量位居全国第3位,仅次于上海、天津。

4. 建材工业

该省是建材生产大省,水泥、平板玻璃、建筑卫生陶瓷等大宗建材在全国占有重要地位,部分企业起步早,生产技术和装备水平较高,有一定的技术和产品开发能力,产品质量较好,在全国享有比较高的声誉。

5. 旅游产业

该省临港地区自然条件优越,旅游资源丰富。

(二)该省临港地区存在的主要问题

全面评估该省临港产业的发展现状,可以发现存在的主要问题如下。

1. 农业所占比例较高且结构不合理

2000年该省进出口总值、人均GDP在东部沿海省市中仅列第10位,第三产业的比重在东部沿海省市中排在最后一位,但第一产业比重明显高于全国平均水平。其中,农业产业结构不合理主要体现在:在整个大农业的结构中,临港地区的种植业比例都高于50%,林、畜牧、渔业之和的比例还不到50%,表明农业产业相对单一。在种植业的结构中,以粮食作物为主,蔬菜、瓜果以及为畜牧业服务的饲草、饲料的种植比例相对太低,几乎相当处于美国加利福尼亚州100多年前单一小麦的经济阶段。

2. 劳动力密集型产业占主导地位

目前，该省沿海地区占主导地位的产业仍然是劳动力密集型产业，这些产业参与国际竞争，不是靠自己研发的核心技术，而是建立在廉价劳动力和政策优惠基础上的低成本，一些高科技产业也多停留在劳动力密集型的加工装配环节。

3. 主要产业的行业集中度较低

2000年，该省工业行业专业化指数为27.2，居全国第11位；前5位行业增加值占工业的比重为46.9%，居全国第8位，比1990年后移3位。

4. 高新技术产业明显落后

钢铁工业受规模限制，技术装备水平明显偏低，地方企业的冶炼设备容量较小。而那些市场需求弹性大、科技含量和附加值高的家用电冰箱、家用洗衣机、彩色电视机、轿车、微型电子计算机、集成电路等行业，均属于空白产品，使得其产业竞争力明显处于劣势。

5. 产业结构调整乏力

与先进省份比较，该省产业结构调整的主动性和转换能力相对较弱，产业综合素质处于相对劣势。同时，行业结构调整的趋势与全国不一致。该省具有比较优势且对工业经济增长有推动作用的行业，主要集中在资源建材类，行业层次不高；而全国同类行业总体呈现收缩趋势。

四 该省临港产业发展总体构想

（一）通过临港产业发展，积极推动工业化进程

实现工业化，探索一条在本地区行之有效的新型工业化道路，是该省临港产业发展战略研究的重要目的之一。在积极参与经济全球化、信息化和生态化的同时，大力推进区域工业化进程，提高工业化水平，仍将是该省临港地区社会经济未来发展目标中的一个长久和核心任务。推动工业化进程应是该地区发展建设的核心目标。

该省沿海地区临港产业必须高起点、高水平，才能适应经济全球化、信息化和生态化发展趋势的客观要求。因此，必须采取高起点、高水平的产业竞争战略，建立有别于沿海其他地区已有的产业结构，才能保持该省临港产业独特的竞争特色，确立其区域竞争地位。

（二） 强调因时制宜、适时调整，明确战略定位

该省要根据宏观发展环境及发展条件的变化，及时调整发展对策，因时制宜、动态规划，抓住每一个发展机遇，从实际出发，量力而行；同时，积极创造条件，开拓发展。根据区域资源条件、经济基础，以及国内外产业发展环境与市场条件，对该省沿海地区进行正确战略定位。

作为该省沿海地区加快区域经济发展和现代化进程的重要载体，该省临港产业的发展应紧紧抓住新一轮世界经济结构调整与重组的良好机遇，抓住中国加入WTO和东北亚经济合作与发展的有利趋势，瞄准环渤海地区产业结构的调整与转移，充分利用沿海临港地区的区位与资源优势，努力创造条件，参与区域分工。通过引进外部资金、技术、人才与管理经验，将该省沿海地区建设成为具有明显产业特色、高起点、高效率、生态化、现代化的临港产业区，使该省沿海地区临港产业成为该省加快实现新型工业化进程的重要动力，成为促进沿海地区经济繁荣和带动全省经济发展的重要力量源泉。

（三） 协调港口发展与港口城市关系，以港兴城

"建港兴城，以港兴城，港为城用，港以市兴，港城相长，衰荣共济"，这是世界范围内港口城市发展演变的普遍规律。

目前，航运中心或者主枢纽港的海上腹地几乎可覆盖全球，陆上腹地可远达几千公里。港口的两个扇面形辐射作用可以有效吸引大量的物质资源的集中，形成物流网络的枢纽。随之而来的是人流、资金流和信息流的集中。大量生产要素的聚集以及域外需求的形成，为城市的经济发展注入了强大的动力。

港口城市不仅可以利用运输的优势节省物流成本，而且临港建厂可以减少原材料或产成品的中转次数，从而减少内陆运输成本。从物流的角度看，在港口建立工业不仅能享受港口便利的运输条件来进行产品的配套以及原材料的集疏，还能以港口作为整个工业物流的配送中心，降低整个地区工业的物流成本，提高区域内产品竞争力。

五 该省临港地区主导产业选择

（一） 现代港口物流业

现代港口的功能主要体现在以港口的运输和中转功能为依托，建立强

大的现代物流系统，继而发展仓储、配送、加工改装、包装等产业，带动整个临港产业带的发展。因此，现代物流业是临港产业发展的重要支柱产业之一。

港口物流业是连接港口和临港产业的重要纽带，对港口优势的发挥及临港产业的发展影响巨大。因此，现代物流业是该省沿海地区临港支柱产业中最具战略意义的重点产业。

总体上看，该省沿海地区仍属于经济相对落后、资源相对贫乏的地区，只有采用全球化大生产的生产方式才能充分利用两种资源和两种市场。及早利用优良海港和海湾，建立若干个有强大竞争力的临海产业发展基地，是该省沿海地区实现地区经济跨越式发展战略的重要举措。

（二）临港石化产业

该省石化工业发展应根据该省资源优势、石化工业的产业基础以及结构调整战略，抓住"入世"和国家经济结构战略调整，加快对外开放步伐，积极利用外资，加大招商引资力度，使石油化工产业升级，建设高起点、有特色、规模化、开放型的石化工业园区。

以炼油工业为依托，发展建设石化工业基础原料烯烃为龙头的联合生产企业，并以此向下游衍生，扩展产业链。近期以石油化工和氯碱工业结合为突破口，把聚氯乙烯产业做大做强；改造扩产有一定自主产权的TDI装置，达到具有竞争力的规模。中期利用炼油厂基础，建设乙烯、丙烯等石化原料生产装置，上下游一体化，形成较为完整的石油化工生产体系。长远期，考虑港口建设规模特别是原油码头及原油资源前景，建设世界级的大型炼油—乙烯一体化工程，2015年前后形成区域的世界级石油化工工业园区。

（三）沿海地区冶金产业

该省临港钢铁产业具有的优势：①钢材需求量大。2005年京津冀钢材消费量为3050万吨，2010年预计消费量达到3500万吨。②煤炭、矿石资源丰富。华北地区炼焦煤资源量占全国的60％，炼焦煤产量占全国的45％，焦炭产量占全国的52％，焦炭消费量占全国的39.3％，该省临海地区发展钢铁工业具有得天独厚的燃料条件。③交通便捷。

基本思路：①适应临港腹地钢铁企业发展需要，加快码头建设。②加快大型钢铁企业的发展。③规范引导地方钢铁企业发展。控制总量发展，重点搞好结构调整。④在临海地区新建大型钢铁厂。充分发挥渤海湾海岸线最大天然良港的优势，促进该省乃至环渤海地区经济发展。

（四）沿海石油储备

环渤海地区是我国三大经济圈中正在崛起的地区，石化产业在区域发展中势头强劲。该地区具备建设深水码头和大型原油码头的条件，中国战略石油储备基地建设的起步阶段，可以考虑在环渤海地区的该省沿海地区建立以基地为中心的储运分配系统。

依托该省沿海地区港口、用地以及周边地区市场需求条件，建立石油储备为依托的现代石油物流产业，可以考虑以战略储备和商业储备并重的方式，建立和完善石油物流系统。进一步加快港口综合运输体系建设和相关的基础设施建设，使该省沿海地区内外物流运输畅通和高效，提高该省沿海地区储运能力和竞争能力。同时，建设相应的石油仓储专用码头，布局建设原油仓储区。

（五）临港建材产业

该省是建材生产大省，水泥、平板玻璃、建筑卫生陶瓷等大宗建材产品在全国占有重要地位。部分企业起步早，生产技术和装备水平较高，有一定的技术和产品开发能力，产品质量较好，在全国享有比较高的声誉。

鉴于目前中国建材业生产能力明显过剩、产品档次不高、市场竞争激烈的现状，临港地区应积极适应需求变化，加大结构调整力度，增强技术和产品开发能力，扩大环保型中高档建材产品的比重，这些是在未来竞争中抢占市场先机的关键。充分发挥临港三市现有产业结构、工业基础和分工体系的优势，进一步突出主业，做强做大，向集团化、规模化的方向发展，努力形成各具特色、优势明显、相对集中的产业群，从而带动该省建材工业的快速发展。

（六）沿海地区旅游产业

根据临港地区国民经济和社会发展的总体发展思路，积极利用本地优势，加大化环境保护力度，使旅游产业升级，建设高起点、有特色、国际化、开放型的临港旅游特区。用15年左右的时间，形成若干个旅游景区和景点交相辉映、相互补充的环保—旅游业格局，确立临港旅游业在该省乃至环渤海地区经济中的重要作用。

该省临港旅游业的发展思路应该是，依托港口，美化城市，坚持环保，发展旅游。拒绝庸俗落后的旅游方式，采用国内外先进的技术手段，在充分发挥临港地区自然景观优势的基础上兴建主题公园，着力拓展人文资源旅游，规划建设集避暑、休憩与社会教育功能于一身的临港旅游基地。在整体发展的思路中，临港旅游业一定要注意发挥临港地区的人文优势，珍惜历史传统。

（七）临港现代农业

从大农业内部的产业结构来看，临港三市都是以种植业为主，种植业产值占农业总产值的比重都在50%以上。从总体上看，临港三市的农业依然过分地依赖种植业，林业的发展明显落后于全国，畜牧业明显落后于全省，渔业的发展与其沿海的地理优势也不相称。当然，临港三市目前的农业内部产业结构现状在一定程度上与当地的自然条件有关，但也并不完全取决于客观因素。

借鉴国外农业产业结构调整的经验，根据该省临港地区资源禀赋的实际情况，以及其优越的地理位置和便利的交通运输条件，目前情况下应该优先发展劳动力密集型的园艺、饲料、杂粮、畜牧、农产品加工等产业。临港三市的政府部门应该更多关注农产品加工业的总体规划，加强宏观管理和调控。

（八）高新技术产业

该省临港地区高新技术产业基础薄弱，目前尚不具备全方位、高层次、宽领域集中推动高新技术产业化的基础和条件，也不具备追赶世界高新技术发展制高点的基础和实力。但是，鉴于高新技术产业在现代社会经济发展中的特殊地位和作用，以及中国走新型工业化道路对发展高新技术产业的特殊要求，该省必须将临港地区高新技术产业的发展作为整个地区临港产业发展的战略重点，作为构造临港地区现代产业体系的基础，充分发挥当地特殊的区位优势及资源优势，走出一条有当地特色的高新技术产业发展道路。

第十章 资源型城市经济发展规划

资源型城市为国家的经济建设和社会发展做出了重要贡献。由于矿产资源开发的生命周期性，使得资源型城市都会出现至少是因资源枯竭而带来的城市经济衰退现象。为了避免"矿竭城衰"的现象发生，必须积极推进资源型城市转型，以保证资源型城市经济的可持续发展。

第一节 资源型城市经济发展的特征

资源型城市是由于工业化时期对资源的大规模开发而形成发展起来的城市，它实际上是一定历史阶段的产物，是一个历史范畴。资源开发是城市形成的首要原因，也是资源型城市区别于其他城市的一个标志性特征。

一 资源型城市的定义

(一) 资源的含义

资源的概念比较广泛，包括自然科学、人文科学领域的许多学科都在使用这一名词。对这一概念的理解，直接影响到我们对资源型城市内涵的不同认识，也关系到对资源型城市与矿业城市等其他概念区别的理解。

一般意义上的资源概念都是较狭义的，就是指自然资源，即被人类利用并为人类带来财富的土地、森林、矿产等天然的资源。随着社会发展和技术的进步，人类的作用范围越来越广，在现代意义上，资源不仅包括各种自然资源，而且还包括经济资源、人力资源、智力资源、信息资源、文化资源、旅游资源等许多的社会人文资源。因此，现在我们理解的资源的含义是，资源是指一定时间、地点条件下，能够产生经济价值，能提高人类当前和未来福利的所有自然环境因素和条件。

（二）资源型城市的定义

按照一般的理解，资源型城市中的资源，属于狭义的自然资源范畴，主要有：按照属性的不同可以划分为土地资源、气候资源、草场资源、森林资源、矿产资源、水资源、动物资源等类型。

资源型城市的定义可以表述为：因当地资源的开发而兴起，并在一段时期内主要依靠资源型产业支持整个城市经济发展的一种特殊城市类型。这里的资源主要指森林和矿产资源，资源型产业则主要指上述资源的采掘业及其配套辅助产业。

二 世界资源型城市发展的普遍规律

（一）资源依赖性

资源型城市一般是在以矿产资源为主的采掘业的基础上发展起来的，因而其经济发展具有依赖自然资源的明显特征，城市中的其他产业也都依附和服务于资源产业。到开采后期，如果不实施转型，则会"矿竭城衰"。

（二）城市发展的阶段性

从资源型城市的形成和发展进程来看，资源型城市表现出比较鲜明的阶段性特征，即经历勘探开发、建设、兴盛、停滞直至衰落的过程，这是与产业发展的生命周期相适应的。美国地质学家胡贝特将一般矿业城市生命周期分成四个阶段：第一阶段——预备期，资源开发前准备阶段；第二阶段——成长期，从全面投产到达到设计规模阶段；第三阶段——成熟期，生产达到设计规模阶段后继续发展，利用主导产业的前向后向和旁侧联系发展相关联的产业，矿产综合区域发展程度逐步提高，规模逐步扩大；第四阶段——转型期，以矿业为主体的产业地位下降，如果有新的产业兴起，矿产区域的性质功能转变，一般演变为综合性工商业中心城市。如果没有新的产业兴起，城市开始衰退、消失。

（三）经济结构趋同性

绝大部分资源型城市都片面地强调自己的资源优势，并以开采、出售资源作为加快地区经济发展的主要动力，由此导致产业结构单一；资源型企业生产的产品一般为某一种矿物产品，因而表现为产品单一；由于低档产品的趋同，形成低水平、低附加值、低技术含量的重复建设和降低质量、压低价格的恶性竞争。

（四）对自然环境的破坏性

城市的生存和发展过度依赖对自然资源的开采，而对自然资源的过度开采，又加速了自然资源的枯竭，破坏了生态环境。把握资源型城市发生、发展、变化的特点与近阶段新的特征，对于正确制定转型规划和政策，实现资源型城市产业结构调整和优化目标，尽快建成新型工业城市至关重要。

三 中国资源型城市经济发展的特征与规律

资源型城市是工业化的产物，机器大工业生产对森林、矿产资源的强烈需求和开发能力是这类城市兴起的根本原因，中国资源型城市的形成也不例外。中国对资源的开发、加工和利用有着悠久的历史，但是中国资源型城市的快速发展应该是在新中国成立以后。

新中国成立初期，国家首先恢复和巩固了一些重要的工矿基地，为尽快提高工业化水平，国家选择了重工业优先发展和低消费、高积累的赶超型工业化战略。特别是在"大跃进"背景下，国家进一步增强了对资源工业的投入，不仅使我国资源型城市得到了空前发展，而且在地域空间布局上更加分散化。这一时期先后出现了玉门、大庆、克拉玛依、茂名等石油资源型城市。20世纪90年代以来许多新的能源、原材料基地则投入建设，如霍林河、伊敏河、元宝山、准格儿、神府东胜、平朔安家岭等煤矿，以及塔里木大型油气田开发等。1996年之后，中国的行政区划调整力度减缓，城市数量的变动趋于稳定，资源型城市的发展也随之趋缓，1997～2004年间仅增加了5个资源型城市，东方、禹州、呼伦贝尔、丽江、乌兰察布。

从资源型城市形成的历史进程来看，我国资源型城市的发展呈现出以下特征与规律：

（一）不同时期发展速度不同

对我国资源型城市进行统计，并结合资源型城市发展历史进程作适当调整，可知中国资源型城市的数量总体上是在逐渐增加，但呈现出发展速度快慢交替的阶段性特征：即从新中国成立初期到1960年和改革开放以后到1996年为我国资源型城市的快速发展期，而1961年到改革开放以前及1996年至今则发展相对平缓。

（二）能源类资源型城市占主导地位

研究我国各个历史阶段的资源型城市情况可知，能源、原材料类资源型城市一直占主导地位，其中尤以煤炭类资源型城市最为突出。这是由于我国煤炭资源丰富、长期以煤为主要能源所致。值得指出的是，自1996年以来，我国城市发展由数量型增长转向城市结构、功能的调整和整合。由于国家资源利用战略和资源开发机制的转变，虽然新的资源开发活动还在持续进行，但是纯粹以资源开发作为主导产业的资源型城市难以形成。

（三）呈现"中部集中、东西摆动"的空间演化格局

从各个发展时段的资源型城市分布来看，中国资源型城市的空间格局演变总体上呈现出"中部集中，东西摆动"的特征。新中国成立后，战前遗留下来的资源型城市得以恢复，这些城市主要分布在辽宁、山西和河南等资源丰富的中东部地区。20世纪80年代改革开放之后，中国经济重心转向沿海地区，致使其对能源、原材料和与人们生活密切相关的农副产品、休闲娱乐产品的需求猛增，从而带动了东中部地区的资源开发和资源型城市重心的东移。90年代中期，伴随西部大开发战略的提出和实施，西部资源的开发又得以被充分重视，截至2004年底，东、中西部资源型城市分别达41和42座，全国资源型城市呈现出中部集中、东西部均衡的发展格局。

（四）资源枯竭型城市的持续发展将成为今后关注的焦点

资源特别是不可再生资源的储量是有限的，随着不断开发利用而减少，直到最终枯竭，这也就决定了资源型城市的发展有一个产生、发展、成熟和衰退的生命周期。我国许多矿产类资源型城市的资源经过新中国成立后几十年的高强度开发，已经或即将面临枯竭，致使资源型城市陷入发展困境。所以，如何使这些资源型城市尽快转型，得以持续发展，将成为政府和社会关注的焦点和亟待解决的问题。

第二节　资源型城市经济发展的制约因素

在我国工业化历程中，资源型城市都曾经发挥过重要的作用。随着中国经济发展规模的逐步扩大，对能源和原材料的需求也必然随之增长，资源型城市在中国城市体系和经济发展中仍将占有重要的地位。但是，伴随着外部发展环境和发展机制的改变，资源型城市的人口吸引能力也发生了

明显的分异。在新的环境和机制下，一部分发展问题多、区位比较差、缺乏资本、技术、人才吸引能力的资源型城市的经济增长出现了明显回落的趋势，其持续发展能力堪忧。总体上，资源型城市存在着一些亟待解决的问题。

一　部分城市资源面临耗竭，主导产业出现衰退现象

自然资源具有不可再生性，因此它不可能是资源型城市经济永续发展的物质基础。随着资源开发的年限延伸，资源衰竭的问题已经越来越严重，开发成本越来越高，企业收益递减。依托于资源开发而兴起的资源型城市，如果不能及时培育起接替产业，必然会导致城市经济的急剧衰退，引发严重的社会问题。

部分资源型城市，没有认识到其特殊的经济特点和经济运行规律，没有及时考虑产业调整的问题，随着资源的枯竭，经济体制的改革以及国内外市场的竞争，原来的主导产业出现明显的衰退，而新的主导产业由于各方面条件的制约又难以在短期内建立起来，从而造成经济萎缩、失业严重等一系列问题。

二　企业规模相差悬殊，企业间条块分割严重

国家对资源型城市进行大规模的投资组建了众多的国有大中型企业，这种大规模的投资是资源型城市崛起的真正原因。国有企业的特殊身份，阻碍了城市的经济发展，使得资源型城市的资本积累、经济积累更加漫长，自我造血功能——经济培养能力、恢复能力差。城市的其他产业、基础设施、市政工程又得不到很好发展，无法完成对经济的组织和服务功能。

中央企业与地方企业条块分割，造成中央企业与地方企业配套与生产联合协作不够，潜在的生产优势没有得到很好的发挥。地方经济发展需要的中小企业、乡镇企业无法与中央直属企业实现对接与协调，由此带来的直接后果必然是伴随资源萎缩，工业资源比较优势丧失，城市经济发展的脆弱性越来越明显。

三　服务业发展缓慢，不能适应市场经济要求

无论是调整产业结构还是提高经济效益，促进第一、二产业的发展，

第三产业所起的作用是不可替代的。但在资源型城市中，第三产业发展明显不足。一是金融、社会保障服务业不适应调整产业结构的客观要求，二是城市服务体系完全依托大型企业，不能形成独立运作的现代化服务体系。

调整产业结构需建立较为完善的金融市场，如果没有发达的金融市场，就不可能顺利地实现资金的自由流动，调整、优化产业结构就会困难重重。在大多数资源型城市中，金融市场大都发展缓慢，处于培育阶段，资金还不能实现自由流动，资金总量远远不能满足产业发展的需要，资金短缺的矛盾仍然很突出。

四　环境污染日趋严重，生态环境恶化加速

资源开发是一把"双刃剑"。资源开发为国家工业化进程提供了矿物原料，同时也促进了城市自身的经济发展、社会进步，但也造成了一系列环境灾害，给生产建设和人民生活带来了极大的危害。

在资源型城市的重点污染源中，工业废气排放量最大的行业是电力和冶金工业；地面塌陷是煤炭城市普遍面临的又一环境破坏现象。塌陷使地面水和地下水径流改变，土地盐渍化和沙化，生态环境严重恶化。

五　城市空间结构松散，城市功能不够健全

由于受到自然条件、资源的空间分布及其开发导向等影响，资源型城市在空间结构形态上大都表现出明显的松散性特征。大部分城市都是"缘矿建厂、缘厂建镇、连镇成市"，城市随着资源开发的地域扩展，往往呈现出"点多、线长、面广"的松散形态，城市因此而分成若干大小不同的、不连续的散在单元。空间结构的松散带来的是高成本和低效率。

由于在资源大规模集中开发时期，政府的注意力主要集中于大型企业的建设与发展进度，导致城市功能畸形发展，依托国有大型企业的产业链发展迅速，而其他城市功能明显被忽略。

另外，从宏观角度看，中国的资源赋存总体上量虽多但品位差，而且多数资源分布在偏远地区，开发成本高。今后随着经济发展，国外资源产品的输入将不可避免。这种趋势对于目前以资源产业和资源产品为主的城市来讲，无疑是一个巨大的挑战。

资源型城市的发展是多种因素综合作用的结果。其中资源禀赋是基础，

社会经济发展对资源的需求是根本，国家宏观政策、经济体制的调整与改变也会对资源型城市的形成与发展产生深刻的影响。我国资源型城市发展同样也受到上述因素的影响。

第三节 资源型城市经济发展规划的内容

由于不同资源型城市所属发展阶段不同，因此其城市经济发展规划也存在着较大的差异。资源开发初期的城市，其城市规划的重点应该在城市的总体建设规划、产业重点、交通运输、城市功能建设等方面；资源开发中期的城市，规划重点应该围绕本地中小企业发展、社会化服务体系建设、第三产业发展等方面；而资源开发进入后期的资源型城市，其面临的最大压力是城市将来经济发展的走向，城市的重新定位，这些城市发展所面临的压力是前所未有的，其经济与社会发展规划的重点应该围绕城市的转型来展开。本章所讲的规划内容，更加注重第三种城市，即资源型城市转型的城市经济发展规划。

一 资源型城市经济规划的原则

制定资源型城市经济结构转型期城市规划，首先要坚持科学发展观，城市规划要体现以人为本的思想。以人为本是科学发展观的核心，资源型城市转型期城市规划应突出以人为本的规划理念，构建城市可持续发展模式，加速城市人居环境的建设，使市民对城市产生认同感和归属感，努力创造良好的生活、居住、工作、学习和休闲环境。尽可能地提高城市的宜居性和方便舒适程度。但经济转型和经济规划不是盲目的、无方向性的，而是应该有其自身所要遵守的原则。

（一）市场导向原则

市场的力量是巨大的，经济规律是不可抗拒的。随着工业自动化、科学现代化，以及围绕以提高人民生活水平为目的的生产资料、消费资料的更大需求，一些新兴产业、新兴产品将会不断涌现，而市场导向也蕴涵着产业趋势和产品趋势。因此，应以满足新形势下不断发展的国内、国际两个市场需求为准绳，从市场需求变化中寻求新的经济增长点，充分发挥市场机制在优化资源和结构调整中的基础作用，大力促进生产要素的合理流动和重组，运用市场的力量推动城市转型。

（二）政府引导原则

在资源型城市转型过程中，政府扮演着不可替代的角色，具有不可推卸的责任。特别是我国执政党和人民政府代表着先进的生产力、先进的文化和广大人民群众的根本利益，更负有引导社会经济发展导向、调控、服务等职能。因此要充分利用市场机制的作用，转变政府职能，制定城市发展规划和经济转型的配套政策，在产业转型规划中选择适宜的转型模式，培育新兴替代产业，营造优良的企业发展环境，提高资产的经营效率、企业的经济效益，调动企业的积极性，推进资源型城市的产业转型。

（三）因地制宜原则

坚持实事求是，一切从实际出发，充分考虑本地经济发展的各种要素条件，把需要和困难、自身条件与外部支持统筹考虑，选择转型的路径和目标。国内外资源型城市转型的经验告诉我们，城市的资源禀赋、交通区位、人文历史等对经济的发展有着重要的影响，是不可逾越的要素条件，虽然有些条件可以创造，但有些天赋的条件却是不可改变的。选择转型模式，必须从本地实际情况出发，那种不顾现实需要和可能、急功近利、好高骛远的模式是没有生命力的，甚至可能把转型引入误区。

（四）比较优势原则

资源型城市在其发展过程中，都有其各自的特点和优势。因而，应综合考虑本地区的资源状况、地理区位及在宏观经济环境中本地区的比较优势和存在的劣势，运用比较成本理论，认真对比权衡，找准自己的定位，充分发挥地区优势，借势用力，并将其转化成发展的动力，既发挥传统产业的基础优势，促进产业升级，提高市场竞争能力，又要合理选择和发展新兴产业和接续产业，全面增强可持续发展能力。同时，积极争取国家的产业、金融、财税、外资等政策支持。

（五）环境保护原则

环境是人们赖以生存的基本条件，是城市和企业发展的必要基础。资源型城市在转型中必须重视经济发展与环境保护的关系。环境保护是全面的，不仅应保护自然资源，合理开发，综合利用，而且还应保护人文资源，充分利用其在经济社会文化事业上的重要作用和影响。总之，要做负责任的现代人，在保护环境、利及子孙和他人的前提下，获得自身的合理发展。

合理、科学地利用有限的自然资源和人文资源，会促进社会经济的发展，反之，经济社会发展就会受到制约。

二 资源型城市经济发展规划的内容

资源型城市是随资源的开发而兴起的，这些城市由于其兴起的条件和背景不同，城市规划建设带有其鲜明的个性，但又很难体现其个性，"点多、线长、面广"往往是资源型城市建设存在的共性问题，从而造成缺少现代化城市应有的聚集效应，难以形成城市精神生活氛围，同时也给市政设施建设与合理利用带来诸多问题。所以，现有资源型城市普遍需要调整城市规划或进行新的城市发展规划。规划内容主要包括以下几方面：

（一）建立资源开发的新机制

长期以来，中国对于森林、矿产等基础资源一直实行国有垄断、国有开发的政策，并人为地压低资源产品的价格，以支持制造工业的发展，这样做的客观结果是使大量宝贵的资源被轻易地浪费，资源环境迅速恶化，并且以牺牲资源区的利益为代价。这种资源利用的机制建立在一个特殊的时代，在目前日益国际化和强调可持续发展的背景下，已经明显不合时宜。资源的垄断开发客观上剥夺了资源型城市对地区资源的开发权利和利用资源发展的可能；资源企业的单一国有又使资源型城市长期处在传统经济体制的束缚之下，缺乏具有竞争力的市场主体；而资源产品的低价格又造成了资源型城市普遍经济效益低下，资源浪费、环境污染严重，并受到发达地区的双重利益剥削。从宏观上看，这种不合理的资源开发利用机制，是造成资源型城市发展落后的一个重要原因。而转变这种发展模式的关键，我们认为主要在于以下两点。

1. 实行资源的属地管理和有偿使用

在市场经济的条件下，区域竞争应该建立在相互平等的关系基础上，对资源的垄断和无偿使用，显然是一种无视资源区利益的行为，它使资源型城市处于一个非常不平等的竞争地位。在保持资源国家所有权不变的前提下，国家可以通过修改税收管理制度来体现对资源区的利益补偿。其核心在于改变目前的现行收费办法，将资源区地租、资源耗竭补偿和环境损害补偿纳入资源税收管理体系，由城市政府征收并返还到地区资源和环境的补偿建设中，从而使资源区的资源和环境利益得到体现。

从可持续发展的角度出发，对资源区的资源和环境最终应当采取资产化管理的方法。依据资产的价值化理论，建立资源型资产的价值体系，实行资源许可制度，规定允许的最大开发量，按照资源经济规律进行投入产出管理，征收资源使用税，并形成以资源型资产产权管理和经营为中心的新的资源开发机制。资源开发产权可以进行市场招标、拍卖，可以实行目前城市土地经营的一些做法，这样可以使资源的价值得到充分体现，同时也可以大大改善资源型城市"守着金碗要饭吃"的不利局面。

2. 实施开放式的资源开发战略

中国对于资源的垄断开发和封闭管理，是造成资源开发低效和资源开发企业弱质的重要原因。随着国家经济体制的逐步转轨，这方面的政策也应该逐步有所变化。

首先，在一些中国目前已经不具优势的资源种类上，应当积极地利用国外资源，避免国内企业高成本、低产出的不合理开发行为。比如铁矿资源在澳大利亚、巴西、俄罗斯、印度等国非常丰富，而中国的铁矿不仅储量有限而且品位低，勉强开发的结果只能是导致资源开发企业的低效、弱质和日益亏损严重。

另外，对于国内资源的开发，应当允许多种所有制企业竞争，特别是允许外资和跨国集团加入国内资源开发的行列。这样，对于资源型城市而言，资源就可以成为吸引外部资本的一个重要条件，使区内企业的素质得到提高，带动城市经济的增长。

（二）大力发展资源替代产业，做出替代产业的发展规划

我国资源型企业大都是所在城市的经济支柱，煤炭工业作为我国的基础产业，虽然在未来相当长一段时间内仍然是我国的主要能源，但对于资源枯竭型的煤炭企业，改变单一的产业结构，积极发展替代产业，这是实现企业可持续发展的根本出路。资源型城市应该有紧迫感，放眼于资源枯竭之时，未雨绸缪，及早做出科学的规划，调整产业结构，发展相关产业，壮大经济实力，实现城市的可持续发展。

（三）做好城镇体系规划，实现城乡一体化发展

城镇体系是一个有序的地域性城镇网络结构，将地域内相关的城市、城镇及乡村作为一个整体进行全面系统的规划，使其具有合理的产业结构与布局，共同的贸易市场和资源，完善的基础设施与环境，并有完整的体系组织与良好的分工协作。城镇体系体现城乡交融、互为一体、同步发展的新格局，有利于地域经济的组织与发展，并可促进地域城乡一体化和城市化进程。资源型城市也要按照城乡一体化的趋势，进行城镇体系规划。

1. 完善城市功能，充分发挥中心城市的辐射作用

资源型城市作为该地域城镇体系的中心，能够通过对内吸引、对外辐射的效能带动农村地区的发展，促进乡村城市化。它具有五大功能，即生产中心、交通中心、对外贸易中心、金融中心和科技信息中心。这五大功能犹如五股巨大的磁力，促使人流、物流、资金流、信息流在城市和乡村之间频频流动，给乡村注入经济活力。因此要加大资源型城市自身的建设力度，完善"五大功能"，推动资源型城市的产业、技术向周边小城镇辐射、转移和扩散，加快城市转型，提高城市、城镇及乡村的整体素质。

2. 抓好小城镇规划

小城镇建设首先要制定一个好的发展规划，一个是本地的规划，一个是城市的合理布局。把城市和小城镇综合考虑形成合理的城镇网络结构，要按照撤并自然屯、建设中心村、发展小城镇的方针，依据市域经济结构调整的长远要求，对小城镇规划重新进行战略性系统性调整。科学确定建制镇、乡集镇和中心村的合理布局、人口规模、产业结构、发展战略及重要基础设施建设规划，加速形成多层次、多功能的市域城镇体系。坚持可持续发展战略，注意保护资源和生态环境，加强环境污染的治理，努力改善小城镇环境，特别是要把合理用地、节约用地、保护耕地置于规划的首位。同时，小城镇本身规划还应体现民族特色、建筑风格、地方象征和时代特征。既要量力而行，又要避免低水平盲目建设。

加快小城镇基础设施建设，完善小城镇功能，带动经济发展。要千方百计加快小城镇基础设施建设，力争在较短的时间内，在市域范围内形成功能完善、设施齐全、道路交通和信息网络便捷畅通、生态环境优良、经济实力强、区位优势突出的小城镇群落，开辟经济结构调整和农业产业化发展的"第二战场"，从总体上加快市域的城市化进程。

资源型城市调整城市规划，实施旧城改造、新城布局、环保搬迁等，目的就是形成规模结构适宜、空间布局合理、分工联系密切、大中小城市和小城镇协调发展的城镇体系结构和人、城、自然协调共处的美好家园。

(四) 做好资源型城镇布局规划，优化城市空间布局

资源型城市空间布局应按照"有机分散、紧凑集中、分区平衡、多中心、多组团"的城市空间布局形态，加快其他周边组团的建设，为城市用地拓展新的发展空间。依据"退二进三"的城市用地发展战略，加快城市用地结构调整步伐，将城市中心地带非资源开发的污染性工业企业和不适合在城市中心区发展的仓储、货运、市政等设施外迁，将其用地调整为居住或公共服务设施等用地，为第三产业发展提供承载空间，进一步优化城市建设用地空间布局，完善城市综合服务功能，促进资源型城市转型。

资源型城市的布局要注意六个方面的问题：充分利用和扩建原有城镇；工业企业成组布局；建立联合工人镇；建设工农新村；避免城市压矿；加强规划管理。

城市布局与建设受到城市产业发展及城市建设政策的影响。以资源开采为主的产业结构使资源型城市布局呈现过于分散化的特征，并对城市建设造成很大困难，城市布局迫切需要进一步优化组合。一方面要克服过于分散化的城市布局造成的聚集效益较差；另一方面城镇体系建设要形成具有强大吸引力与辐射力的地域中心，综合经济发展形成必要的优化组合空间。

(五) 改善城市生态环境，加快生态工业园区建设

良好的城市生态环境是吸引投资，推动资源型城市转型的重要砝码。因此，对已遭到破坏的生态环境，要运用生态修复方法进行综合治理。利用生态元素（山体、水体、植被）构建禁止建设的绿色生态廊道，并划定一定数量的生态敏感保护区。对城市工业采取相对集中、分类、分区发展，工业园区建设应遵循生态、环保优先的原则，将其建设成为生态工业园区，为资源型城市转型工业产业布局提供新的发展空间。

根据生态学家理斯（William Rees）提出的"生态脚印"理论，任何一个城市的"承载能力"是一定的，城市的发展必须在它的"承载能力"范围内形成良性循环，才能达到发展的可持续性。资源开发对城市环境的影响是多方面的，特别是在生产和生活分区并不十分明确的城市，因为在资源型城市中，工业生产用地占城市建设用地的比例较大，在某些城镇中甚至达到50%以上，大面积的工业用地在城市中若得不到合理规划，那么造成的空气、噪声、水质等方面的污染必然严重影响城市环境质量，从而对资源型城市的未来发展带来负面影响，因此，资源与环境之间一定要保持

协调建设。

(六) 资源型城市的其他规划

资源型城市实施综合开发战略，不仅要正确处理城市规划建设与经济发展的关系，还要正确处理城市规划建设与园林绿化、道路交通、建筑风格、文化品位等城市景观风貌特色的关系。

1. 城市规划中的园林绿化

建设园林城市，已成为当今时代城市规划专家的共识，也是城市发展的方向。资源型城市绿化水平不高，森林覆盖率低，人均绿地水平更低。应制定大环境化的整体规划设计方案，对城市绿色空间进行调整，形成"点型、带型、场型空间"相结合的空间系统。绿色空间包括：公共绿地、城市滨水地带、运动场、游乐园、城市广场、主要街道、大型建筑庭院、居住区绿地、防护绿地、生产绿地等。城市应形成一种"先见森林，后见城市"的绿化景观，充分发挥绿色植物的生态功能。在绿化过程中，自觉追求人工环境与自然环境的和谐，改善以往人工环境建设对自然环境造成的污染和其他不利影响。坚持生态原理与美学原理的结合，生态效益与景观效益的统一。借助地形地貌绿化，在完善生态功能的基础上体现城市的个性品格。在城市内部形成多层面的绿化体系，在城市外围建立环境宽幅林带和郊区森林，让森林包围城市，实现城乡绿化一体化。

2. 城市规划中的道路交通

资源型城市的布局一般存在"点多、线长、面广"的特点，给交通带来了诸多的不便。随着城市的发展，人口的增长，商品流通的扩大，各种车辆不断增加，道路容量严重不足，特别是主城区道路交通问题尤为突出，交通阻塞日益严重。其原因主要是城市交通发展的目标和方向尚不明确，其相应的政策措施也不够得力。

解决城市交通滞后的问题，要把综合交通规划的编制提上日程。首先，按照城市交通现代化的方向，编制交通规划。城市交通现代化包括两个方面的内容：一是设施装备现代化，即城市交通设施技术水平要不断提高，既发挥现有的实用技术，又要采用先进的科学技术，谋取综合效益；二是交通战略现代化，即政策措施要不断完善，既要合理调整交通供需与交通方式的协调配合，又要提高城市路网在整个城市活动中的运输效率。先进的设施是硬件前提，正确的战略是软件保证，两者相辅相成。其次，落实优先发展公交的政策，优先发展公共交通是解决城市交通问题的根本出路。根据世界各国的成功经验以及我国学者的普遍认同，公共交通是最具运送效率的交通工具，优先发展公共交通是资源型城市应倡导的客运交通方式。21世纪的资源型城市面临着各种机遇与挑战，其吸引力和辐射力将直接取决于它在国家及地区的交通地位。因此增强城市规划的交通意识，编制合理的交通结构，对于未来城市的发展意义重大。要充分考虑资源型城市各自的特点，结合实际，立足长远，分阶段、有步骤地发展，才能使城市交通步入良性循环。

3. 城市规划中的建筑风格

要运用城市规划的调控手段，突出城市建筑的艺术性和个性特色。注重通过艺术的创造，从不同的层次、空间和物质要素入手，形成有特色的城市建筑风格。在规划管理中，强化对城市标志性道路和建筑景观的规划引导，形成特色鲜明的建筑景观形象。要注意加强对中心区、城市广场、车站、机场、大型商业、文化和体育中心等标志性地段、标志性建筑群和建筑设计的控制，制定城市重要的景观带的发展对策，控制城市天际线，划定特色城市风貌区，突出建筑物构成的城市景观效果。还要把握好建筑物的性质、规模、功能和合理布局。同时应根据城市的地方特点，支持和繁荣建筑创作，鼓励标新立异，创造自己城市的建筑形式、风格、基调、符号和色彩，形成自己城市的个性特色和建筑风格。

4. 城市规划中的文化品位

城市重要的文化设施，代表了一个城市的文化品位，城市内在特色也包含历史、人文方面的文化环境。要将创造文明城市活动纳入城市形象的创造中，利用文化设施形式的多样性和标志性，创造优美的城市人文景观。城市是历史文化的记录、积累和延续，每个城市都有自己的文化历史之根。城市规划对于古代遗存、历史街区、传统建筑、革命纪念地等的保护和利用，必须给予切实的保证和发扬光大，以充分显示该城市的历史背景和文化特征，烘托出自己的城市个性。同时城市标志也应尊重历史的文脉，吸取传统文化的优秀内涵，推陈出新，使传统与创新得到有机结合，这样才能创造出富有活力与特色的城市标志。

第四节 案例分析

中国北方某地区地处东北亚经济圈的腹地，近年来已经探明该地区煤炭、油气、有色金属、稀土等资源储量十分丰富，目前，已经基本形成了以煤炭、电力、化工为主线的产业价值发展链，并带动了冶金建材、装备制造、农畜产品加工和以高新技术为主的优势特色产业的发展。经过"十五"以来的发展，该地区经济社会取得了长足发展，进入了以重化工为主的工业化中期阶段，人均生产总值达到1000美元以上。据此该地区提出并逐步实施"依托资源优势，构筑产业集群"和"大力发展循环经济，实现经济、环境和社会效益相统一，全面建设资源节约型和环境友好型社会"的发展战略。

一 发展条件与存在的主要问题

该地区具有优越的煤炭资源条件和相对丰富的石油、天然气资源。据统计，累计探明的煤炭资源储量占全国总储量的22%，居全国第2位；探明的石油地质储量居全国第10位；探明的天然气地质储量居全国第3位；稀土资源位居全国第1，铜、铁、铅、锌、磷等资源在全国分别排在第2至第9位之间。能源资源不但储量大，而且相对集中，开采难度低，埋深相对较低。

（一）发展条件

1. **资源优势**

该地区矿产资源赋存优势十分明显，可以发展与能源相关的矿产品开采、加工、利用等下游产业。该地区实施优势资源就地转化战略具备得天独厚的条件，并且该地区能源、原材料、土地价格相对低廉，发展以煤化工、天然气化工为重点的重化工业具有明显的比较竞争优势。

2. **区位优势**

该地区位于中国北部边疆，属于我国西部地区，地处东北亚经济圈的腹地，不仅自身具有较为丰富的矿产资源，而且向北又毗邻煤炭、石油、天然气等资源丰富的俄罗斯和蒙古等国，因此，可充分利用国内外两种资源、两个市场。其优势资源的就地转化对实施西部大开发、加强与东北亚国家的经贸合作、振兴东北老工业基地、促进环渤海经济圈的长远发展，具有重要的现实意义。

3. 政策优势

西部大开发进入新阶段，国家实施的支持民族地区加快发展的一系列政策措施，为该地区加强基础设施建设、推进产业结构调整、发展优势资源就地转化创造了条件。

（二）存在的主要问题

1. 水资源较为短缺，利用效率低

该地区与全国平均水平相比水资源更为短缺，而且全地区水资源分布不均，90%以上集中在东部地区，中西部地区严重缺水，水资源的严重短缺已经成为该地区经济发展的主要制约因素。该地区用水浪费问题却比较突出，节水水平低下，全地区人均年综合用水量比全国人均水平高出近290立方米。全地区农业灌溉水利用率仅为35%左右，低于全国近10个百分点；工业用水重复利用率约为45%，低于全国平均水平近10个百分点。

2. 企业基础较为薄弱，带动能力差

经过多年开发建设，该地区立足资源优势，初步形成了能源、冶金机械、建材、盐碱化工和稀土等具有一定规模的工业产业，同时涌现出一批在国内外市场上具有较强竞争力的企业集团，这些企业有较雄厚的科技力量，且大企业集团多数建立了自己的研发中心。但是这些企业辐射能力有限，一些行业仍然存在"散、小、差"的问题，行业集中度低，缺乏规模效益和竞争能力。

3. 对外开放水平低，区域协作能力较弱

优势资源就地转化战略不仅要在内部各市进行统筹安排和宏观调控，而且要完成与周边各国家和地区的经济接轨，在合作与衔接方面保持密切联系。对外开放水平较低，与各地区经济对接不够，与周边国家经济技术合作水平低，各盟市在基础设施建设和资源开发上缺乏协作。因此，优势资源开发利用和就地转化的产、供、销一体化格局并没有建立起来。

4. 基础设施能力不足，严重制约了经济发展

基础设施仍然是该地区开展特色工业的薄弱环节，主要体现在：一是运力不足。交通运输网络规模小，总量不足。铁路网密度是全国平均水平的63%，公路网密度只有全国平均水平的三分之一；西部地区机场密度低，支线飞机数量明显不足。二是水资源结构性匮乏，水资源紧缺与水资源浪费现象并存。该地区是一个水资源贫乏的地区，随着工业的进一步发展，水资源紧缺的现象日趋明显。由于水生态环境的进一步恶化，更加剧了水资源紧缺的矛盾，从而制约了该地区经济的发展。

5. 产业链条短效益差，经济增长方式粗放

该地区的重化工产业层次不高、产业链条短、产品同构性大、企业间缺乏合作分工，从而导致企业竞争力和抵御风险的能力差，不利于产业集群的形成。同时，由于过分强调重化工业的作用，大部分盟市均把重化工业作为发展的方向，未能充分考虑资源的制约性和有效配置，从而也导致了经济粗放式发展，不能形成规模效益，产业和企业的竞争力不强。

资源综合开发利用水平总体上偏低，不利于优势特色产业的发展。以煤炭生产为例，目前某矿煤炭平均回采率仅为45%左右，其中众多小煤矿的回采率则更低，仅为25%左右，资源浪费非常严重。从流向上看，主要以输出原煤为主，加工转化率只有三分之一左右，效益很低。万元GDP能耗达3吨标准煤左右，高于全国平均水平90%，增长方式还十分粗放。

6. 科技教育总体落后，科技投入严重不足

目前，高技术人才整体的缺乏严重制约着该地区优势特色工业的发展。人口文化素质普遍偏低，人力资本存量低。在总人口中，文盲人口为216.62万人，粗文盲率（15岁及以上文盲占总人口的比重）为9.12%，高于全国平均水平2.4个百分点。人才总量不足，尤其缺乏高层次人才。科研基础薄弱，研发能力不足，在新产品、新技术、新工艺上的研发投入比例还比较小。创新体系不健全，产品更新换代周期长，质量提高速度慢，大部分产品的生产技术和装备长期落后于国内发达省市，发展后劲不足。

7. 生态环境压力较大，对资源开发提出了更高的要求

虽然经过"十五"以来的综合整治和保护，该地区的生态环境状况得到了很大的改善，初步实现了整体遏制、局部好转，但是，生态环境仍然面临较大压力。资源富集地区环境承载能力低，大部分分布在大陆性干旱、半干旱气候带，这些地区水土流失和土地荒漠化十分严重，植被覆盖率低，生态环境十分脆弱。

二 实施优势资源就地转化战略的必要性

该地区地域辽阔,地形狭长,具有独特的经济区位优势,不仅可以通过经济开发有力支持东北、华北地区,在这些地区资源枯竭情况下承接资源型产业的转移,通过加大生态治理和建设,改善华北地区乃至全国的生态环境;而且加快经济发展,还有利于促进我国与俄罗斯、蒙古及东北亚地区的合作,增强我国在这一区域的经济地位和竞争实力,保持和巩固边疆民族地区的团结和社会稳定。

(一) 实施优势资源就地转化战略是能源优势向经济优势转变的需要

由于我国西部煤炭资源比较丰富,但地区发展比较滞后,运输也不便利,东部煤炭资源较少,但市场需求大,所以,随着西部大开发的推进和东部地区能源资源瓶颈的出现,能源相关产业从东部地区向西部地区推进和转移是大势所趋。

通过实施优势资源就地转化战略,积极发展能源下游相关产业,延伸产业链条,提高资源产业产品的附加值,是将该地区的资源优势转化为经济优势的必然选择。变长距离输出原煤为就地加工转化,既可以减少长途运输煤炭等原材料的压力,降低发电和工业成本,又可以促进资源产地的经济发展。

改"西煤东运"为"西电东送"直接经济效益巨大。从经济的角度来考虑,比较两种方式的优劣仅从输送过程中的成本消耗就可以说明问题。西电东送的过程中,运送的主要成本就在于输电过程的电力消耗,这一消耗水平据统计平均在7%左右,而西电东送的过程一般是通过特高压线路或直流电路送电,电耗的水平一般应该更低一些。另外,西电东送还可以产生挤出效应、节约能源。从保护环境的角度,西煤东运改为西电东送,其社会效益也很巨大。

(二) 实施优势资源就地转化战略是该地能源工业稳定发展的必然要求

为了适应我国产业结构变化的需要,近年来,该地区大力发展能源工业,已经成为国家重要的能源基地之一。但是,能源工业的发展面临着其他地区的有力竞争。发展能源相关产业,一方面能够稳定能源需求,强化能源工业抗拒市场风险的能力;另一方面,该地区制约能源外运的约束条件比较突出。缓解运力压力,必须根据市场需求,加快优势资源就地加工转化，积极发展能源相关产业。

（三） 实施优势资源就地转化战略是该地区加快经济快速发展的需要

随着国家西部大开发战略的实施，该地区经济开始步入快车道，经济总量在全国的位次也大幅前移；人均 GDP2004 年开始超过全国平均水平，列西部 12 省区第一名。这种快速的发展，是在全国新一轮以重化工业为重点的发展背景下，其自然资源的优势得以凸显的结果，也是突破以往开发输出原材料的传统模式，实施"资源就地转换"延长产业链的发展结果。

在当前西部大开发进入新阶段、东西部产业结构开始调整之际，大力实施优势资源就地转化战略，可充分发挥其资源和区位优势，加大招商引资力度，扩大经济规模和就业渠道，提高当地经济发展水平，从而逐渐缩小与东部地区发展的差距。

（四） 实施优势资源就地转化战略是优化产业结构的战略需要

随着东西部产业结构分化越来越明显，能源相关产业的向西转移不仅带来了资金，也带来了市场和技术。紧紧抓住这一契机，通过承接东部沿海地区以及国际产业转移，为能源相关产业发展提供良好的技术支撑。

（五） 实施优势资源就地转化战略是适应我国产业结构变化的需要

随着工业化进程的推进，我国已进入重化工业快速发展阶段，产业结构的不断升级，也使我国产业不断向产业链的高端推进，因而对能源、原材料的需求激增。然而伴随着经济的发展，东部地区能源资源瓶颈也逐步显现，尤其是能源相关产业，资源消耗高，受到的影响也最为突出。

该地区具有发展能源重化工业的资源优势、区位优势和产业优势。以丰富优质的煤炭资源为基础，大力发展电力工业；以能源为基础，积极发展重化工业、冶金工业、建材工业，使之成为我国重要的能源重化工业基地，稳定能源需求，提高我国工业原材料的供给能力，成为我国 21 世纪经济发展的重要"支点"。

（六） 实施优势资源就地转化战略是提高人民生活水平的需要

要提高人民生活水平和中华民族凝聚力，强化我国北部边疆在地缘政治和国际政治经济中的优势地位，该地区发展水平与速度就应持续高于周边国家和俄罗斯远东地区。为实现这一目标，必须大力发展与能源相关的各类产业，发展循环经济，而其优势资源的就地转化无疑是带动经济保持快速、高效、可持续发展的最好途径。

三 该地区总体发展战略

（一）基本原则

1. 充分发挥比较优势，坚持有所为有所不为

充分考虑该地区资源（特别是优势资源）优势和区位条件，立足于现有优势资源的充分利用与整合，努力实现资源配置在空间上"异构化"，集中力量使重点优势产业以及重点行业和企业得到振兴和发展，在市场竞争中实现优胜劣汰，避免盲目重复建设和产业趋同化，形成优势产业集群。

不片面追求产业规模的扩大和单纯量的增长以及本地区产业的系列化，而是要在形成一定规模的基础上集中资源、重点突破，有所为和有所不为，充分发挥比较优势。

2. 坚持以市场为主导，实现优势资源就地转化

我国社会主义市场经济体制在改革推动下日益健全，优势资源的形成和就地转化，以及优势资源产业的发展要遵循市场经济的基本规律，遵循经济效益最大化原则。优势资源产业结构调整、生产要素整合、技术改造、企业改组，应主要由市场决定和选择，同时发挥政府规划引导和政策导向作用，创造良好的发展环境和公平竞争的市场秩序，加快区域内优势资源的就地转化，促进经济、社会健康发展。

3. 坚持集约发展和谐发展，以城市化促进优势资源工业化

从根本上改变该地区优势资源相关产业，尤其是煤炭、电力、煤化工、冶金等能源性产业高投入、高消耗的粗放型发展模式，积极推动相配套的下游企业的快速发展。

促进社会经济全面发展，重点是解决优势资源产业发展与环保、城建、土地等方面的矛盾，以优势资源工业化带动城市化，以城市化促进优势资源工业化。

4. 坚持以主导产业为支撑，走新型工业化道路

要根据所在地区的资源条件、发展基础和发展方向，确定主导产业和主导产品，以此为支撑，积极拓展关联产业领域。抓大项目培育和引进，抓龙头企业建设，积极培育和发展与大项目、大企业配套的中小企业集群，促进专业化分工和协作，形成联动机制，扩张基地的集群效应和规模效应。

区域内优势资源相关产业要实现三个战略转型：从原材料工业（初级

产品）到加工工业（高端产品）的战略转型；从外延扩大（量的扩张）到内涵扩大（质的提高）的战略转型；工业发展与环境保护、工业化与城市化从矛盾对立到协调发展的战略转型，以此实现从传统工业化道路到新型工业化道路的成功转型。

5. 坚持发展循环经济，实现地区经济可持续发展

解决新的经济增长点、经济持续增长的源泉和动力问题。以信息化、城市化带动优势资源工业化，创新资源开发利用模式，提高综合利用水平，使经济社会发展与资源环境的承载能力相适应，建设资源节约型和环境友好型社会。

（二）总体发展思路

充分发挥该地区的资源优势和区位条件，坚持工业化、城市化和信息化相互依存、良性互动，坚持改造传统产业与发展高新技术产业相结合，以优势资源的规模和存量为保障，积极实现资源的就地转化，发展特色大产业，培育优势大集团，建设优势大基地，形成优势大集群。提高资源综合利用效率，发展循环经济，延伸产业链条，促进结构调整和产业升级。巩固和提高煤炭、电力、煤化工、稀土、冶金、农畜产品加工和高新技术等优势资源产业的支柱地位。继续鼓励各产业龙头企业做强做大，实施名牌战略，经济尝试国际化战略，培育和发展名牌产品，努力争创世界品牌，初步形成中国驰名商标的集群化，不断提高区域核心竞争力。

四　发展目标与发展重点

（一）发展目标

以实现区域内优势资源就地转化，发展现代能源产业、壮大优势资源产业为重点，结合该地区工业化、城市化和信息化发展进程，兼顾区域协调和可持续发展，努力实现速度、结构、质量、机制、效益相统一，资源、环境和区域发展相协调，实现优势资源工业区集中、用地集约、产业集聚、结构优化、环境优美、生态良好的发展目标。

（二）发展重点

1. 煤炭工业

建设国家级煤炭能源基地。煤炭工业加大结构调整力度，提高产业集中度，增强煤炭深加工和就地转化能力。建设两个亿吨以上、三个5000万吨以上产量的重点煤炭基地，新开矿井年产能要高于120万吨、露天矿高于300万吨。逐步淘汰年产30万吨以下的小煤矿。全地区煤炭产能达到4亿吨，就地加工转化率达到50%以上。积极发展洁净煤生产，煤炭洗选比重达到60%。

2. 电力工业

建设国家级电力能源基地。电力工业加快电源点和电网建设，重点建设西电东送、煤电一体化和区内用电项目，充分利用该地区丰富的煤炭资源，加强煤炭的本地化利用，鼓励和支持有相当规模的耗电大户或耗蒸汽大户以汽定电企业自备电厂建设。发电装机容量达到5500万千瓦。大力开发利用风能、太阳能和生物质能源。

3. 煤化工工业

重点提高煤化工加工深度，在资源产地和基础条件较好的地区规划建设若干个大型化工基地，实现该地区煤炭资源向煤化工的就地转化。新增甲醇系列产品1000万吨，煤焦化系列产品1000万吨，煤制油、聚氯乙烯各500万吨。

煤化工实施煤电化一体化战略，以洁净煤气化为龙头，大力发展新型煤化工产品链，提高煤制气、转炉气、焦炉气和煤层气的综合利用水平，加快特色煤化工经济区域的建设，形成横向成群、纵向成链的煤化工产业集群。

4. 稀土工业

稀土产业在稳定发展上中游产品的基础上，开发下游产品，突出发展稀土新材料、元器件和应用产品等下游产品。加快稀土永磁材料、储氢材料、净化催化材料、发光材料等稀土功能材料的发展步伐，延长产业链，构筑稀土产业集群。

5. 冶金工业

重点发展钢铁、有色金属等产业，实现产业和产品结构的优化升级。

6. 高新技术产业

重点发展电子信息产品制造业和生物制药业，增加其在工业经济中的比重，高新技术产业增加值占工业增加值的比重达到10%以上。

电子信息产品制造业积极发展数字电视、高端手机、液晶显示器、光电基础材料和器件、多晶硅、单晶硅等，开发计算机及网络应用产品和数字音视频产品。

五 资源开发与可持续发展研究

(一) 资源开发现状与特点

该地区矿产资源与全国其他省区相比具有明显的比较优势：一是能源矿产品种齐全，资源储量丰富；二是有色金属资源储量丰富，分布集中，具有规模开发条件；三是稀土资源得天独厚，世界第一；四是非金属矿的分布广泛，优势明显。等等。基于这些优越的条件，近年来，该地区资源的开发和利用大致呈现如下特征：

1. 进入 21 世纪以来，资源开发和利用的步伐逐渐加快

"十五"期间，该地区共计发现矿产地 404 处，发现矿点 47 个，新增矿产资源 4 亿吨以上。2002 年，该地区实现矿业生产总值 115.05 亿元，占全区工业生产总值的 7.1%。2003 年，全区矿业开发总投资 25 亿元，实现矿业生产总值 151 亿元，比上年增长 31.3%。

原煤从 2000 年的 7247.29 万吨增加到 2005 年的 25607.69 万吨，6 年间产量增长了 253.3%，年均增速达到 28.7%；原油和天然气的年均增速分别达到 10.2% 和 53.3%。可见，2000 年之后该地区在能源资源开发利用方面的增长是十分迅速的。丰富的煤炭资源为大力发展电力创造了十分有利的条件，因而被国家列为重点开发的电力能源基地，承担着"北煤南运"、"西电东输"的历史重任。

2. 注重资源开发和环境保护

"十五"以来，该地区各地在加快经济发展的同时，采取有力措施，进一步加大环境保护工作力度，全区生态和基础设施建设步伐加快，发展环境和基础条件进一步改善。工业污染治理工作取得积极成效，乱占土地得到有效遏制，城市防治污染投入进一步加大。生态环境实现了"整体遏制、局部好转"的重大转变，通过关停并转迁，对污染企业进行了全面的整治，并关停淘汰了多家工艺、设备落后的企业。

"十一五"期间，该地区政府提出：坚持遵循自然规律和经济社会发展的客观规律，走新型工业化道路，用信息化带动工业化，发展循环经济，创新资源开发利用模式，提高综合利用水平，使经济社会发展与资源环境的承载能力相适应，建设资源节约型和环境友好型社会。这为今后资源开发和环境保护工作指明了方向。

(二) 资源开发利用中存在的问题

尽管该地区的资源开发和利用工作取得重大进展，但是其中的问题也日益明显。

1. 矿业结构不合理，矿业发展水平总体不高

由于国内经济发展的需要和该地区自身经济发展水平的影响，长期以来该地区形成了以煤炭生产为主的单一的支柱产业，而具有特色的石油、天然气、稀土稀有金属和有色金属发展缓慢，所占比重很低，资源优势未得到应有的发挥；矿产品结构单一，主要以原矿和初级产品为主，高附加值产品少。

2. 矿产资源粗放式开采，资源利用率低下

该地区存在的大量的小型矿山，占其各类矿山总数的46%以上，受资金、技术、设备和人才等方面的约束，矿产资源的开发仍沿用传统的粗放式开采方式。一些地区矿产资源开采规模仍未能与占用矿区的资源储量相适应，存在着大矿小开、整矿零开、采富弃贫、乱采滥挖、掠夺式开采、浪费资源等现象。各类矿山企业，包括一些大型企业矿山采选水平、综合回采率低于标准水平。如该地区煤炭资源开发的回采率仅为45%，远远低于国家规定的65%的水平，铁矿的回采率为65%左右，也低于全国水平。

3. 生态环境破坏严重，危及耕地和其他自然资源的保护

足够的矿产服务是经济增长和发展的基础，矿产资源的供给和应用是环境恶化的主要"贡献者"。随着矿业经济的发展，生态环境遭到了严重的破坏，水土流失和土地荒漠化严重，泥石流滑坡等地质灾害频繁，空气污染、水污染、热污染、植被破坏也与之相伴而行。

由于近几年来该地区经济增长速度的加快，转变经济增长方式相对滞后，加之绝对人口数的增加，对各种产品的持续增长的需求和对土地的大范围的不恰当的使用，都对耕地和其他自然资源的保护和利用产生了不利的影响。

4. 部分基层官员法制意识淡漠，掠夺式开采造成巨额浪费

一些县、乡镇政府的领导对矿产资源法律法规知之甚少，依法开发矿产资源的意识淡薄，有的盲目引进投资者，违法分配、买卖、转让矿产资源，导致矿业秩序混乱，资源浪费严重。此外，基层地矿行政管理部门，特别是县一级地矿行政管理部门相当一部分工作人员未能进入政府序列，人员编制和经费不能有效保证，加上管理手段落后等因素，对矿产资源开发的宏观调控能力很弱。

该地区绝大部分矿山是以无偿划拨方式取得的采矿权，采矿者缺少保护和合理利用矿产资源的意识，采矿企业只重眼前利益忽视长远利益，往往以过度消耗资源来换取一时的经济效益，这种掠夺式的开采不仅不能使矿产资源实现可持续开发，而且造成了矿产资源的巨大浪费。

（三）以可持续发展为目标的资源开发和利用对策

为了促进该地区能源相关产业的快速健康发展，必须紧紧抓住"十一五"及其未来相当长的时期内，我国经济持续快速健康发展，世界制造业向中国转移以及沿海地区产业升级的机遇，立足当地的自然资源优势和后发优势，积极参与国际国内的产业分工，主动承接新一轮产业转移，实施优势资源就地转化战略，发展冶金、有色、化工、建材等重点产业，用足用好国家政策，制定和实施促进地区经济发展的政策，统筹谋划，合理布局，依靠科技，改善投资环境，运用政策引导社会投资，加强管理，大力发展循环经济，提高资源的生产率，用发展和改革的办法将资源优势转变为经济优势，建设资源节约型和环境友好型社会，实现人与自然的和谐发展。

1. 强化规划调控、治理与监管

应根据国家和该地区经济社会发展的目标和要求，进一步修编完善全区矿产资源总体规划和各类专项规划，统筹安排矿产资源的调查评价、勘查、开发和保护，严格按照规划审批勘查开发项目和设置矿业权，使矿产资源管理走向规范化、科学化。凡新设立采矿权或扩大矿区范围的，没有规划或不符合规划的一律不予批准。矿山企业必须按照批准的矿山设计或矿产资源开发利用方案开采矿产资源，严禁大矿小开、一矿多开、乱采滥挖。

该地区政府应从当前矿产资源的总体形势及保障该地区经济可持续发展的实际出发，对重点矿区、热点矿种的合理开发利用作出明确政策规定，限定资源的最低开采规模，将资源就地转化和深加工作为发证的前提条件，鼓励资源转化，促进资源深度开发利用。凡是以出售原矿为目的的开发项目不予审批发证，引导企业走资源开采、有效利用和环境保护并举的路子，充分发挥资源的最大经济效益。对该地区确定的重点煤炭企业，要在资源接续等方面给予扶持，保障这些企业可持续发展，帮助和支持国有矿山企业将采矿权价款转增国家资本金。

深入开展矿产资源勘查开发整顿和规范工作。各级国土资源管理部门要严格履行各项监管职能，健全和完善矿山动态巡查制度、矿山年检制度、举报制度和违法行政责任追究制度，采取严格的监管措施，坚决依法管理、保护和开发利用矿产资源。整顿和规范工作要实现从一般性的大规模整顿向规范化、制度化地实施日常监督管理转变，对非法开采和乱采滥挖的整顿，要实现从治标向从源头上治本转变。切实做好对重点矿区、优势矿产、非法转让、以采代探等专项整治工作，依法查处各类违法违规行为。

2. 注重生态环境保护，实现资源开发和环境的和谐发展

完善矿山地质环境保护和治理规划，按照"谁开发、谁保护、谁破坏、谁恢复"的原则，明确治理责任，加快矿山生态环境的治理与恢复进程，实施矿山塌陷区、采空区、大型露天煤矿回填区和西部煤层自燃治理工程，治理恢复率达到40%以上。加强对矿产区矿山环境评价和地质灾害危险评估工作，对不符合规定的矿产开发企业要进行必要的整顿，严禁对生态环境具有不可恢复的破坏性影响的矿产资源开采活动，禁止在自然保护区、地质灾害危险区内开采矿产资源；提高采矿回收率，降低贫化率，提高选矿回收率和共生、伴生组分的综合利用程度，实施矿山复垦绿化，建立矿山生态环境恢复治理和土地复垦的多元化投资机制，使矿产资源在保护中开发，在开发中保护，努力实现资源效益、环境效益、经济效益和社会效益的有机统一，用科学发展观教育引导矿产资源开发企业走可持续发展之路。

3. 加快矿产资源产业结构调整，实施优势资源就地转化战略

该地区丰富的矿产资源是比较优势，也是该地区实现社会经济可持续发展的基础。但如果这种优势利用得不好，反而会带来浪费和破坏。资源再丰富，也有卖光的一天。因此，要把资源优势保持下去，就必须彻底改变大手大脚和"一卖了之"的做法，代之以新的煤炭资源利用观。实施优势资源就地转化战略，正是合理开发利用该地区煤炭资源、促进煤炭产业结构优化升级和加快经济增长方式转变的新资源利用观。通过提高资源回采率，高效和循环利用自然资源，积极发展能源及其上下游的相关产业，延长产业链条,提高资源产品的附加值,将资源优势转化为经济优势,实现资源效益最大化,使有限的资源得到最充分的利用。能源的上下游产业应向优势地区和园区集中,形成产业集聚、企业入园、污染集中治理的新型发展模式。化学工业园区应选择在水资源有保障、交通便捷、运输条件好、资源富集地区建设,并且起点要高,特色突出,关联度高,管理和服务功能齐全,有较强的招商引资能力,推进化学工业向产地化、大型化、规模化、基地化、综合化方向发展。在中西部地区建设若干个氯碱、聚氯乙烯产业集群。

4. 建立资源开发集群化竞争机制,提高整个行业的生产力和竞争力

就能源资源而言,煤炭资源、石油、天然气和大型电厂主要分布于呼伦贝尔市、锡林郭勒盟、鄂尔多斯市等盟市,这些盟市也是能源生产的主要基地。因此,根据能源的丰度和开发程度,将该地区分为三大区域,打造三大能源基地。就金属、非金属矿产资源的开发来看,应建设重化工业基地,大力发展化工、冶金、稀土新材料、装备制造等重化工产业,构建矿产资源开发三大经济区,依托重点地区、重点企业、重点工业园区,运用市场机制,加快产业布局的调整,充分发挥后发优势,积极承接国内外高水平产业转移,建设、引进一批规模大、技术水平高、资源转化能力强的重化工项目,将该地区打造成为我国重要的重化工产业基地。

5. 引入市场竞争机制,建立矿产资源高效开发利用的长效激励机制

高度重视土地、矿产资源管理和集约利用,坚持"政府垄断一级市场,放开二级市场"的土地管理原则和"市场配置为主,政府调控为辅"的矿产资源配置方针,采用招标、拍卖、挂牌出让的方式,提高土地和矿产资源配置效率。

建立商业性矿产勘查开采新机制。严格按照国家产业政策和矿产资源开发规划,通过招、拍、挂等形式,推进矿产资源探矿权、采矿权的有偿出让。为此,须完善矿业权公开竞争出让制度,下大力气解决矿业权出让"双轨并存"的问题;须建立统一、开放、竞争、有序的矿业权市场体系,进一步抓好有形市场建设,加强对中介机构的规范化管理,要严格按规定程序和要求办理,做到产权明晰、运行规范、调控有力;须加大各项税费的征缴力度,加大矿产资源补偿费的征收力度,提高征收面和征收率,确保税费足额上缴。

该地区矿产资源的开发应实施对外开放的政策，实施"请进来"的战略。对重大矿产资源的开发项目实施招投标方案，引入竞争机制，实现与发达国家在资金、人才、技术和设备等方面的共享，提高资源开发利用的效率并不断延伸产业链，提高单位产品价值量，使矿产资源的价值得到充分发掘。充分发挥该地区的沿边地缘优势，积极推进"走出去"战略。围绕该地区工业经济发展的紧缺矿种，加快对境外（蒙古国、俄罗斯）矿产资源的开发利用，鼓励大企业、大集团在境外开展矿业开发工作，认真研究和引进国外矿产资源开发企业的技术等，减少国内企业的经营风险。

6. 大力发展循环经济，加大对资源的利用和保护力度

目前该地区经济已经进入了一个新的发展阶段，但资源和环境的空间依然是制约其经济发展的重要因素。过去那种传统的不惜代价的高投入、高消耗、高污染、不协调、低效率的增长方式已经难以为继。必须以提高资源综合开发利用水平和引进非资源型加工业为突破口，促进工业经济优化升级。在节约资源、寻求替代资源、环境保护等方面取得重大突破，从纵向上努力延长产业链条，不断拓展资源加工深度，提高资源综合开发利用水平。重点抓好冶金、石化、建材、造纸的产业升级及行业节能、节水等技术改造，同时促进劳动力密集型产业的内部结构升级，进一步增强劳动力密集型产业的比较优势。切实增加资源开发利用中的技术含量，努力降低资源消耗。要按照"有保有压"的原则，加大对资源消耗高、环境污染重、安全条件差、不符合国家产业政策的落后生产能力的治理力度，关停取缔治污不达标的高耗能企业，依法吊销不具备安全生产条件的小煤矿的证照。

要大力发展循环经济，从资源开采、生产消耗、废弃物利用和社会消费各环节，促进资源循环式利用，鼓励企业循环式生产，推动产业循环式组合。要发挥市场机制和经济杠杆的作用，建立节约能源资源、保护环境和促进集约发展的新机制，倡导节约型、环保型的消费模式，营造建设资源节约型、环境友好型社会的良好氛围。同时，要积极做好以能源、金属矿产和地下水资源为重点的矿产资源勘查工作，摸清家底，提高后备能源资源的保障能力。

六　保障措施与对策建议

该地区优势资源开发在"十一五"期间到今后更长一段时间内应坚决贯彻科学发展观和认真落实循环经济的发展理念，继续保持良好的发展势头，坚持从实际出发，坚决克服单纯追求增长速度的倾向，努力建设资源节约型、环境友好型社会，真正把着力点放到转变增长方式、提高经济效益、调整优化结构、全面提高核心竞争力上来。为此，须采取以下对策措施：

（一）加大投入和开发力度，继续实施区域共同发展战略

中国经济步入能源重化工发展阶段以后，该地区的煤炭、油气、稀土、冶金、农畜产品加工等重要资源性产业在全国地域分工中的重要性愈益显示出来，尤其是煤电化产业和稀土产业在国家层面的战略功能愈益凸显，从优化全国生产配置和提高国家关键产业竞争力的高度，建议国家有关部门加快全国能源、重化工基地等重大生产力布局的优化调整，加快该地区能源、矿产基地建设，并与西部大开发和振兴东北老工业基地统筹考虑，提供政策和资金支持，加强组织领导和协调，建立能源矿产资源开发决策支持系统，以支持华北、东北和全国经济的建设和发展。

该地区要抓住国家建立新的能源战略基地的历史机遇，按照建立大型现代能源基地的要求，积极发挥比较优势，重点培育以煤、电、气为主的能源工业，以煤化工、天然气、氯碱化工为主的化学工业和以钢、铝、硅及有色金属为主的冶金工业，加快地域生产综合体的建设，加强产业链的延伸，并注重培育和发展高新技术产业，大力重视资源和环境的保护，不断强化该地区的龙头辐射和主导带动作用，实现跨越式发展。

（二）大力发展循环经济，提高资源综合利用效率

积极贯彻科学发展观，改变传统的高投入、高消耗、低质量、低效益的发展模式，实现"资源—产品—再生资源—零排放"的经济增长模式，提高资源的综合开发利用水平，将清洁生产、资源综合利用、生态设计和可持续消费等融为一体，实现减量化、资源化和无害化，走集群化发展和循环经济的新型工业化发展道路。要依靠资源的优势，依靠科技进步，积极鼓励和促进煤炭开采和洗选业、非金属矿物制品业、黑色金属冶炼及加工业、有色金属冶炼及压延加工业、石油天然气开发利用、化工等行业循环经济的发展，尽快扭转高消耗、高污染、低产出的状况，在技术创新和体制创新的基础上，在节约资源和环境保护等方面取得更大突破。

能源发展以煤为主，煤电并举，建设环保型、效益好的产业链，形成经济良性循环，促进企业全面、协调、可持续发展。认真推广能源循环经济资源化技术和系统化技术（如多产品联产、产业共生技术），煤矿生产的原煤要进行深加工，提供优质的商品煤外销和供应坑口电厂，煤矿建设的矸石用于建砖厂、铺路、筑坝等；与煤伴生的煤层气用于民用、工业燃料、发电和化工原料等，把原煤"吃干榨净"，提高经济、社会和环境效益。洗煤厂的煤泥、煤矸石废物，作为资源用于发电。电厂的粉煤灰用于建砖厂和覆土造田，灰渣用作水泥的原料，建设生态型矿区。同时，要加强电厂烟气回收利用研究，学习国外烟气渗透置换甲烷的新技术，即把电厂烟囱的废气回收，加压注入煤层，烟气中二氧化碳吸附在煤体上，置换出大量的甲烷，甲烷再用作电厂的燃料，形成更大的循环经济产业链。

（三）加强区域基础设施建设，缓解"瓶颈"制约

根据已经确定的全区"十一五"国民经济和社会发展总体规划、城镇体系建设规划、产业发展规划和其他专项规划，依据不同区域功能的要求，有针对性地完善基础设施建设与投入工作。随着时间的推移，特别是全国经济快速发展为该地区创造的巨大市场需求和向北开放的加快，该地区资源性产业的发展将会越发显示出其发展优势，产业的发展会逐渐由依靠政府扶持、优惠政策转变为依靠发展环境，所以投资环境的建设十分必要。在近十年内，基础设施的完善和生态环境建设将是该地区投资环境优化最重要的环节。

交通基础设施要以公路建设为重点，加强铁路、机场、天然气管道建设。要扩大交通运输网络的规模，增加总量，完善布局。要大力提高路网等级和标准，进一步提高高等级公路比重，增加西部地区机场的密度，继续完善机场配套设施，提高运输能力和运输质量，搞好各种运输方式之间的协调发展。要打破行业垄断，逐步建立起适应市场经济体制需要的经营管理机制。要用十年左右的时间，加强和完善该地区高速通道和供水、综合管线以及供电等系统工程的建设，并且尽快完善相关的配套服务设施建设。到2020年，重点发展地区要建成基础设施、管理水平、社区服务、人文景观达到现代化标准，经济发达、功能齐全、环境优美的循环经济区。

(四) 加快教育科技事业建设，增强自主创新能力

该地区要积极贯彻落实用高技术武装传统产业的产业发展主导策略，继续把教育放在优先发展的战略位置。要加快教育结构调整，着力普及和巩固义务教育，大力发展职业技术教育，提高高等教育质量。要全面实施素质教育，提高劳动者的文化素质、技术素质和职业素质，培养实用性技术人才。要把增强自主创新能力作为该地区发展重化工业的一个重要战略。要大力开发具有自主知识产权的关键技术和核心技术，努力提高原始创新、集成创新和引进消化吸收再创新的能力。

第一，深化科技体制改革。建立以企业为主体、市场为导向、产学研相结合的科技创新机制，加强基础理论研究和应用技术研究，加强科研部门、大专院校同地方产业部门的合作，加大科技创新与经济建设相结合的力度，建立一支优秀的地矿科技队伍，为加快能源、资源的勘查和开发提供强大的科技和人才支撑。

第二，鼓励技术要素参与收益分配，最大限度地调动科技人员创业和创新的积极性，实行技术发明人、企业管理者及企业职工的持股、股份期权、优先认股权等办法，使技术与管理转化为资本或股权。

第三，要积极发展和创建中介服务机构。充分发挥开发区科技创业中心的作用，使其成为工业科技成果的研发基地、中试基地和产业化基地。大力发展行业协会、商会等中介服务业，利用它们的沟通和协调、信息服务、公正监督、行业自律等职能，推动工业的发展。围绕工业的重点发展领域，在有优势的企业和科研机构中建设开放型重点实验室和工程技术研究发展中心。加强对行业共性、关联性、前瞻性技术的联合开发，为同行业人才提供实验条件。鼓励有条件的大中型企业或者科研单位建立自己的小型的"孵化器"，发挥其在加工制造业成果商品化、产业化和促进技术流动、扩散转移中的纽带和桥梁作用。

第四，要加强知识产权保护。保护知识产权，对鼓励自主创新、优化创新环境有着非常重要的意义，也有利于减少知识产权的纠纷。要建立健全知识产权保护体系，加大保护知识产权的执法力度。

第五，要通过合作项目、技术咨询、课题攻关、吸引个人知识入股、联合建立重点实验室、创建虚拟研究所等多种灵活有效的方式，吸引人才。同时建立合理的人才培养结构，形成多层次的人才梯队，为地区的工业经

济建设培养富有创造力的创新人才和高素质的产业工人,营造良好的创业环境,形成人才聚集效应。

(五) 继续加大对外开放,努力扩大向北开放

要立足国内、国际两个市场、两种资源,最大限度地放大优势,扩大向北对俄、蒙开放,不断提高国际竞争力,实现与国际接轨,特别是实现技术与国际的零距离接触,促进外向型经济取得突破性发展。

一是巩固、扩大进出口加工基地。各盟市要根据俄、蒙市场的需要,重点培育有竞争力的出口产品和加工基地,要真正形成规模,提高层次,切实扩大蔬菜、肉类、淀粉、油脂等产品的出口,同时要抓好进口产品的落地加工,特别是二连浩特、满洲里等口岸的进口加工产业要尽快形成规模。

二是壮大外贸出口主体,让企业唱主角。要加快推进外贸主体多元化,积极推进国有外贸企业转制,支持有条件的民营生产企业获得自营出口权,培育民营出口大户。

三是积极实施"走出去"战略。积极支持、鼓励有条件的企业走出去,大力发展外向型经济,由货物贸易为主向合资合作兴办实体、进出口深加工项目延伸,与俄、蒙在建立批发市场、种植、养殖、矿产开发、工程承包、旅游等方面广泛开展合作,带动劳务、技术和管理输出。

四是高度重视对俄、蒙矿产资源的开发利用。总的原则是境外采矿,境内加工,实现增值,壮大经济总量,要力求实现突破。

(六) 积极改进招商方式,加大招商力度

一是要由招商数量向招商质量转变,突出抓好大项目招商;要由当地、区内招商为主向以国内外招商为主转变,走跨地区的合资合作的道路;要由单纯注重引商家、引资金、引设备向同时引进人才、引进技术转变,向经济创办国际化和高层次的科研生产联合体转变,提高科技创新、产品创新水平。

二是继续加大向国内外招商引资的力度。落实招商项目和责任制,特别要力争在引进重大工业项目上求得突破,大力引进关联度大、辐射力强、集聚度高、能够拉长产业链、形成生产基地的项目,积极引导外来资金投向传统产业的技术改造,走内涵式发展的路子。

三是要把握住招商引资的工作重点。抓好处于国内、国际领先水平的新成果的转让、新技术引进、新产品开发项目。积极改进招商引资工作方

式，广泛采取 PPP、BOT、TOT 模式招商。

四是对已招商落户的企业，要创造宽松的发展环境，拓展发展空间，按照"不求所有，但求所在"原则，进一步扩大生产规模，要有专门部门研究解决已落户企业生产发展中在外部环境上所遇到的难题。

（七）进一步深化改革，加强制度创新

要把改革开放作为经济发展的强大动力，进一步深化改革、扩大开放，破除经济发展中的体制性障碍，放手让一切劳动、知识、技术、管理和资本的活力竞相迸发，让一切创造社会财富的源泉充分涌流，为全区经济实现超常规、跨越式发展注入新的动力和活力。

进一步转变政府职能，以建立服务型政府为目标，进一步调整优化政府机构设置，把政府的职能真正转到为企业发展提供服务上来。要打破事业单位在新形势下的大锅饭现象，引进竞争机制，提高工作效率。

要加快国有及国有控股大中型企业，尤其是煤炭、冶金、农垦等大企业建立现代企业制度的步伐，以产权制度改革、转换职工身份和剥离企业办社会为重点，加快改革步伐。要把改革国有资产管理体制作为深化改革的一项重要任务，积极探索管资产和管人、管事相结合的有效方式，建立有效的国有资产运营、管理、监督机制以及规范的法人治理结构和重大决策可追溯责任的董事会议制度，深化企业内部人事、劳动、分配制度改革。通过上市、兼并、联合、重组等形式形成一批主业突出、竞争能力强的大型企业和企业集团。已经改制的国有企业，要下功夫搞好规范工作，不断调整和完善股权结构，通过继续减持国有股、吸引民间资本进入、企业相互参股等多种形式，积极发展混合所有制经济，逐步形成多元化的投资主体和产权主体。提倡经营层、法人代表通过合法的方式持大股或控股。

要积极探索对非国有企业依法监督和管理的方式、方法，充分发挥政府、中介机构的外部监督作用；完善监事会、职代会、党委会的内部监督约束机制，促进决策的民主化、科学化。利用市场机制，引导中小企业向"专、精、特、新"方向发展。打破行业、部门、地区和所有制的界限，支持跨行业、跨企业集团的发展，构建符合市场经济规律的现代产业链。

（八）拓宽融资渠道，建立多元投资机制

建立财政、金融、企业、社会资本有机结合的多元化投资机制。

一是以政府投入为引导的工业基地建设的开发投资体系。按照市场经

济的运作方式，逐步形成以政府投入为引导、企业自筹为主体、金融贷款为支撑、社会融资做补充的多元化投融资体制。政府投入重点用于关键技术和重点产品的研究开发，增加工业发展的后劲。加大对科技成果工程化环节的投入，体现集中力量办大事情的原则，提高政府投入的使用效益。

二是以风险投资为主要支撑的工业成果转化投资体系，实行政府引导、企业化经营、市场化运作。积极引进国内外风险投资基金，开展风险投资业务。

三是以企业和金融机构投入为主体的产业化投资体系，企业要加大开发投入，有条件的企业要积极争取上市，广泛吸纳民间资本，成为投入的主体。企业的科技投入主要用于新产品开发以及新技术、新设备的引进、消化和吸收。最大限度降低投资风险，为技术成果的商品化、产业化提供信贷服务，促进工业基地建设贷款投入的良性循环。

四是把工业基地建设与推进开放型经济战略结合起来，打破地域、部门、所有制的界限，用开放的思维方式和行动措施，鼓励和支持企业以合资、合作和技术入股的方式加强合作，吸引更多的外资和民营资本进入全区工业建设，建立新型投融资体制。

五是加快金融业发展，积极引进主要金融机构到主要商贸区安家落户。逐步形成政府投入为引导、企业投入为主体、社会资金广泛参与的新型投融资体制，促进资金的有效投入和良性循环，坚持市场化运作，建立健全投资监督机制，创造公开、透明的投资环境。

（九）加强市场体系建设，营造良好的市场环境

一是要加快市场体系的建设。加快市场体系的建设，发展技术交易市场、人才市场、资本市场等各类生产要素市场，加强对无形资产的评估、成果鉴定和咨询中介机构的建设，为该地区工业经济建设提供良好的要素流通软环境。

二是要完善服务体系。建立和完善有利于创新发展的技术标准体系、知识产权评估体系和服务体系。完善技术服务、咨询服务和信息服务，为企业发展和技术开发提供信息服务。

三是发展现代化物流业。发展现代化物流业是建立现代工业的必然要求。现代化物流不仅能在生产、消耗领域实现物资的有机配置，做到物尽其用，同时物流系统的效率将直接影响到企业经营利润和发展速度。积极推行物流外部化进程，逐步把企业物流从主业中剥离出来。新的物流业要按照体制创新，市场化运作模式组建，为提供集装化、专业化、个性化、全方位物流服务。

（十）逐步完善社会保障体系

加快资金来源多元化、保障制度规范化、管理服务社会化的社会保障体系建设。依法扩大社会保险覆盖面，积极进行社会保障试点，调整财政支出结构，增加必要投入，充实保障资金，合理调整缴费率，建立可靠稳定的社会保障基金筹资机制，提高社会保障基金运营效率。

建立健全社会保障宏观调控和监督体系，提高管理水平。进一步完善失业、养老、医疗、工伤、生育保险和城市居民最低生活费保障制度。加快社会组织建设，完善社区服务功能，逐步实现保障对象管理的社会化。加快建立社会保障法律监督机制，提高社会保障管理的科学化、规范化、法制化、信息化水平。建立行政监督、社会监督和机构内部控制相结合的社会保障基金监管体系。积极发展社会福利、社会救济、优抚安置和社会互助等社会保障事业，为工业的快速发展建立稳定的安全网。

要强化协调职能、加强督促检查。各级各部门要增强大局意识，密切配合，形成合力，创造性地开展工作，齐心协力把各项工作抓紧抓实抓好。同时，要及时协调解决工作中出现的新情况、新问题，确保各项工作有计划、有安排、有落实，并勇于探索和实践，以新观念、新思路、新举措，加快该地区经济发展，通过工业化、城市化和信息化的强有力带动，全面推进小康进程。

第十一章 老工业基地经济发展规划

我国经济发展历史上，老工业基地为我国经济和发展作出了巨大贡献。但是长期以来，老工业基地企业陈旧的技术设备、落后的企业经营理念以及保守的计划经济思想，直接导致了在我国市场经济快速转型和发展过程中，老工业基地普遍存在的严重滞后现象。国家于20世纪90年代开始对老工业基地的改造与振兴，其目的是使其摆脱陈旧与落后，焕发青春和活力，使之成为现代工业基地，理顺政府与企业的关系，提高老工业基地的经济效益。

第一节 老工业基地经济发展的特征

一 老工业基地的内涵

在一个国家工业化推进的过程中，工业基地形成的时间有先有后。一般来说，可以相对地按工业基地形成的时间将其划分为早期工业基地和近期工业基地，人们通常把早期工业基地称为老工业基地。

在我国，所谓老工业基地，是指那些在长期的工业发展过程中形成的对区域经济或全国经济产生巨大影响的工业集群区域或城市，这批老工业基地主要包括：哈尔滨、齐齐哈尔、长春、吉林、大连、沈阳、鞍山、抚顺、本溪、包头、天津、太原、大同、洛阳、西安、兰州、成都、重庆、武汉、上海等城市。

二　老工业基地的特征

我国老工业基地一般具有如下特征。

（一）工业发展较早，一般是在新中国成立以前及成立初期形成的

特别是"一五"期间，国家一方面对原有工业基地进行了大规模的工业改造和建设，大力扩建、改建和新建了一大批新兴工业项目。另一方面，根据工业合理布局的原则，投入巨额资金，在全国又建设了一批新的工业基地。

（二）工业比重大、集中度高，是国民经济的主导部门

"一五"期间，国家集中主要力量进行了以156个建设项目为中心的、由694个大中型建设项目组成的工业建设，促进了这些地区工业的蓬勃发展。

（三）生产规模大，科学技术发达，经济实力雄厚

这些地区具有实力雄厚的基础工业，建立了包括飞机和汽车制造业、冶金和矿山设备制造业、高级合金钢和重要有色金属冶炼业等一批新的工业部门，生产出我国从未生产过的新产品，填补了主要工业产品的空白，有力地支援了全国的经济建设，推动了独立完整的工业体系的形成，奠定了社会主义工业化的基础，为进一步工业化创造了条件。

（四）交通方便、联系广泛，是我国重要的商贸中心和交通枢纽

一个工业基地，由于其本身的生产和生活消费，以及生产上分工协作的需要，不断促进相关地区的原料、燃料、初级产品和粮食的生产，并已成为它们的销售市场。因此，工业基地必须商贸发达，交通便捷。

（五）文化教育相对发达，是国家科学技术力量的重要基地

工业基地，往往集中了较多的高等院校和科研机构，能够培养大量的科技人才和熟练的劳动力，是我国高新技术发展的源泉。

三　老工业基地的分类

我国的老工业基地，可以从不同角度进行分类。

（一）按形成时间，可以分为新中国成立前已经形成或已有基础的工业基地和新中国成立初期形成的工业基地

前者如上海、天津、沈阳、武汉、重庆、哈尔滨、鞍山、本溪、抚顺等城市，在新中国成立前就是已具规模的工业基地。而齐齐哈尔、长春、吉林、成都、西安、兰州、包头等城市，则基本上是在新中国成立后的"一五"时期建成的工业基地。这种分类便于研究改造的任务和重点。

（二）按形成原因，可以分为出于资源利用、经济效益考虑而建立的工业基地和出于政治、战略上考虑而建立的工业基地

前一类如鞍山、本溪、抚顺、大同、包头等城市，因为这些地区煤铁资源丰富，因此靠近原燃料产地建立工业，是合理配置生产力的客观要求。又如上海、天津、沈阳等地，一方面便于利用附近的资源，另一方面，由于原有工业基础较好，因此，就地进行改、扩建，可以发挥其规模效益的作用。后一类如齐齐哈尔、成都、西安、兰州等城市，由于它们地处国内腹地，因而既有利于国防安全，也有利于带动内地经济的发展。

（三）按发挥功能，可分为综合性的工业重地和单一性的工业基地

如上海、天津、沈阳、武汉、重庆、西安等地，既是工业生产中心，又是商业、外贸、金融、交通、政治、文教中心，具有综合功能。但是，有些基地则仅具有单一功能，如鞍山是钢都，抚顺是煤都，长春是汽车之城，兰州是化工之乡，齐齐哈尔则是重型机器工业基地，等等。

（四）按作用范围，可以分为全国性的工业基地和地区性的工业基地

全国性的工业基地，是指它在整个国民经济中占有举足轻重的地位，其影响辐射全国，带动城乡，是全国的经济中心，如上海、天津等城市。有的城市甚至可能成为国际性的、世界地区性的经济中心。所谓地区性的工业基地，则指其作用范围主要限于某一地区，如重庆、成都是西南地区的经济中心，西安、兰州则属于西北地区的经济都会。

（五）按所在地域，可分为沿海工业基地和内地工业基地

如大连、天津、上海属于沿海工业基地，其他大多数则系内地工业基地。研究这种分类，有利于工业的合理布局。

当然，老工业基地还可按照轻重工业结构、基础工业和加工工业结构以及工业增加值的高低等标准来进行分类。

但是应该指出，上述这些分类大部分是相对的，而不是绝对的。因为经济过程具有内在联系性，各个行业、各个产业之间都是相互渗透和相互依存的。

第二节 老工业基地经济发展相对衰退的主要因素

对于老工业基地相对衰退的原因，已经有许多专家给予了分析，总结多方观点，原因主要有两大类，共 10 个方面的内容。

一 企业历史负担沉重，经济缺乏活力

（一）经营体制僵硬，老工业基地经济整体缺乏活力

老工业基地国有经济比重过大，所有制结构不灵活，影响了基地整体工业活力的发挥。20 世纪 80 年代以来，老工业基地的所有制结构虽有所调整，但国有经济成分的比重仍然太大，其中工业尤为突出。直到 20 世纪后期，很多老工业基地国有经济比重仍然在 80% 以上，相应的市区集体企业、乡镇企业和三资企业均发展较慢，个体、私营和其他经济成分的工业产值仅占极低的比重。这样的所有制结构灵活应变能力很差，与发展市场经济的要求极不适应，难以从国内外市场竞争中获得更多的利益，来加速老工业基地本身的改造。

（二）国有大中型企业缺乏竞争活力，难以自我积累和自我改造

由于传统体制和惯性，老的运行机制较其他地区更为根深蒂固，加上产权改革迟缓，企业经营机制尚未很好理顺，因而在激烈的市场竞争中缺乏应变能力和创新能力，导致产品积压，质量下降，带来经济效益的不断滑坡。这种状况突出反映了老工业基地工业竞争力的削弱，其不仅很难开拓新市场，而且传统市场占有率也日趋下降。

（三）历史包袱过重，技改投资欠账太多积重难返

在"统收统支"的 30 多年中，老工业基地所创利润和所提折旧大部分上交国家，支援其他地区建设，因而各老工业基地只能"先生产，后改造"。财政体制改革后，在财政"分灶吃饭"时期，也因地方财政上缴任务很重，自留比例过低，只能"快生产，慢改造"了。这种"失血"现象，谈何对老化的城市基础设施和工业进行改造？

（四）老工业基地企业债务过多，社会额外负担沉重

当老工业基地的企业老化、设备陈旧、厂房破损、技改刻不容缓的时候，国家投资体制实行"拨改贷"，而且贷款利息率较高，老企业除向国家

缴纳税利之外，留利日趋减少，已无还贷能力。与此同时老工业基地还继续承担着国家重点基建项目的生产任务，需要自己"找米下锅"，自我发展。

同时老工业基地既要控制产品价格，稳定经济，为国家分忧，又要自我消化原材料涨价带来的影响；既要保证上缴国家巨额利税，又要承担医疗、保险、住房、就业等大量社会负担。

（五）老工业基地企业负重很难奋进，无法直面市场经济挑战

改革开放以来，老工业基地的改革虽然取得了不小的进展，但正在老化和相对衰退的老工业基地面临新的形势，无法迎接新的严峻挑战。

老工业基地的工业骨干拳头产品和名优产品普遍较少，各种工业产品更新换代缓慢，再加上出口产品比重也不大，因此，很难适应国内市场和国际市场的竞争。由于老工业基地的整体技术老化，设备和工艺大部分停留在20世纪80年代的水平，因此技术进步速度很慢。这种状况使科技的应用和推广，难以跟上世界科技革命的步伐。

由于老工业基地普遍呈现产业结构老化，传统工业改造迟滞，新兴产业增长缓慢，因而产业结构向高加工度化转化显得特别困难，难以做到以主动的结构调整和优化来促进整个城市工业的高效发展，从而也不适应世界经济结构变化的总趋势。

二 经营理念落后，发展政策严重滞后

（一）传统体制束缚，经济机制僵化

在传统计划经济体制下，产权关系不清，企业不是独立法人，劳动、人事、分配制度改革滞后，企业和地方缺乏自我更新的发展能力，工业的发展和改造主要依靠国家投入，因此当国家投资政策倾斜重点转移时，原有的工业基础随着生产的损耗，势必日益走向老化。

在结构转换机制方面，由于传统体制使产业配置难以突破现行行政区划的框框，缺乏对自然经济区和产业群体优势的战略考虑，在"条块分割"的条件下，地方和部门利益又助长了对资源的竞相争夺以及重复建设和过度竞争，从而影响了老工业基地产业结构的优化进程。

（二）经济结构滞后，对经济转型认识不足

老工业基地对工业结构演变的规律认识不足，没有根据"轻工业—重

化工业—高加工度化—新兴工业"的轨迹安排重点工业部门的转移,从而导致老工业结构僵化。

许多老工业基地在 20 世纪 70 年代末至 80 年代初,不顾基地实际产业状况,盲目追随全国轻型化经济调整,不适当地扩张劳动密集型产业,偏离了重化工产业演进的轨迹——向高附加值和高加工度化发展,以至延误了其向工业内涵扩大再生产的过渡。老工业基地企业对向外向型、国际化转轨认识不足,长期固守国内市场的观念不变,因而在遇到国内市场相对缩小,生产能力过剩或原料短缺等竞争态势时感到束手无策。

(三)思想意识落后,跟不上市场经济形势的变化

改革开放浪潮对所有老工业基地形成了巨大冲击,但是由于人们基于传统意识的惯性,对这一冲击的严重性认识和估计不足,没有适时地将产品经济运行机制转变到商品经济运行轨道上来。加上"重生产、轻流通"以及重物质资源、忽视科技和信息作用的思想倾向,导致老工业基地的改造振兴不能适应市场竞争和全国的经济发展。

(四)经济发展战略滞后,产业政策实施出现偏差

从地方经济发展战略来看,老工业基地都是较早进入工业化的"发达地区"。按照工业化的一般经验,发达的工业基地应当率先进行产业结构的转换,特别是在全国改革开放的大环境下,更应尽快引进外资、技术,实施出口导向的发展战略,以尽快建立接近世界先进水平的产业结构,更好地适应国际市场需要和国内产业调整的格局。

从产业政策实施来看,老工业基地的地方政府在选择主导产业时,相对地忽视第一产业,更没有缜密研究和科学确定第三产业的主导产业,因而在实施中难以保证重点。在产业政策内容上,相对忽视对产业组织的调整。

(五)投资体制改革滞后,企业投资主体不到位

长期以来,老工业基地投资计划还是沿用以年度计划为主的指令性计划,管理方法仍然以行政手段为主,审批项目为主,忽视甚至排斥经济手段在投资领域中的作用。对财政预算内投资的运用,虽然先后实行了"拨改贷"、"投资包干"、"基金制",但并没有从"集中分配"、"部门分配"和"地区分配"的框框中摆脱出来,以致争投资、争项目、敞开口子花钱,而不注重投资效益。

传统体制下，企业的投资主体地位完全被各级政府部门取代。改革开放以来，老工业基地只是在原来的行政管理与直接控制的前提下，对管理的方式和制度进行某些改良，以致企业仍然缺乏充分的自主投资决策权。

第三节 老工业基地经济发展规划的内容

一 目标

老工业基地改造与振兴的远期目标是：到 2050 年，将老工业基地城市建成多功能的、开放的、现代化的城市。所谓多功能，是指城市在生产、商贸、通信、金融、科教、交通等方面功能强大而完备，城市环境优美而宜人；所谓开放，即城市的经济、技术、文化等活动充分与世界接轨并加强交流，将大部分老工业基地城市建成国际性城市，少数城市将成为国际性的经济贸易中心；所谓现代化，是指城市的技术装备水平、主要经济指标、文明程度、人民生活水平等都达到世界先进水平。

老工业基地改造与振兴的中期目标是：到 2010 年，在现代企业制度和社会主义市场经济体制的框架基本建立并正常运行的基础上，把中国老工业基地建成技术先进、结构高度优化、整体功能完善、经济效益高的现代工业基地。

从中期看，老工业基地改造与振兴的根本目的是摆脱其陈旧与落后，焕发其青春和活力，使之成为现代工业基地。现代企业制度和社会主义市场经济体制建立及正常运行是实现老工业基地改造目标的前提和保证。现代企业制度和市场经济体制框架的建立及正常运行，意味着企业的产权关系已经明晰，企业自主经营、自负盈亏、自我改造、自我控制的能力基本形成，政府的行为得到规范，市场作为微观资源配置的主体功能已经具备，企业、市场、政府三者之间的功能划分已经明确，正确的关系已经建立。

二 模式

由于各个老工业基地的规模、产业结构、技术水平、资源条件等不尽相同，因此很难选择统一的改造模式。通过对目前老工业基地的现状和未来发展趋势进行考察，我们提出可供选择的改造模式有以下几种。

（一）综合型模式

这种模式有如下特征：①目标的综合性。不过分强调发展某一部门或某一领域，而是建立较为完整的经济体系。②以提高经济效益为中心。改造以提高经济效益为出发点和落脚点，其他方面诸如技术进步、结构调整等都是提高效益的手段和方法。③突出技术进步。强调加快采用新技术、新工艺、新产品改造工业的速度。④既强调突出重点部门又要求各部门之间的协调发展。这一模式适用于特大型工业基地的改造。

（二）技术先导型模式

这一模式首先确定高新技术产业在老工业基地改造中的主导地位，努力提高基地的整体技术水平。它的基本内容是：①建立企业追求技术进步的动力机制，使企业通过采用先进技术，获得超额利润，增加经济效益，提高自我积累、自我改造、不断进行技术创新的能力和积极性。②坚持以技术引进为推动力，通过消化、吸收、创新，促进加工工业的深度化和结构的合理化。对于制造业来说，主要通过对引进技术的消化、吸收和创新，实现引进设备的国产化，并以国产设备装备其他部门，缩短替代进口的时间。③加快高新技术的产业化进程，使老工业基地已存在的高新技术产品尽快形成较大生产规模，同时将高新技术全力渗透到传统工业中去，以高新技术改造传统工业。④发挥科研开发机构的作用，扩大工业与科研部门、大专院校的合作，使科学技术尽快转化为现实的生产力，逐步使工业技术进步转移到主要依靠自己研究开发上来。

（三）结构优化型模式

一是以部门结构高度优化为主的模式。这种模式是通过对老工业基地现状的详尽分析和对未来技术经济发展的预测，明确确定把技术进步快、劳动生产率高、经济效益好的部门（或行业）作为优先发展的对象，同时对技术进步慢、劳动生产率低、经济效益差的部门（或行业、产品）加以限制，以使工业发展产生重大倾斜，使工业结构发生迅速转换。

二是以社会生产组织优化为主的模式。针对工业生产组织的规模不经济和大而全、小而全的现状，通过技术改造、扩建、联合等途径，扩大企业规模和提高规模经济效益，并造就一批能够参与世界竞争的超大型企业；通过对大企业的零部件扩散和辅助、服务件生产的社会化，使大企业和众多的中小企业之间形成专业化协作关系，并通过严格执行合同法，巩固这种协作关系。

(四）推老出新型模式

这种模式的内涵是：一面进行老企业、老工业区的改造，一面建设新的企业和新的工业区，借以构筑老工业基地中新的生长点。①通过引进技术或利用国内新技术，扶持和发展新兴行业，借以改造老行业。②利用新技术建设新的企业或车间，改造老企业和车间。③在老工业基地内建立新的产业开发区，并以新区带动老工业区的全面改造。④借鉴沿海新兴工业城市的体制、运行机制，对老工业基地的软硬环境进行改造。总之，这种模式强调把改造投资较多地用于新建，是更高技术水平、更新的软硬环境的新建。

三 老工业基地经济改造规划

老工业基地的改造与振兴，必须加大改革力度，尽快建立市场经济体制，实现政府职能的转变，完成国有企业产权制度的改革和建立现代企业制度。鉴于上述观点，我们对老工业基地经济改造规划的设计分两大部分：一是改革的路径，二是改革的内容。

（一）加速老工业基地的改造和振兴的路径设计

加快老工业基地向现代市场经济体制的转变，是一个复杂的系统工程。从宏观方面讲，必须抓好转变政府职能，培育、发展和完善市场体系，建立健全法规体系和社会保障体系等方面的配套改革；从微观方面讲，改革的主要内容是企业制度创新，包括产权关系的明晰和企业组织形式的创新等。

第一阶段：老工业基地改造的投资主体是中央政府，地方政府和企业是配角。国家应有老工业基地改造的整体规划，各老工业基地也要根据国家规划和国家产业政策制定本基地的改造规划，这两种规划衔接的目的是防止地方利益至上、重复建设，以突出改造的重点。从第一阶段一直延续到第二阶段都需要解决的一个问题是国有企业技术改造动力不足的问题。这表现在两个方面，一是企业技术改造投资严重依赖国家；二是企业利润不用于技术改造，对企业发展缺乏长远的打算。解决这个问题的中心是要形成技术改造的动力机制，即将技术改造效果同企业全体职工利益联系起来，尤其是将技术改造的效果同厂长的命运和厂长的利益挂钩。

第二阶段：老工业基地改造的投资主体应是中央政府、地方政府、企业三者并重。对于中央政府来说，要逐渐减少对老工业基地的直接投资，将老工业基地改造的主体转移给地方政府和企业。要完成这一转移，应有计划地减少对老工业基地的改造投资，重新划分中央政府与地方政府的财政收入，减轻国有企业利润上缴任务，提高企业的折旧水平。通过上述途径，增强企业自我积累、自我改造的能力。

第三阶段：老工业基地改造的主体是企业。企业改造主要以市场为导向，即依据市场需求和国家产业政策来确定改造项目。地方政府主要进行基地的基础设施改造，并对整个老工业基地的改造进行规划，对企业重大项目的改造加以指导和给予必要的帮助。中央政府主要利用信贷、价格、税收三大经济杠杆，调节和引导老工业基地及单个企业的改造，并对特别重大的国有企业的改造给予直接支持，对于特别重要的基础设施（如铁路、港口）的改造与新建和对于应用现代最新技术的新企业的建设给予直接投资。

（二）依靠科技进步和产业政策，推动老工业基地的改造与振兴

1. 资金对策

资金短缺是阻碍老工业基地改造的最直接、最关键的因素。新中国成立以来，我们一直对老工业基地重建设轻改造，对生产设备重使用轻保养，所以，大量的城市基础设施和公用设施需要更新和完善，大批的国有企业需要技术改造，因而需要巨额的改造资金。老工业基地的工业结构优化（尤其是新产业的培育）和企业改革（如建立职工社会保障制度）都需要大量资金投入。解决资金问题有下列途径：企业自筹、政府投入、信贷优惠、社会集资、吸引外资等。

2. 工业技术改造对策

老工业基地的相对衰退，除了体制方面的原因之外，技术进步迟缓也是其重要原因。因此，要特别强调应采用高新技术改造传统产业和培育新兴产业，技术改造不能停留在利用中间技术进行修修补补和简单更换上。通过技术改造提高基地的整体工业技术水平，既是老工业基地改造与振兴的首要内容，也是它的重要途径。大规模引进国内外先进技术，在条件允许的情况下，使引进技术成为老工业基地改造的主要技术来源。对于中小企业来说，可由几个企业合办一个技术开发机构，或者与科研单位、大专院校联办，这是解决企业技术来源和推动技术进步的基础。

3. 工业结构优化对策

老工业基地工业结构大都比较陈旧，原有的主导产业不能充分发挥主导作用，缺乏拉动整个工业基地工业发展的新兴主导产业群。老工业基地能否振兴，在很大程度上取决于是否具有足够的产业结构转换能力。因此，必须选择和培育这种新兴主导产业群。新兴主导产业群的确立，还为老企业改造和新企业建设的投资重点指引了方向。选择新兴主导产业群需要考虑的因素包括国家产业政策的要求、发挥老工业基地各自的比较优势、连锁效应、对现代技术的吸纳程度、市场前景。

4. 加快老工业基地内第三产业的发展

根据城市技术经济水平和老工业基地改造的要求，应把发展第三产业的重点放在与信息产业发展相关的信息服务业、交通运输业、邮电通信业以及与市场经济发展关系重大的、目前又非常落后的产业上。生活服务业的发展应扭转目前片面追求高档次、高盈利而群众基本生活服务需求很难满足的状况，应形成多档次的、合理的服务行业结构。开辟和完善生产资料、房地产、金融、技术、劳动力、信息等多种要素市场，以促进服务产品的商品化，为第三产业提供更广阔的活动空间。

第四节 案例分析

某地区位于我国西南地区，是我国西南边陲重要的工业基地和优良农产品生产基地。改革开放以来，特别是撤地设市后，国民经济和社会发展都取得了辉煌的成就，综合实力跃上新台阶。特别是20世纪90年代以来，该地区第二产业的比重基本保持较快的增长速度，在国民经济中所占的比重越来越大，但该地区第一产业比重太大，第三产业比重较低。本案例重点分析该地区老工业基地改造、建设和发展的规划。

一　发展现状与存在的主要问题

该地区是所在省份的一个重要的工业基地。经过半个多世纪的发展，已经建立起煤炭、烟草、电力、汽车、化工、冶金、机械、轻纺、食品、建材等门类较为齐全、具有一定规模的工业体系，特别是烟草工业给该地区和国家创造了巨额的财政收入。但是在经济发展中该地区存在的主要问题如下：

1. 缺乏长期稳定的战略目标和有效的具体措施

在发展工业特别是六大支柱产业培育中缺乏长期稳定的战略目标和具体措施。长期以来，由于受计划经济管理体制的约束，该地区在发展工业中立足点不高，没有从区域经济的高度去研究问题，条块分割，各自为政，相互制约，没有形成产业链和产业聚集，资源优势没有得到充分发挥和利用。

2. 组织结构单一，所有制结构不合理，市场缺乏活力

从该地区规模以上企业看，虽然企业产权制度改革迈出了坚实的步伐，但尚未实现权责明确、产权清晰、产权多元化的格局，即使是改制企业，仍是国有股权占主导地位，非公有制经济发展不足。2002年工业总产值中，国有经济占54.15%，集体经济占15.6%，非公有制经济占30.23%，国有经济比重过高的情况有待进一步改善，非公有制经济发展水平远远低于沿海经济发达地区水平。

3. 产业结构多为原料型，名牌产品少，市场占有率低

该地区工业在总体上处于初级产品加工阶段，以致工业产业多属原料型、资源型、重工业和初级产品加工工业，名牌产品少，低档产品多，粗加工产品多，深加工产品少，即使是在国际市场有一定竞争力的产品，也多是高耗能、高污染的产品，竞争能力弱，抗风险能力差。在产业结构上，表现为产业单一，以烟草加工为支柱的单一财源使该地区经济的持续、稳定发展面临较大风险。

4. 技术结构落后，创新能力不强，市场竞争力弱

由于科技投入总量严重不足，研究与开发能力薄弱，技术创新人才缺乏，以企业为主体的创新体系尚待健全和完善，加之企业的设备老化，人才匮乏，严重制约着该地区工业经济的科技进步和企业竞争力的提高。2002年该地区用于工业科技开发与研究的经费支出占该地区国内生产总值的比重很小，远远低于沿海经济发达地区的投入水平。科技创新人员缺乏和科技投入严重不足，直接导致企业普遍缺乏技术创新能力和产品开发能力，工业的发展很大程度上是由低效益、长周期的外延性投资扩张推动，表现为同一低技术水平上的重复扩张。经过几十年的艰苦努力，该地区已培育了具有较大规模的卷烟、能源、化工、机械、冶金、建筑材料等产业，并在所在省产业中占有重要的份额。但除了烟草、能源具有较好的竞争能力

外，其余的行业竞争力都不强，且还有65%左右的企业长期处于亏损状态。

5. 工业支撑体系不健全，缺乏有效的工业投入机制

长期以来，由于改革滞后，加之财政困难，发展工业的支撑体系不健全，缺乏有效的工业投入机制，投入不足；资本市场发育不健全，吸引外资少，民间投资不足，产业结构调整缺乏必要的资金支持；技改投资投向不合理，有相当一部分以扩大产能为主要目的，用于提高技术含量、节能降耗、改善产品结构、提高性能和质量的投资比重很低。

6. 企业规模小，效益差

该地区大中型企业少，小企业众多，小企业占全部工业企业总数的96%，在国有及年销售收入500万元以上的企业中，小企业有131户，占66%。这些企业规模小、管理差、技术装备水平低，难以参与市场竞争，效益较差。如果用国家产业政策来衡量，其中很多都属于"五小"企业，面临被关闭和被淘汰的局面。2002年全市规模以上工业企业中，亏损企业91户，亏损面达45.96%，亏损企业亏损额达2.36亿元。

二 发展优势与劣势

（一）优势条件

1. 区位和交通优势

该地区跨长江、珠江流域，周边毗邻三省区，位于国内内地和边疆、东南亚两大市场之间。贵昆、南昆铁路贯穿全区，铁路里程达597.9公里，以三条高速公路为龙头，以四条国道为骨架，以省道和地方路为经络的公路路网已经形成。昆明新机场的建设又将为该地区增添新的空运条件。这些因素为该地区工业的发展创造了很好的区位和交通优势条件。

2. 产业基础优势

该地区工业经济分布于35个大类，160个小类，基础好，门类较为齐全，是该地区加快经济发展的重要支柱，化工、冶金、机械、建筑建材等产业初具规模。农业是该地区的基础产业，在所在省占有举足轻重的地位，农林牧渔业总产值，粮食、烤烟、油料、猪牛羊肉产量皆居所在省首位。该地区农业基础扎实，工业门类较为齐全，现有产业群体平台可为该地区加快发展提供可靠的基础条件。

3. 丰富的资源优势

该地区丰富的土地、矿产、生物、人力等资源，是该地区工业发展的一大优势。丰富的土地资源为发展特色高效农业、开发创新生物资源产业提供了坚实的载体；煤炭、铅锌矿、锰矿、硫铁矿等有色金属资源也较为丰富，丰富的矿产资源为该地区工业发展提供了可靠的原料保障；以煤电为主的能源产业已成为该地区经济发展的重要支柱。该地区是全国和全省的烟草、优质籽种粮油、生猪、马铃薯、茧丝绸、林果等生产加工基地，其为生物资源开发创新提供了广阔的前景。

（二）不利条件

1. 城镇化水平偏低

2001年，该地区城镇化水平只有21.3%，低于全国平均水平14.7个百分点，低于全省平均水平2.06个百分点。城镇建设滞后，服务体系不健全，功能不配套，影响了对富余劳动力的吸收，严重制约着该地区第三产业的发展。

2. 周边地区竞争日趋激烈

该地区经济总水平在所在省排第三，如何体现特色，发挥优势找市场，在市场竞争中发展壮大，需要对该地区优势工业的现状和发展趋势进行深入分析。这有利于该地区充分发挥自身的比较优势，扬长避短，与周边及其他地区优势互补，共谋发展，避免结构的同构化和过度竞争。

3. 资源与环境可持续发展面临较大压力

该地区作为一个典型的资源型城市，同样面临着严峻的资源、环境与经济协调发展问题。该地区矿产资源虽然比较丰富，但从发展的角度看，矿产资源属于不可再生资源，总有一天会耗竭。因此，从可持续发展的角度分析，只有提高矿产资源的利用率，才能相对延长矿产的使用寿命，减少资源危机对工业经济发展的压力。作为资源型城市，该地区在输送大量原材料及初级产品的同时，把大量的废弃物、污染物囤在当地，环境问题突出。

4. 劳动者受教育水平低

该地区劳动者受教育程度低于全国及所在省水平。2000年人口普查，该地区人口文盲率达11.63%，比全国总人口文盲率6.72%高4.91个百分点，比所在省总人口文盲率11.39%高0.24个百分点；在16岁及以上人口中，中专（不含高中）及以上学历人口仅占 3.55%。

三 老工业基地功能定位与总体思路

（一）老工业基地功能定位

围绕建设珠江源大城市，打响"珠江源"品牌，按照"超前、特色、现代"的要求，注重城市功能、城市特色、城市风格的规划建设，把该地区特有的人文地理、资源环境、优势产业整合融入"珠江源"这一独具特色的大品牌中，走可持续发展、新型工业化的发展道路。促进中心城市在整个区域经济发展中的载体功能、聚集功能、辐射带动功能的充分有效发挥，将该地区建成所在省重要的工业基地，中国西部特色鲜明、实力雄厚的现代工业强市，建成中国面向东南亚、南亚的重要商品聚散地和出口加工基地。

（二）总体思路

根据老工业基地改造的指导思想和功能定位，确定该地区老工业基地改造的总体思路是：建设一个中心，一条经济带，三个工业园，五大基地，培育壮大六大支柱产业，加快县域经济发展。用高新技术改造传统产业，坚持巩固传统产业与发展新兴产业并重，发展资金技术密集型和劳动力密集型产业并重，高度重视借助外力，推进老工业基地的改造进程。

1. 一个中心

围绕老工业基地改造的需要，积极争取国家及省工业重点实验室、工程中心及有关科研机构落户该地区；大力引进省外工业科技研发机构；着力吸引跨国公司来此建立具有高科技水平的研发机构；支持该地区师范学院围绕工业化、城市化调整专业设置，培养更多工业技术实用人才。推进产、学、研结合，把该地区建成全省的工业技术研发中心。

2. 一条经济带

依托昆明—马龙—麒麟—沾益—宣威的交通优势，围绕该地区六大支柱产业，布局一批工业企业，建成昆曲经济带；力争形成"路经济"和"路文化"较为发达的现代工业强市建设的主干线，使该条经济带成为聚集该地区 70% 以上工业企业，基础雄厚、带动力强的经济增长带。

3. 三个工业园

①南海子综合工业园。其位于麒麟区至马龙县之间的南海子，规划占

地面积30平方公里，重点发展电力配套设备、工程机械、新材料、卷烟生产辅料、绿色食品和医疗用品等产业。②花山煤化工工业园。其位于沾益县花山镇，主要依托沾化、云维两个大型工业企业来建设，占地面积25平方公里，重点发展煤化工及相关产业。③汽车及配套产业园。其位于该地区省级经济技术开发区西片区，以一汽红塔为龙头，占地面积10平方公里，重点发展汽车及其配套产业。

在建设好三大工业园的基础上，按照"一园多区"的模式，建设以茧丝绸、制药、造纸为主的陆良特色产业加工区；以水泥为主的师宗白马山工业区；以生姜、油料加工为主的罗平绿色食品加工区；以电煤产业为主的富源黄泥河工业区；以化工产业为主的宣威羊场工业区；以冶金产业为主的会泽者海工业区。形成聚而兼面的园区布局，实现工业的聚集式发展，推进该地区工业强市建设。

4. 五大基地

（1）中国西南重要的能源基地。加快煤炭、电力产业的发展，以富源、宣威、师宗、麒麟、沾益、罗平等县市区为主，建成以煤炭资源为依托，以大容量、高参数火力发电为主，水力发电为补充的工业基地。

（2）中国西南重要的重化工业基地。加快化工产业和矿业发展，以沾益、宣威、会泽、富源等县市为主，建成集团化、规模化、专业化的工业基地。

（3）中国西南重要的轻型汽车工业基地。加快汽车机电产业发展，以一汽红塔为龙头，建成科技含量高、产业链较长的工业基地。

（4）中国西南重要的绿色食品加工制造基地。加快特色农产品加工业发展，以麒麟区的粮、菜、畜、奶加工，宣威的火腿、马铃薯加工，罗平的油料、生姜蔬菜加工为主，建成符合农业产业化要求，带动广大农民增收致富的工业基地。

（5）中国优质烟草生产加工基地。进一步调整布局，强化"国际型优质烟"标准各项措施的实施，加强卷烟生产和销售，建成全国著名的优质烟生产基地。

5. 六大支柱产业

继续巩固提高烟草及配套产业的发展水平。主要是扩大烤烟、卷烟及卷烟配套用品的生产。保持烤烟产量稳定、卷烟产量稳步增长；烟草及配套产业产值和增加值实现稳定增长。

大力发展能源产业。 主要是煤炭工业和电力工业，要利用煤炭资源优势，优先开发火电，推进煤电结合。

深度培育矿冶产业。 主要是有色金属、黑色金属及非金属矿产的开采、冶炼及深加工。

继续壮大化工产业。 主要是石油天然气开采加工、炼焦业及化学原料和制品业，推进"矿肥结合"、"矿化结合"、"磷电结合"等。

着力培育汽车和机械制造业。 主要是轻型汽车和其他机械制造。

做大做强生物资源开发创新产业。 主要是粮油、畜牧、薯类、蔬菜花卉生产和茧丝绸、林果等产业的生产和加工。

6. 加快县域经济发展

要根据各县资源和特色经济，以发展工业为核心，以新型工业化的理念推进农业产业化，努力增强县域经济实力，培育县域财源。着力开发名、特、优、新农产品及其加工制品，支持发展农业专业大户、农村专业合作经济组织和中介组织，培育完善现代化农业商品市场体系和社会化服务体系。提高县域工业的产业层次，增强县域工业的竞争力，使工业化、城镇化和县域经济协调发展。

四 总体目标和时序安排

（一）总体目标

从定性角度来看，该地区老工业基地改造的总体目标应该是以经济结构调整为主线，以招商引资为契机，加速融入昆明经济圈，主动接受东盟贸易区的辐射，承接产业梯度转移，立足未来城市发展需要，实现由原材料工业主导型向高加工度工业主导型的跨越，形成科技含量高、竞争能力强的支柱产业，努力把该地区与所在省一道建成东南亚、南亚开放的前沿地区。到2020年将该地区建设成为城区面积突破100平方公里、市区人口超过100万的大城市，率先在所在省基本实现工业化，成为中国西部地区特色鲜明、实力雄厚的工业强市和对滇东地区有较强辐射力的中心城市。

从定量角度来看，其总体目标为，2003~2005年，工业增加值年均增长达到14%；2006~2010年的5年间，该地区工业增加值年均增长15.8%左右，到2007年国内生产总值在2000年的基础上翻一番。到2020年，国内生产总值在 2000 年的基础上翻两番。同时加快该地区城市化步伐，使城市化水平在 2005、2010 和 2020 年分别达到 27.5%、36.5% 和 55%，率先在所在省实现工业化和全面建设小康社会的目标。

（二）时序安排

（1）第一阶段：2004~2005 年。这一阶段为奠定基础阶段。要全面超额完成工业发展的"十五"计划，为该地区建设现代工业强市做好准备，做到工业重点项目建设进展顺利，企业改革和行业整合、结构调整、技术升级全面展开。2005 年工业增加值达到 169 亿元，占所在省工业增加值的比重达到 16.3%。搞好中心城市总体规划的修编，对老城区进行改造，按新的规划建设好中心城市的主要城市道路，启动三大工业园区的建设，初步奠定珠江源大城市的总体框架。

（2）第二阶段：2006~2010 年。这一阶段为进一步夯实工业基础，全面推进工业快速发展阶段。加快工业化进程为珠江源大城市的发展提供坚强的产业支撑，三大工业园区基本建成，城市基础设施和城市功能日益完善，城市中心区和几个次中心区逐步融合成一个统一、有机的整体，整个城市工业发展迅速，各项商务活动较为频繁和便捷，工业发展环境优良，开创该地区工业发展的新局面。2006~2010 年，该地区工业增加值年均增长 15.8% 左右；2010 年达到 500 亿元，占全市 GDP 的比重达到 55%，占所在省工业增加值的比重达到 27.9%。到 2010 年，中心城市建成区面积达到 50 平方公里，人口达到 50 万人，珠江源大城市的地位初步显现。

（3）第三阶段：2011~2020 年。这一阶段为工业强市建设取得重大成效阶段。通过工业化和城市化的相互促进和相互带动，城市规模得到进一步扩大，城市功能日益完善，特色逐步凸显，城市的综合实力和竞争力不断增强，工业经济保持持续、快速、健康发展的势头，最终将该地区建成所在省重要的工业基地，中国西部地区特色鲜明、实力雄厚的现代工业强市，建成中国面向东南亚、南亚的重要商品聚散和出口加工基地。到 2020 年，工业增加值占该地区 GDP 的比重达到 60%，城区建成面积突破 100 平方公里，人口达到 100 万以上，率先在所在省实现工业化和全面建设小康社会的目标。

（三）规划布局

总体框架是"盘江作经，国道为纬，麒沾马一区两片三组团，打造珠江源现代工业城"。

1. 盘江作"经"

充分发挥南盘江从北至南流经该地区中心城市的优势，高起点做好沿江两岸的城市规划，实施沿江截污及沿江环境保护工程，同时搞好人工湖泊建设，使之与南盘江相呼应，使该地区因水而活，依水变美，形成"水在城中，城在水中"，河流、湖泊、花园、草地点缀其中的花园城市，成为所在省既有产业支撑又有优美环境，既有办事的高效率又有良好人居环境的"体验"城市。

2. 国道为"纬"

充分发挥320国道东西向横贯该地区中心城市的优势，高起点做好320国道的城市产业功能区的规划，依托便捷的交通，发展高效的物流，进而带动"路经济、路文化"的发展，使该地区因产业特别是工业的支撑而强，成为所在省工业经济和工业文化较为发达，对滇东地区有较强辐射力的现代工业强市。

3. 麒沾马一区两片三组团，打造珠江源现代工业城

通过沿南盘江和320国道规划该地区，使麒麟区、沾益县城、马龙县城连成一个既相互独立，又有有机联系的整体，成为珠江源大城市的不同功能区域。

"一区"即麒麟区。要精心策划，科学统筹，合理改造，选择优势位置建设未来大城市的CBD，建成未来中心城市的政治、文化、金融、贸易、商务活动最集中的地区。

"两片"即沾益和马龙县城两个片区。沾益要规划建成现代大型煤化工园区和以商贸、旅游、特色高效农业为主的山水园林新区。马龙要规划建成以电力、烟草配套产业，绿色食品加工，医药，工业机械及新材料等污染小、能耗低、附加值高的产业为主的工业园区。

"三组团"即珠街（含沿江）、越州和温泉（含三宝）三个功能各异、各具特色的组团。珠街（含沿江）要建成以农副产品加工、畜牧业、生态农业、观光农业为特色的组团；越州要建成以冶金、能源、化工、建材为主要产业的组团；温泉（含三宝）要建成以休闲、娱乐、旅游、会展为主的休闲度假组团。整个城市做到片区布局合理，各具特色，环境优美，功能齐备。

在建设珠江源大城市的同时，要加快推进城市化步伐。建设一批各具特色的大中小城市：宣威突出火腿、洋芋等特色农产品优势，建成农产品加工基地；富源立足煤电，建成全省的重要煤电基地；会泽突出古钱币、

历史文化特色，建成云南的历史文化名城；陆良以沙雕为重点；罗平以油菜花、喀斯特地貌和古朴民风为依托，建成风景旅游城市。2015年前，把宣威建成大城市，把会泽、罗平、陆良建成中等城市，把其余县城和一批重点城镇建成各具特色的小城镇，形成结构合理，大中小并举的城镇体系。

五 支柱产业选择和发展规划

主导产业通常是指那些在区域工业产业体系中处于技术领先地位，代表着该地区工业产业结构演变的方向或趋势，能够带动和促进整个区域经济发展的产业或产业部门。主导产业在区域产业结构中居于支配地位，综合效益较好并具有较大增长潜力，产业关联度较高，对区域经济发展的驱动力大。一般情况下，主导产业发展到一定程度，就会在国民经济中占据重要地位，起经济支柱作用而成为支柱产业。支柱产业的选择，可以利用多种不同的指标，运用不同的方法和模型。

（一）选择该地区支柱产业

该地区支柱产业应该主要集中于烟草加工业、化学原料及化学制品制造业、煤炭采选业、电力燃气热水生产供应业，对具有一定区位优势的交通运输设备制造业、有色金属冶炼及压延加工业、纺织业、有色金属矿采选业和印刷业加以重点发展。

该地区的支柱产业为"两烟"及配套产业、能源产业、化工产业、矿冶产业、机械汽车产业。此外，该地区要紧紧抓住国家实施西部大开发战略和云南建设绿色经济强省的机遇，充分利用该地区生物资源丰富的优势，依靠科技，引进技术，广泛与高等院校和科研单位合作，加快以生物资源开发与创新为主的现代生物产业发展步伐；大力发展绿色食品、生物制药及保健品、经济林果及深加工产业，将生物资源开发创新产业作为支柱产业加以培育和发展。

（二）支柱产业发展总体思路

坚持以市场为导向，以企业为主体，坚决打破阻碍生产力要素合理流动的地方壁垒，进一步强化区域产业布局的整体性和科学性，突出自身特色和优势，认真抓好六大产业相应基地的建设，把基地建设纳入到相关县（市、区）的生产力布局规划，加强产业引导，促使相关企业、项目、资金和人才等资源向六大产业基地聚集，加速六大产业基地的形成。围绕六大优势产业的培育，集中资金，扶优扶强，力争快上一批能带动区域经济发展的大项目，组建一批企业集团，同时加大国有企业改革力度，推进科技创新，加速六大产业的发展壮大。

（三）支柱产业发展规划目标

根据该地区的经济基础和发展条件，力争用5年时间，通过抓好"五个结合"，建好三大新型工业化示范园区，把"两烟"及配套、能源、化工、矿冶、机械汽车、生物资源开发创新产业培育成支柱产业。六大支柱产业到2010年共实施100个项目，总投资1000亿元，年销售收入分别达到100亿元以上。把该地区建成五大产业基地（中国优质烟生产基地、云南省能源产业基地、云南省重化工基地、西南地区轻型汽车制造基地、云南省绿色食品加工基地），为实现该地区建成现代化工业强市的目标奠定坚实的基础。

六大支柱产业中，"两烟"及配套产业、能源产业、化工产业、矿冶产业、机械制造产业、生物资源创新产业产值力争取得突破性进展。到2010年，六大支柱产业总产值达到1000亿元，增加值500亿元，年均增长15.8%。六大支柱产业中，"两烟"及配套产业总产值达150亿元，增加值110亿元，年均增长5.4%；能源产业工业总产值达到250亿元以上，增加值120亿元，年均增长20.6%；矿冶产业总产值达到100亿元，增加值45亿元，年均增长20.7%；化工总产值达到240亿元，增加值85亿元，年均增长30.7%；机械制造产业的工业总产值达到120亿元以上，增加值50亿元，年均增长33.4%；生物资源创新产业总产值达到140亿元以上，增加值90亿元，年均增长8.7%。

第十二章 欠发达地区经济发展规划

欠发达地区经济发展的相对滞后是自然、历史、社会、经济、政治、文化等诸多因素综合作用的结果。但是作为整个国家一个非常重要的组成部分，欠发达地区的社会和经济发展关系到国家全局，也关系到国家现代化进程。因此，制定恰当的欠发达地区经济发展战略和发展规划，对于正确协调欠发达地区与发达地区的关系，推动全国社会和经济协调发展具有非常重要的意义。

第一节 欠发达地区经济发展的特征

一 经济欠发达地区的含义

党的十四届五中全会通过的《中共中央关于制定国民经济和社会发展"九五"规划和2010年远景目标的建议》，在"七五""八五"规划研究的基础上，按照市场经济规律和经济内在联系以及自然特点，突破行政区划界限，在已有经济布局的基础上，以中心城市和交通要道为依托，提出了7个跨省区市的经济区域。

长江三角洲及长江沿江地区：东起上海，西至四川、重庆，包括长江三角洲14个城市及长江沿江地区的14个城市和8个地区。

环渤海地区：包括河北、辽宁、山东、山西4省，内蒙古7个盟市和北京、天津2个直辖市。

东南沿海地区：包括福建、广东两省。

西南和华南部分省区，包括四川、贵州、云南、广西、海南、西藏和广东西部的湛江、茂名。

东北地区：包括辽宁、吉林、黑龙江 3 省和内蒙古东部 4 个盟市。

中部地区：包括河南、湖北、湖南、安徽、江西 5 省。

西北地区：包括陕西、甘肃、宁夏、青海、新疆 5 省区和内蒙古西部 3 个盟市。

经济欠发达地区，是按照经济发展状况对区域进行的确定，可以理解为：经济已有一定程度的发展，加快经济发展的基本条件已不同程度地具备，经济发展的潜力比较大，经济总量和人均占有量等主要经济指标，与不发达地区相比较高，与发达地区相比还有相当差距，是具有一定范围的经济区域。

经济欠发达地区这一概念有如下几个方面的特征：

(1) 欠发达地区含义中提及的参照对象是我国的发达地区和不发达地区，而不是别的国家的发达地区和不发达地区。

(2) 发达地区、欠发达地区和不发达地区的划分，是以经济发展水平为主多项综合因素（如自然条件，劳动地域分工）为辅作为其划分依据的。

(3) 从范围上看，欠发达地区包括三分法中的我国中部经济带的大多数省、区，也包括东部经济带中的尚不够发达的地区和西部经济带中经济已有了一定程度发展的地区。如按七分法，它则包括中部地区 5 省和其他经济带的部分地区。

(4) 发达地区、欠发达地区和不发达地区，都是经济概念又同时是动态的概念。

(5) 欠发达地区即使单从经济方面进行考察，也不是各个方面和领域都欠发达，往往存在着经济发展的潜力和独特优势。

(6) 欠发达地区就其规模范围看，至少应在几个县以上，因为县以下的经济区只能称作生产区而不能称作经济区域。

二　欠发达地区的经济特点

欠发达地区的经济特点主要表现在以下几个方面：

(一) 经济总量和人均占有量较低，与发达地区有较大差距

1978 以来，从 GDP 总量的地区构成和三大地带人均 GDP 与全国平

均水平的比值来看，东部地区呈现持续上升趋势，而中西部地区相对下降。尤其是1994年以前，东部地区上升的趋势和中西部地区相对下降的趋势十分明显。东西部工业增长速度变化情况突出地表现了东西部增长速度的差距。在过去的20年中，伴随我国经济的持续增长，地区间的差异呈扩大趋势。

（二）产业结构层次仍然较低，整体经济素质较差

欠发达地区就其整体经济发展阶段来说，仍然处于工业化初期阶段，产业支撑主要靠一般加工工业和劳动密集型产业。欠发达地区农业商品化程度和经营方式层次较低，产业链较短，而特色农业还没有发展起来。欠发达地区的工业以传统门类为主，新兴产业和高新技术产业基本上是空白，产品质量、档次和附加值均较低，精深加工品、市场竞争力强的产品较少。欠发达地区的第三产业发展迟缓，由于其与城市配套的基础设施等硬件建设较差，人流、物流、资金流、信息流尚未搞活。

（三）对外开放步子较慢，外向型经济发展差距明显

我国对外开放是由东部沿海地区向中西部梯次推进的。近几年，欠发达地区对外开放和外向型经济虽然也有了较大进展和发展，但与发达地区相比仍然存在很大差距。受东部地区较优越的投资环境和高投资回报率的吸引，改革开放以来外商直接投资主要集中在东部地区，中西部地区尤其是西部地区所占份额非常小。

（四）城镇化水平较低，中心城市的辐射能力较小

由于城镇化水平较低，极大地限制了欠发达地区农村劳动力转移的规模和速度，同时也严重制约了欠发达地区第二、三产业的发展。欠发达地区不仅城镇化水平低，而且由于其一般都远离经济繁荣的大城市，区内城市规模较小，对其经济的辐射和带动能力也就较小。

（五）地方财政负担沉重，地方财政收入仍然紧张

欠发达地区各省区的县级财政相当困难，即使通过各种手段筹集资金，包括上级超拨补助、调入资金、挤占专款、银行借款等方法有时仍然不能满足需求。由于财政状况恶化，一些急需的建设项目不能上马，一些重点企业的技术改造不能顺利进行，技术引进更无资金支付，使经济发展受到很大影响。

第二节 欠发达地区经济发展的主要制约因素

欠发达地区经济发展的相对滞后是自然、历史、社会、经济、政治、文化等诸多因素综合作用的结果,除了具有本地区经济开发共有的发展障碍外,还有特殊的历史与现实背景。具体说来,主要包括以下几个方面的因素。

一 地理环境与发展基础

(一)地理环境

中西部地区处于我国地势阶梯的二级和三级台阶上,垂直的山地地带和水平的平地地带的结合使其具有丰富的地貌高低起伏的地表特征,它比世界上任何其他的山地地域都具有更丰富的地表特征。这里土地贫瘠,气候资源欠佳,作物生长期长,除成都平原与关中平原以外,绝大多数地区的自然条件恶劣,全国四大生态脆弱带(西南石山岩溶地区,南方红壤丘陵地区、北方黄土高原地区、西北荒漠化地区)都位居这里。

东部地区拥有比中西部地区更为优越的经济发展基础,在经济发展中处于相对有利的地位,这种初始的静态比较优势经过20年的发展不断得到强化,从而形成了今日的经济格局。

(二)发展基础

区域经济发展水平的历史差异,是构成经济发展水平现实差异的重要因素之一。经济发展是一个连续不断的过程,今日之发展乃是昨日经济发展基础上创造性的延续。一般而言,在资本不足的经济发展时期,地理位置与自然条件好的地方可以利用历史上长期形成的投资积累,因此容易开发,并发展快。反之,则开发难度大,发展慢。在一定程度上,初始条件的状况决定着一个地区未来经济发展的状况。初始条件的这种差别,使欠发达地区在与东部地区的竞争中处于十分不利的境地。如果没有外力的注入,这种业已扩大的差距还可能继续拉大。

(三)基础设施

我国中西部地区人口密度小,基础设施的需求小于人口密集的东部地区，因此政府投资的力度远远小于东部。而基础设施是公共物品，其使用的非排他性及其效果的外部性决定了私人在这一领域的投资存在不易克服的壁垒，由此造成了西部的基础设施大大落后于东部。中西部地区落后的基础设施已严重地影响了其经济发展与资源开发。尤其是交通运输与邮电通信的严重滞后已成为西部开发的巨大障碍。这些必须引起决策机构与研究人员的足够重视。

二 资源供给与配置效率

地理位置与发展环境固然是经济发达与否的重要原因，但也不是绝对的。开放条件下，经济发达程度不同而引起的经济资源的流动，才会对现实经济发展产生更大的影响。

（一）资本供给

西部地区投资不足，严重制约了西部地区的经济发展。改革开放以来，东部地区的优惠政策和高资金回报率吸引着全国各地的资金涌入东部，特别是投资环境更好的经济特区和沿海开放城市。欠发达地区相当部分的资金通过银行存贷差、股票交易、横向投资等方式流入东部。

欠发达地区由于生产要素的大量东流，严重影响了区内经济的正常发展，经济增长速度减慢，导致对生产要素的需求减少，生产要素的报酬率进一步下降，从而又导致区内各种生产要素的不断东流。这种资金的倒流对相对于东部资本本来就很短缺、与东部苦乐不均的欠发达地区而言无疑是雪上加霜，严重地影响了当地的经济发展，使制约当地经济发展的资金短缺问题更趋严重。

（二）人力资本

西部的劳动力数量很充足，但质量与结构方面劣于东部。欠发达地区在教育投资上存在严重问题，尤其在中小学教育投资上问题更多。它集中表现在三个方面：一是教育投资的比例偏低，教育支出在国民生产总值、财政支出中的比例低于东部，也低于全国平均水平；二是人均教育投资水平十分低下，一些贫困地区的教育事业甚至出现萎缩；三是已有的教育投资效益较差，教育经费被浪费、挪用现象严重。由此可见，人力资本投资不足是欠发达地区经济发展滞后的一个重要原因。

(三) 资源配置效率

从经济运行效率的角度，地区要素投入产出效果的差异对投资的形成起了一定的作用，换句话说，应该承认各地区资源配置效果的差异与投资的相关性。

根据美国发展经济学家纳克斯（R·Nurkse）提出的不发达国家存在着"贫困恶性循环"的理论，我国经济欠发达地区经济中的资本短缺造成了低水平供给和低水平需求，并形成了资本短缺的供给与需求循环。从资本的供给方面来看，不发达地区的人均实际收入低，低收入意味着低储蓄能力，低储蓄能力造成资本形成不足，资本形成不足使劳动生产率难以提高，生产率低又导致低收入，周而复始，形成一个循环；从资本的需求方面来看，不发达地区人均实际收入低，低收入意味着低购买力，低购买力造成投资引诱不足，投资引诱不足使生产率难以提高，生产率低又导致低收入，周而复始，又形成一个循环。

三 经济增长方式与经济政策

欠发达地区经济增长尚未改变传统外延式扩张粗放增长的模式。市场经济不发达，企业只好把增长的希望寄托在财政银行的支持上，形成了国有企业对银行的硬性依赖。不少国有企业重外延、轻内涵，重建设、轻效益，重规模扩张、轻结构优化。对政府行为来说，由于庞大的行政管理体制改革滞后，政府职能转换步伐较慢，重视从上级争投资、要补贴，忽视地区内部资金积累；重视铺摊子、上项目，忽视结构调整与效益提高。

我国自改革开放以来，为了寻求经济上的快速发展和提高整体经济效益，在地区发展战略上，中央政府实行的是在效率优先的原则下对东部沿海地区在计划、投资、财税、信贷、外贸等方面给予政策倾斜。这些政策在推动全国宏观经济效益提高和东部地区经济高速增长的同时，客观上也拉大了东部与中西部发展的差距。

中西部地区经济发展滞后是以上因素综合作用的结果，其中地理环境与发展基础可变的程度较小，而人力资本投资不足、增长方式粗放、政策过多向东部地区倾斜、价格体系不合理等因素都可归结为制度因素或由制度短缺所致。

第三节 欠发达地区经济发展战略的选择

根据自身历史和现实的各种条件自觉地按照客观经济规律谋求发展，同时接受国家宏观发展的约束，是我国经济区域发展的重要指导思想。欠发达地区的经济开发同样要兼顾这两个方面，欠发达地区经济开发战略的制定也要以这两个方面为基本背景。这对于经济发展自我把握能力差的西部显得尤为重要。

一 战略指导思想

区域经济发展战略指导思想首先要服从全国经济发展战略的指导思想。1995年9月28日通过的《中共中央关于制定国民经济和社会发展"九五"计划和2010年远景目标的建议》中，对我国社会经济发展的实践活动，概括出9条重要原则。1996年3月5日全国人大八届四次会议通过的《关于国民经济和社会发展"九五"计划和2010年远景目标纲要的报告》，对1996~2010年我国经济和社会发展提出了5条指导方针——正确处理改革、发展、稳定的关系；积极推进经济体制和经济增长方式的转变；认真解决关系改革和发展全局的重大问题；计划要体现社会主义市场经济的要求。作为欠发达地区经济发展战略的指导思想，要把国家的战略指导思想与本区域的实际相结合，提出既体现国家指导原则，又符合本区域利益与区情的指导思想。

欠发达地区不管是所有制结构现状，还是其经济结构、体制现状，都与它们本身的改革滞后紧密相连。尽管东西部差距的形成原因非常复杂，很难找到一个居于主导因素的方面，但作为欠发达地区本身的发展，却可以根据经济规律及西部经济社会的特征找到突破口。制度经济学认为，与生产要素相比，制度是决定经济增长的最大约束性因素。所以欠发达地区的开发更应在改革上下功夫。改革对欠发达地区发展的意义更为深远。

效率优先、分类指导是欠发达地区开发战略指导思想的一个重要方面。以市场经济方式而不是以传统经济方式谋求经济发展，是区域经济研究的重要内容，也是区域经济战略研究与制定的关键所在。在生产条件方面，欠发达地区内部差异很大，如在资源条件、交通通信条件、距中心市场远近、历史形成的经济基础、劳动者生产技能、技术水平等方面。效率优先是市场经济的法则。在这个法则下资源会优先配置在生产条件好的地区和部门，有限的资源也会配置在效率高的地区与行业。这样，让能够较快发展起来的区域先发展起来，然后，逐步扩散、推移，从而带动整个欠发达地区的经济发展。

保持政治稳定是制定区域经济发展战略的指导思想之一，更是欠发达地区制定经济发展战略应遵从的一个重要指导思想。区域经济过分失衡会对国家的政治稳定产生不利的影响。地区之间差距过大，尤其是收入分配差距太大会引起落后地区的不满情绪。欠发达地区又是多民族聚居区，民族地区又多是贫困地区，因此，在制定欠发达地区经济发展战略时必须充分考虑政治稳定和民族团结这一因素。

二　战略目标

根据我国政府提出的战略目标和经济欠发达地区经济特征，近十年欠发达地区经济发展的战略目标是：在欠发达地区经济增长速度略高于全国的同时，争取较快的经济发展，谋求经济与社会的可持续发展。基本消除贫困现象，人民生活达到小康水平，为下一步战略部署和发展奠定良好的物质基础和经济体制基础。再过十年，国民经济技术水平与整体素质明显提高，人民的小康生活更加宽裕，国民经济发展水平与东部的相对差距保持在一定范围或趋于缩小。

在兼顾社会发展与进步的前提下，谋求尽可能快的经济增长；转变经济增长方式，提高经济效益，树立新的经济增长观，树立经济与社会、与环境生态可持续发展的新发展观。产业结构本身也是经济发展水平的重要标志。所以，结构的优化应是欠发达地区经济开发所应追求的一个重要目标。经济发展的最终目的是为了人民物质文化水平的普遍提高，是共同富裕。所以，在进行收入分配时，要在追求经济效率的同时，保证必要的社会公平。在科学发展观指导下，欠发达地区要有效地控制环境恶化，寻求良性的生态循环及自然、经济与社会的可持续发展应是欠发达地区开发的一个重要战略目标。

三 开发的原则

围绕开发的战略目标，欠发达地区在开发的实践中应遵循一定的原则，这些原则是：

（一）坚持全面综合、系统开发的原则

欠发达地区开发是一项浩大的社会系统工程，既要谋求经济增长、优化经济结构、提高经济效益、增加物质财富，又要加快经济与政治体制改革，改革与完善各种经济形式与经济组织的结构与机制。

看问题时必须坚持全面的、综合的观点，在较高层次把握具体问题，如某项工作对某个方面有利，但对整体经济发展不利，这就要求我们去阻止这项工作的进行。未来欠发达地区的开发，必须坚持系统开发的原则，以促进系统整体功能的提高与实现良性循环为基本目标。

（二）内源与外源开发相结合，以内源为主的原则

欠发达地区经济发展的滞后，是内外因同时作用的结果。从这点出发，未来欠发达地区的开发，必须坚持内源与外源相结合的方针。即一方面要自力更生、自强不息，通过进一步加快改革开放步伐，进一步解放思想，扬长避短，发挥比较优势，寻求适合自身特点的发展途径，如加快产业结构调整与所有制改革，加强资源开发，集中资金建设若干个全国性能源、原材料工业基地，发展劳动力密集型产业，积极主动地与发达地区和国外开展横向经济交流与合作等。

同时，要重视经济开发中外源力的推动。如国家在可能的情况下，可充分发挥其宏观调控的作用，在保证国家宏观调控统一性的前提下，对欠发达地区在某些方面、某些领域采取更加灵活的政策措施。如在符合国家产业政策和发挥地区优势的前提下，提高欠发达地区国家预算内基本建设投资比重，提高政策性贷款比重；在重大项目和基础设施建设方面，同等条件下要优先考虑欠发达地区；在安排国际组织和其他国家无偿援助项目方面，要优先考虑欠发达地区的需要；将我国与周边国家政府间的经济技术合作项目，优先安排给欠发达地区毗邻的沿边省区，经济技术援助项目主要交由这些省区承办；允许以交通设施建设投资为主体的沿线、车站、港口、机场附近的房地产开发等优先获得经营权，并在贷款利率、偿还期、政策性金融等方面，采取比中东部地区更优惠的政策；引导国内其他地区

或国外的企业、团体和个人到欠发达地区投资等。

（三）因地制宜的原则

欠发达地区内部经济差异性很大，如城乡之间的差异，山区、平原、盆地之间的差异，边境与内陆之间的差异等。在这些地区落后的程度、特征及深层原因各不相同，如果在开发过程中对各地采取同等对待的"一刀切"的开发方式，不但不能收到预期的效果，而且可能造成有限资源的巨大浪费。因此，欠发达地区开发要从区域内各地区的条件与特点出发，扬长避短，趋利避害，合理配置资源。只有这样，才能真正使欠发达地区的开发迈向理性而科学的发展道路。

（四）发挥比较优势与专业化原则

在欠发达地区未来的开发中，必须立足于本地的比较优势，在比较优势基础上，其经济可以形成很高的专业化程度，从而尽收规模经济之效。

目前欠发达地区的大部分国有经济之所以陷于困境，很重要的一个原因就在于那里的经济过度集中在已走向衰落的传统工业部门或需求状况已发生重大变化的军工部门。所以，从长期发展考虑，欠发达地区经济发展中保持适度的产业多样化是较为有利的，借此可以保持必要的应变能力、自我更新能力。

四 欠发达地区经济发展战略模式的选择

区域经济发展战略模式是对区域经济发展道路的规律性概括，其选择的正确与否将对区域经济发展产生重大、深远和不可逆的影响。根据国内外区域开发的理论与实践，欠发达地区开发战略大致可分为以下三种：

（1）加速发展战略，又称"传统发展战略"或"追赶战略"。即以发达地区为参照系，强调经济的高速增长，试图在尽可能短的时间内赶超发达地区，摆脱落后状态。国际上发展中国家曾风行一时的"赶超战略"已纷纷败北（最典型的是非洲一些国家和地区推行的"进口替代战略"和印度的"优先发展重工业战略"）。显而易见，赶超战略的致命伤在于其严重脱离实际，不仅赶超的指标不符合实际，更严重的是实现的手段具有强烈的破坏性。

（2）平衡发展战略，亦称"大推进"（Big Push）发展战略。其主旨是要打破"贫穷的恶性循环"、"低水平的均衡陷阱"，推动经济增长，跨越经济停滞的"死点"。拉格纳·纳克斯和罗森斯坦-罗丹认为,唯一的途径就是应该对国民经济各部门在数量上质量上同时进行适当的投资,形成"大推动的平衡增长"。拉格纳·纳克斯和罗森斯坦-罗丹的不平衡发展战略把解决资本问题作为发展的突破口,其主要措施是着眼于协调资本需求和多种经济部门发展的关系,以便建立两者之间的良性循环。平衡发展战略有其可取的一面,但是其缺陷也是明显的。拉丁美洲许多国家实施平衡发展战略的普遍受挫、伊朗巴列维国王"大推进"经济失败给人的启示是:对于发展中国家或地区,尤其是对于经济处于刚刚起飞阶段的国家与地区而言,实行平衡发展战略不是一个明智的选择。

(3) 非平衡发展战略。此战略是赫希曼（A. O. Hirschman）1958 年在《经济发展战略》一书中针对"平衡发展战略"而提出来的。他着重从资源稀缺和企业家缺乏等方面提出了平衡发展战略的不可行性,并相应地提出了"不平衡发展战略"。赫氏认为,不发达经济是无力采取平衡发展战略的。他认为,引致不发达经济的一个关键因素是发展中国家的经济部门之间联系效应较大的部门。在"联系效应"的作用下,将"引致"其他部门成长起来。这样,经济发展的速度会比平衡发展战略更快。可见,不发达经济取得经济增长的最有效途径是采取精心设计的非平衡发展战略。对不发达经济而言,非平衡发展战略相对于平衡发展战略来说也许是一种更现实、更可行的经济发展战略,它对不发达地区更富有吸引力。但是,非平衡发展战略也有其明显的缺陷。

从以上的评述我们发现,三种战略各有优劣利弊,但对我们今天制定欠发达地区开发战略都有可借鉴之处。如"加速发展战略"中的赶超意识和工业化思想,"平衡发展战略"中的"均衡"发展、各部门相互之间协调的思想,"非平衡发战略"中的重点部门、重点地区优先发展的思想等。尤其是非平衡发展战略,对欠发达地区开发更有现实的借鉴意义。大多数发展经济学家与区域经济学家都认为,并不存在各个国家或地区都必须遵循的独一无二的发展模式。这就要求我们从欠发达地区的区情出发,在其开发战略指导思想、目标、原则的指导下,充分吸取各开发战略,尤其是非平衡发展战略的长处,找到一条促进欠发达地区经济健康、稳定、协调、快速发展的开发战略。这条战略的基本内容是:

1. 重点开发

重点开发是非平衡发展战略思想的体现。重点开发是指根据需要与可能，集中优势力量，进行重点地区与产业的开发与建设；就是要优化地区结构与产业结构，注重宏观经济效益的最佳化。

欠发达地区特有的资源优势与现有基础，使其具备了进一步加工增值和综合利用的有利条件，具备了发挥后天优势的条件，完全有可能按照资源分布及其优势与发展前景，重点发展若干个不同类型的区域和若干个优势产业或高新技术产业，通过这些区域或产业技术经济势能的向外扩散，最终带动整个区域的发展。这种扩散包括两个方面，一是技术经济势能向更广大区域的扩张，二是较快发展的区域吸引边远、贫困、发展条件较差的地区的人口向其合理集中，以产生更好的规模经济与集聚效应。

2. 适度倾斜

与发达地区相比，欠发达地区整体经济发展水平低、生产力层次多、资金匮乏、少数民族比较集中，这种现实决定了欠发达地区发展需要更大的回旋余地和更加灵活的政策环境。

欠发达地区各省区经济相对落后、资金匮乏，不可能拿出多少"硬件"来支持经济发展与改革的深化；指望依靠中央的大量投入来缩小差距也是不现实和难以实现的。但对欠发达地区施之以更多的政策倾斜应该是可能的，而且更加行之有效。这就要求国家在保持适当物质投入的前提下，主要依靠欠发达地区已经积累起来的潜力，通过有效的政策导入，发挥经济改革的"矫正效应"，着力加强欠发达地区内在增长的发展能力。

3. 整体协调

一方面，欠发达地区的开发不应完全围绕重点产业与重点地区进行，而应在重点开发的同时，注意适时地协调区内其他产业、其他地区的发展。这就要求政府要利用经济手段对经济活动进行强有力的干预，以保证经济结构的稳定有序和区域之间的差距保持在适度的范围之内。

另一方面，中央政府要针对东西部差距的动态变化，适时地、动态地对欠发达地区导入政策倾斜，如用价格、投资、财税等政策杠杆进行一些边际的调整。有关倾斜政策要透明，政府的投资基金要有保证，而且要科学地进行分配。

4. 加快制度创新

从赶超发达地区的角度来看，欠发达地区在制度创新方面必须迈出更大的步伐。我国近些年经济改革的实践证明，大力促进市场经济的发展，对于一切社会生活关系的更新既具有必要性，也提供了可能性；围绕市场经济发展全面变革社会政治经济关系和文化价值观念，是全面实现制度创新的唯一途径。一切有利于市场经济发展的合理的社会政治经济关系和文化价值观念应予以积极推行；反之，则应予以抛弃。

5. 抓好市场法规的建设与完善工作

提高市场运行质量，规范市场行为。市场法规建设包括两个方面：一是通过立法手段，制定一系列互相配套的有关市场交易的法律和法规，尽快建立一套反对垄断和地区封锁、保护商品平等竞争、自由流通的法规；二是认真执法，多方监督。

6. 加大对外开放力度

当今世界是开放的世界。欠发达地区要想摆脱贫穷落后，要想加快开发，就必须实行全方位的对外开放，大力发展对外贸易，扩展市场空间，尽可能多地利用外资，积极引进先进技术，引进现代企业经营机制。

全面开放是指，欠发达地区要充分发挥其能源、原材料资源丰富又宜综合开发的优势，已有规模较大、体系相对完整的工业优势，多省区与外国接壤的优势，有组织、有计划、有步骤地加大对外开放的力度，进一步参与国际交换和国际竞争，逐步发展外向型经济，扩大出口贸易，积极有效地利用外资加强资源开发，引进先进技术加速企业技术改造，开展多种形式的互利合作，大力发展边境贸易。

总之，欠发达地区开发战略的基本模式是：以制度创新为先导，重点开发，适度倾斜，整体协调。以非平衡发展为主，在突出重点产业、重点地区的同时，注意产业间、地区间的关联与协调，实现资源的有效配置，形成以优势产业部门和重点开发地区为主体的有机、开放的产业关联系统或地区经济网络，从而提高西部地区的总体经济实力，进而达到欠发达地区与发达地区经济发展水平差距的逐步缩小，居民实际收入与福利的普遍增加，社会效益与生态效益在经济进步的带动下同步提高的目的。

第四节 案例分析

一 案例背景

某自治州位于青藏高原东南部,四川省西部,是全国最早成立的少数民族自治州和祖国内地通往西藏的走廊,也是世界屋脊"气候调节器"的重要组成部分和长江上游四川生态屏障的重要防线,在全国、全省都占有十分重要的生态地位。该州有丰富的森林资源、草地植物资源、名贵中草药资源、野生食用菌资源和动物资源,有金属矿、锂辉矿等多种矿产资源,还有非常奇特的自然风光、民族风情以及藏文化遗产和宗教融为一体的丰富的旅游资源。本规划主要研究该州移民易地创业致富工程建设,是典型的经济欠发达地区通过特色生态保护政策,实现创业致富的政策规划。

二 实施生态移民及易地创业致富工程的重大意义

该州是川西北牧区和川西林区的重要组成部分,同时又是长江上游绿色屏障的重要防线。"生态移民及易地创业致富工程"作为天然林资源保护工程和退耕还林还草工程的配套工程对该州以及全国生态环境的保护和建设都具有非常重要的作用,是经过长期酝酿的一项功在当代、利在千秋的战略性工程。

该州"生态移民及易地创业致富工程"的实施,将对整个藏区的经济发展和政治稳定起到带动和示范作用,也将使该州农村经济得到较快的发展。

实施"生态移民及易地创业致富工程",可以加强该州的生态环境建设,减少水土流失,降低江河泥沙含量,对于保障长江中下游安全具有至关重要的作用,其生态环境变化对全国也有着重要的影响。

由于该州的面积和所处位置,其生态环境建设具有重要的典型意义和示范效应。通过生态移民及易地创业致富工程建设,逐步改善居住在生存环境恶劣、破坏生态平衡、消耗生态资源的地区贫困农牧民的生存环境,使该州从根本上摆脱贫困与生态环境退化的双重压力和恶性循环,步入经济社会发展与生态环境协调的良性循环。

实施"生态移民及易地创业致富工程"对提高广大农牧民收入,改善他们的生存生活条件具有重大意义。该州作为一个典型的半农半牧业州,集老、少、边、穷于一身,国家实施扶贫攻坚计划以来,扶贫工作取得了一定的成效,但由于历史、自然、地理、经济基础等各种因素的影响,返贫因素多。实施生态移民及易地创业致富工程,既有利于合理保护生态环境,又有利于解决这部分区域内贫困农牧民的生产生活问题。

另外,实施生态移民及易地创业致富工程,对于提高革命老区的社会经济发展水平、体现政府对老区人民的关怀具有重大意义。

三 指导思想、基本方针和基本原则

(一) 经济发展现状与生态现状

改革开放二十多年来,该州的经济有所发展,但由于特殊的自然和历史原因,全州经济和社会发展严重滞后。2000年全州实现国内生产总值24.68亿元,仅占全省4010.25亿元的0.62%。其中:第一产业7.27亿元,第二产业6.98亿元,第三产业10.43亿元。地方财政收入0.85亿元。全州农牧民人均纯收入733元,比全省平均1915元低1182元。目前,全州仍没有摆脱自给自足的小农经济的经济形态,经济市场化程度很低。

该州生态环境质量的总体特点是:工业污染轻微、量少,仅限于有限区域,大气、水质基本保持一、二级标准,但自然生态环境恶化、退化,且呈加剧趋势。

近年来,国家加大了对该州生态环境建设的投入力度,全面启动实施了天然林保护、退耕还林还草工程以及国家生态环境综合治理项目,有力地推动了当地生态环境建设上了一个台阶。1998年启动实施了天然林保护工程,1999年实施了退耕还林还草工程。加强农牧业基础设施建设,强化与生态环境建设的结合,共同促进了该州的生态环境建设。几十年来,该州广泛开展植树造林、草场建设、农田水利建设、自然保护区建设,一定程度上改善了人民群众的生存环境,维护了全州生态环境的基本平衡。

该州在生态环境建设和保护方面虽然做了大量的工作,取得了一定的成绩,但由于多方面原因,其生态环境状况仍不容乐观。

1. 水土流失严重

该州水土流失面积已达6.1万平方公里,占到全州总面积的39.9%。

其中剧烈侵蚀面积24.28平方公里，占总水土流失面积的0.04%。年土壤侵蚀量是全省水土流失面积最大、最严重的地区。

2. 森林覆盖率下降

从1958年国家开发该州原始林区以来，全州累计生产木材2157万立方米，其中上调国家木材1000多万立方米。而全州实际消耗森林资源每年达480万~500万立方米，年森林生长量仅为290万立方米，林木蓄积量大幅下降，在交通便利地区，森林资源几近枯竭。以下属某县为例，解放初森林覆盖率为43%，现已降至12%。

3. 草地覆盖率降低

由于该州没有对草地资源进行很好的保护，以及草地生物灾害——鼠虫害、草害的流行与扩张，加之放牧过度，管理不善等原因，造成草原生态环境恶化、土壤沙化、水土流失、草地生产力急剧下降。近十年来，全州草地平均每亩产草量由218.2公斤，每8.36亩草地养一个羊单位下降到平均每亩产草量199.93公斤，每9.13亩草地才能养一个羊单位，局部地区产草量已下降50%以上。多年来，超载放牧与过度践踏，使草地贫瘠化、板结化严重，草地生态逆向演替。

全州草场沙化、荒漠化面积已占草地面积的23.3%，该州的草地覆盖率从1990年的61.72%下降到2000年的60.3%。

4. 自然灾害频繁

据1953年~1998年不完全统计，全州共发生各类自然灾害（主要为洪灾，还有雪灾、雹灾、泥石流等）654县次、3257乡次，累计受灾人口1063万人次；伤157975人，死亡2930人，农作物受灾面积1727万亩，损失粮食51104.4万公斤，死亡牲畜528.57万头（只、匹），直接经济损失54.5亿元，年均有81%的县、22.7%的乡受灾。

尤其是近十年来，自然灾害呈加剧趋势。仅1989年~1998年这十年间，全州因灾直接经济损失就达36.3亿元，大大超过全州十年期间财政收入的总和。1995年康定特大洪水，直接经济损失就达6亿元，占到当年全州GDP的三分之一。

该州贫困人口多、贫困面大。造成贫困的原因虽然非常复杂，但其中重要的一点是环境恶化和贫困的循环，步入了"环境破坏恶化——贫困——环境破坏恶化"的恶性循环怪圈。

（二）生态移民及易地创业致富工程的指导思想

高举邓小平理论伟大旗帜，以"三个代表"重要思想为指导，抓住国家实施西部大开发和大力推进西部生态环境建设的重大机遇，结合贯彻落实中央扶贫工作会议精神和四川省委、省政府关于继续打好扶贫攻坚仗的各项部署，将生态移民工程与退耕还林（草）以及广大农牧民的脱贫致富相结合，按照"政府引导、群众参与、政策协调、讲求实效"的指导方针，因地制宜，统筹规划，实事求是，分类指导，有组织、有计划、有步骤、积极稳妥地推进生态移民及易地创业致富工程，在今后9年内实现20万人易地扶贫搬迁规划的总体目标。

（三）生态移民及易地创业致富工程的基本方针

始终坚持开发式易地安置的方针。生态移民及易地创业致富工程必须紧紧与退耕还林（草）以及广大农牧民的脱贫致富相结合。作为扶贫工作和保护生态环境的重要组成部分，生态移民及易地创业致富工程承担着彻底改变那些基本丧失生存条件的山区人民群众生产、生活环境，重建家园的重要任务，因此必须紧紧围绕中央中央关于西部大开发的有关文件精神、《中国农村扶贫开发纲要（2001~2010）》和该州"十五"及2010年国民经济和社会发展的总体思路，做好生态移民及易地创业致富工程工作。

（四）生态移民及易地创业致富工程的基本原则

生态移民及易地创业致富工程是该州改善环境、摆脱贫困、实现跨越式发展的重要组成部分，因此必须牢牢与退耕还林（草）以及广大农牧民的脱贫致富相结合，在此背景下，还要贯彻以下原则。

1. 坚持统筹规划的原则

生态移民及易地创业致富工程是扶贫开发的一个重要组成部分，要围绕州政府扶贫开发及易地扶贫的总体要求，统筹考虑州国民经济和社会发展计划。

2. 实施可持续发展战略的原则

生态移民及易地创业致富工程是社会效益、生态效益和经济效益三者的统一，任何一个方面的缺失都会对该工程的作用和意义造成不良影响。因此要坚持易地搬迁与生态保护相结合，使贫困山区走上脱贫与生态环境良性循环的路子。

3. 坚持群众自愿、政府引导搬迁的原则

在生态移民及易地创业致富工程实施过程中，要注意处理好自愿搬迁与组织领导的关系，坚持避免搬迁过程中的无政府主义和违背农民意愿强行搬迁两种倾向。

4. 坚持以人为本的原则

在生态移民及易地创业致富工程实施过程中，要始终坚持以解决易地搬迁群众的温饱、增加农民的收入作为整个工作的出发点和落脚点，要与当地农村资源持续利用、产业结构调整、发展农副产品加工和第三产业的总体考虑相结合，以实现经济、社会和生态的可持续发展。

5. 坚持统筹考虑、政策配套的原则

生态移民及易地创业致富工程要与经济发展战略相协调，与改土、治水、通路、通电、通电话等"五大工程"、小城镇、小集市建设，社会治安综合治理等工作有机结合起来，统筹考虑各种因素，制定和完善配套政策。

6. 坚持国家扶持与自力更生相结合的原则

要在国家的扶持和帮助下，教育搬迁群众树立自力更生、艰苦奋斗、主动创业的精神，克服"等、靠、要"的依赖思想，引导他们通过自己的辛勤劳动来改变贫穷落后的面貌。

7. 坚持政府主导、全社会共同参与的原则

在市场经济条件下，政府的作用不应忽视。在生态移民及易地创业致富工程的实施过程中，政府可以动员组织各单位、各部门等各种力量，共同参与搞好这项工作。

8. 坚持因地制宜、讲求实效的原则

根据该州实际，确定合理的搬迁安置形式和安置方案，确保被安置群众能够"搬得出、稳得住、能致富"。

四 主要目标、建设方案与实施计划

（一）总体目标

通过9年的时间，基本完成该州生态环境易地安居致富工程建设。全州共需易地安置农牧户3.65万户、约20万人，其间对全州约1万户、5万农牧民进行集中易地安居，约2.65万户、15万农牧民有计划地实施分散易地安居，向现代农业、生态药业、生态林业、生态能源、生态旅游业等产业

进军，逐步实现集约化、规模化生产。

到 2010 年，通过易地安居到水资源、土地资源、旅游资源、气候资源等配置相对好的地区，集中改善贫困人口基本的生产、生活条件，把治山、治水、治穷、治愚、治病结合起来，因地制宜，宜农则农，宜林则林，宜牧则牧，发展第三产业，使搬迁农牧户 3 年后基本解决温饱问题，用 9 年左右的时间基本接近小康水平，达到改善生存、生产条件，实现脱贫致富的目标。同时，随着该工程的逐步实施，全州的草地、湿地、林地的生态环境条件要逐步恢复，创造出一个自然环境优美、人民富足的新区。

（二）具体目标

（1）搬迁农牧民粮食基本实现自给，人均粮食 250 公斤；高产稳产田 50 万亩。

（2）建立人工牧草场面积 50 万亩以上，改良天然草场面积 100 万亩以上，建立围栏 100 万亩以上，建立现代人工牧草繁殖基地。

（3）饲养奶牛 20000 头，并在此基础上逐年增加，条件具备时则采用胚胎移植的方法加快奶牛繁殖的速度，使之成为该州向现代农业转变中发展最快的主导产业，建立优质高原奶牛基地。

（4）改良本地牦牛品种 10 万头，牦牛的胴体重增加 10%、出栏率增加 20%。

（5）在人工牧草、人工饲养奶牛（包括部分牦牛）的基础上，发展食品加工业，实现真正的现代农业，并建立现代农业示范基地。

（6）完成"三配套"工程，使搬迁的农牧民 100% 定居，建立由乡、村共同管理教育的体制，使搬迁农牧民子女小学入学普及和巩固率达到迁出区同期的平均水平，基本实现"普九"教育。

（7）建立水果、干果、菌类、蔬菜等商品基地，形成在全国有一定声誉的名牌产品。

（8）建成全国有名的中药材基地、藏医药生产基地，形成新的支柱产业。

（9）易地安置区内的乡镇、村，简易公路通达率达到 100%，所有乡村全部通电。

（10）提高耕地的现代化水平，耕地灌排设施配套。

（11）人畜饮水问题全部解决，并解决所有农户生活所需能源。

（12）结合西部大开发、天然林保护工程和退耕还林还草项目，建成四川、长江流域上游生态林基地，实现自然生态的良性循环，建立可持续的林业产业体系。

（13）开发浓郁的藏族特色和优美的自然风景相结合的旅游文化产业，使一部分农牧民靠旅游致富。

（三）实施计划

生态移民及易地创业致富工程的实施必须分步进行，在整个实施过程中应有一个通盘的考虑。要把退耕还林（草）工程与广大农牧民的脱贫致富相结合贯穿整个生态移民及易地创业致富工程。在此背景下，进行移民住宅、基本农田及口粮地、基础设施、社会事业等工程的建设。在产业的选择和发展上，以发展现代农业为突破口，首先进行人工牧草品种的栽培试验及推广，选择适合该州生长的奶牛品种，进行牦牛品种改良，着重发展以奶牛和牦牛为主的畜牧业，适当发展具有地方特色的种植业和畜牧业，同时，严格落实天然林保护工程的配套项目规划。在畜牧业发展的基础上，大力发展食品加工业和旅游文化产业，相应发展第三产业，使农牧民真正致富。

整个工程项目的实施是一项异常复杂而庞大的社会系统工程，必须统筹规划、突出重点、分步实施。可以先在生态移民基础比较好的康定县、道孚县、该州县、理塘县、得荣县等五县选择条件较好的若干地点，进行生态易地致富综合开发区基地建设，在此基础上，在五县全面进行生态移民的试点示范工作，经过实验，从中得出经验和教训，修改计划，而后在全州大规模的开展生态移民及易地创业致富工程。

在实施过程中，要根据生态移民及易地创业致富工程具体执行情况，决定每次移民的具体人数和最后20万人全部完成的具体时间。不能过于追求速度和规模，关键是保证质量，做到移一户，成功一户，能移稳得住。

五 总体构想、重点项目布局与资金筹措

（一）总体构想

1. 新建住房

为了使移民在新的居住地能够安居乐业，政府应统筹规划建立大批的住房，并配合小城镇、小集市建设，为该州今后的经济发展打下坚实的基

础。全州预计搬迁安置约 20 万人、3.65 万户，生活用房（含晒坝、牲畜棚圈等）总建筑面积为 642.22 万平方米。

2. 建设基本农田

在移民易地安置区内，充分利用该州丰富的草地资源和耕地资源，大力进行基本农田建设，使当地的农业朝着现代农业的方向发展。基本农田建设以青稞生产为主要内容，合理布局豆薯类、蔬菜、林果、油菜、药材等经济作物，新开垦耕地 34.3 万亩。开展优质牧草基地建设，与优质牦牛繁育基地相配套，建设人工草地 80 万亩，围栏草地 153.26 万亩。

3. 进行社会事业建设

该州长期以来发展比较落后的原因之一，就是由于当地社会事业的建设比较落后。因此该州要针对这一问题，大力进行社会事业基础设施建设，以提高当地居民的文化教育水平和生活质量，为未来的经济社会发展打下坚实的基础。全州新改建学校 137 所，新改建卫生所、卫生院 127 所。

4. 基础设施建设

该州经济落后的另一个原因就是基础设施建设落后，这也严重影响了地区经济的发展。移民易地安置区一定要吸取这个教训，积极完善基础设施，以推动该州经济快速发展。结合全州通乡公路建设、农村电网建设与改造工程、小集镇建设，修建机耕道 2415 公里，人行道 2228 公里，建设与改造输电线路 2073 公里，修筑水渠 1835.4 公里、水塘 1179 口、引水管道 1585 公里。

（二）集中易地安置与基本思路

1. 北部两江流域

北部两江流域生态移民开发区位于该州境内西北部，北隔巴颜喀拉山与青海省为邻，西隔金沙江与西藏自治区相望，是全州面积最大的一个集中易地安置开发区。本开发区包括该州的石渠、色达、炉霍、道孚、新龙、德格、白玉八县，总面积 83214 平方公里，占全州总面积的 54.6%，总人口 382001 人，占全州总人口的 44%。

本易地安置开发区的基本思路是：以青稞生产基地建设和天然草场改良建设为依托产业，在种植业中大力发展以青稞为主的粮食生产，抓好青稞商品粮基地建设，逐步提高粮食自给水平，保障牧民基本生活需求；坚持立草为业、草业先行，在按计划全面完成人、草、畜三配套的基础上，进一步完善草场承包责任制，加大草场建设、饲草饲料基地建设、防寒保暖设施建设、草地围栏等建设的力度，为畜牧业产业化奠定坚实的基础；逐步改变粗放的传统畜牧业生产方式，优化畜群结构，提高良种化程度和繁殖成活率，引导牧民转变观念，增强市场意识和竞争意识，提高牲畜出栏率和商品率。同时，在全面实施天然林资源保护工程和退耕还林还草工程的基础上，扩大营造林面积，提高森林覆盖率，努力恢复和重建生态环境，使生态系统逐步进入良性循环。

2. 南部两江流域

南部两江流域易地安置开发区位于该州境内西南部，西隔金沙江与西藏相望，南与云南为邻，本区包括雅江、理塘、巴塘、乡城、稻城、得荣六县，总面积44342平方公里，占全州总面积的29.05%，总人口205946人，占全州总人口的23.26%。人口密度为4.64人/平方公里，本区6个县中，有4个是国家或省级贫困县。

本区开发的基本思路是：以现代人工牧草、林果业、旅游业、农业综合开发为依托产业，找准着力点，打好基础，培育经济支柱，促进易地安置区在未来10年内有较快发展，农牧区群众在彻底脱贫的基础上逐步富裕起来。

（三）投资估算和资金筹措

1. 投资估算

生态移民及易地创业致富工程是一项规模较大的系统工程，建设内容多，项目分布广，投资规模大，项目协作配套关系复杂。因此，在项目投资的规划和管理上，应坚持突出重点、量力而行、稳步推进、合理安排的原则。据初步估算，完成全州20万人的易地致富工程，共需投资26.36亿元。其中：住宅工程投资11.56亿元，基本农田建设投资2.5亿元，优质牧草基地建设投资7.1亿元，基础设施建设投资4亿元，社会事业（文教、卫生、广电）设施建设投资1.2亿元。户均投资7.22万元，人均投资1.32万元。各部分的分项投资初步估算如下：

（1）安居工程（即移民住宅工程）投资。全州预计共需搬迁安置人口约20万，计3.65万户，生活用房（含晒坝、牲畜棚圈）总建筑面积642.22万平方米，户均176平方米，人均33平方米，初步估算需要总投资11.56亿元，户均投资3.17万元，人均投资5780元。

（2）基本农田及口粮地建设投资。初步估算，通过基本农田建设，主要是青稞生产农田的建设，同时因地制宜地合理开垦一些豆薯类、蔬菜、林果、油菜、药材等经济作物种植用地，到项目期末，将达到高产稳产基本口粮地50万亩，其中新开垦耕地34.3万亩，人均1.72亩，户均9.40亩。该项工程建设预计需要总投资2.5亿元，户均投资0.68万元，人均投资1250元。计划建设人工草地面积80万亩，人均4亩，户均21.92亩；围栏草地面积153.26万亩，户均42亩。这项工程建设预计需要总投资7.10亿元，户均投资1.95万元，人均投资3550元。

（3）新建和改扩建学校以及卫生所投资。新建、改扩建学校137所，并给予寄宿制学生补助；新建、改扩建卫生院、卫生所127所，配备必要的医疗设备；建设广播电视配套设施等，解决农牧民的求学、就医、娱乐等问题。这些建设项目预计需要总投资1.2亿元，户均投资0.33万元，人均投资600元。

（4）基础设施建设投资。结合全州通乡公路建设、农村电网建设与改造工程、小集镇建设，修建机耕道2415公里、人行道2228公里，建设与改造输电线路2073公里，修筑水渠1835.4公里、水塘1179口、人口饮水管道1585公里，满足200人以上的村、1000人以上的乡（镇）的群众对电力、交通、通信等基础设施的需求。这些投资建设项目预计需要总投资4亿元，户均投资1.1万元，人均投资2000元。

（5）社会事业建设投资。

2. 资金筹措

在考虑本工程项目的资金筹措方案时，要结合该州农村居民收入水平较低、储蓄水平较低、自我投资资金来源缺乏、域外资金利用有限、扶贫资金总量少且供给渠道分散、难以形成合力以综合发挥效益、项目配套资金的落实较为困难等的实际情况，多渠道筹集资金。基本思路是，对于产业开发性投资项目，应尽量采取市场化的融资方式；对于扶贫性质和纯生态环境建设的投资项目，应尽量争取获得国家的支持。

（1）充分利用财政扶贫的优惠政策。要根据中央扶贫开发工作会议提出的扶贫攻坚的基本目标和主要任务，落实党的农村政策，总结扶贫开发的成功经验，以解决温饱为中心，以贫困村为主战场，以贫困户为对象，以改善基本生产生活条件和发展种养业为重点，增加扶贫投入，加大财政扶贫工作力度。同时，要按照扶贫攻坚总体战略的部署，对各类财政扶贫资金做到统筹协调，重点突出，充分发挥县、乡财政的作用，与各级扶贫开发部门密切配合，认真做好到村到户的项目规划。

（2）多渠道、多层次筹集扶贫资金，加大扶贫攻坚的投入力度。贯彻落实中央加大扶贫投入力度的要求，坚持以财政投入为导向，银行及贫困地区集体和贫困户为主体，企业及社会各类资金为补充的多元化投入机制，多渠道、多层次筹集资金，努力增加对扶贫开发的投入。一是要按照有关规定积极落实配套资金，根据财力情况在预算安排中尽量增加用于扶贫的资金；二是要切实加强财政扶贫有偿资金的清理回收。收回的财政扶贫有偿资金，要按照财政部的有关规定，继续用于扶贫开发；三是要充分发挥财政扶贫资金的导向作用，引导社会各方面增加对扶贫开发的投入，要从财政政策上鼓励以各种有效的方式进行扶贫开发。

移民扶贫建设资金的主要渠道：一是国家新增财政扶贫资金；二是国家以工代赈资金；三是支援不发达地区发展资金；四是省、州财政配套安排的扶贫资金；五是信贷扶贫资金；六是农、林、牧、水、交通、教育、卫生、科技、广播电视等职能部门安排的项目资金；七是社会捐赠资金；八是移民户自筹资金。州政府一定要对这八项资金进行仔细估算、规划、安排，以使其最大限度发挥作用。

（3）工程项目资金来源的初步方案。整个工程需要投资26.36亿元，其中拟申请发行西部特种债券10.45亿元，以工代赈资金5.96亿元，扶贫专项资金2.56亿元，地方提供优惠政策折资2.64亿元，自筹资金4.75亿元。各项工程的具体资金来源初步方案如下：

移民住宅工程投资的资金来源。移民住宅工程需要总投资11.56亿元，初步融资方案是，拟申请发行西部特种债券占70%，农牧民投工投劳折资占20%，地方提供优惠政策折资占10%。

基本农田及口粮地建设资金来源。基本农田及口粮地建设需要资金2.5亿元。其中拟申请国家以工代赈资金占50%，中央和省财政预算内专项补助资金占20%，农牧民投工投劳折资占20%，地方提供优惠政策折资占10%。种草养畜基地建设需要资金7.1亿元，拟申请国家以工代赈资金占50%，中央和省财政预算内专项补助资金占20%，农牧民投工投劳折资占20%，地方提供优惠政策折资占10%。

基础设施建设的资金来源。基础设施建设需要投资 4 亿元,其中拟申请发行国家西部债券占 50%,以工代赈资金占 20%,中央和省财政预算内专项补助资金占 10%,农牧民投工投劳折资占 10%,地力提供优惠政策折资占 10%。

社会事业建设的资金来源。社会事业建设共需要资金 1.2 亿元,其中拟申请发行国家西部债券占 40%,中央和省财政预算内专项补助资金占 40%,农牧民投工投劳折资占 10%,地方提供优惠政策折资占 10%。

六　配套政策和保障措施

(一)　配套政策

1. 土地政策

在易地开发过程中,凡纳入生态移民与易地创业致富工程的土地,当地乡(镇)人民政府必须服从州里的安排,并做好群众工作,保证生态移民与易地创业致富工程工作顺利进行。国有土地由州人民政府授权主管部门无偿划拨给迁入的集体和农民;集体土地,按土地分类和实际可利用面积,给予一次性补偿后,划拨给迁入集体和农户使用。

迁移农户到安置区后,人均确保 1 亩田(地)、2 亩经济作物地,户均划定一亩经济林果地、0.3 亩宅基地,人均 1.1 亩自留地;土地使用采取农户承包形式,承包期不低于 30 年,迁移农户原有的承包土地、自留地、宅基地等办理户籍手续后交回原所在地集体。

2. 山林政策

迁移农户的原承包山、自留山,迁移后收归国有,由林业部门办理林权变更手续,到安置区后,另行划拨人均 5 亩国有山林作为集体承包山。

3. 户籍政策

(1) 鼓励已从事非农业生产活动的农牧民在小城镇定居,取得城镇居民户口,享受城镇居民在生活、就业、子女入学、入托方面的待遇;在统一规划的前提下,政府无偿提供自建房所需要的土地,并完成居住区的基础设施配套工程;已经取得城镇户籍的农牧民应放弃原来承包经营的耕地、草场、林场等,以退耕还林还草的方式或由其他的农牧户经营,减缓地区的生态压力。

(2) 迁入新开发居民点的农牧民,在就学、入托等方面享有与居民点居民平等的权利；根据资源条件及可能性，政府应尽可能地在居民点附近开发规模化的土地，为居民提供一定数量的基本耕地、草地，鼓励农牧民进行集约化经营。

（3）搬迁到其他村镇（老居民点）的移民，通过项目工作机构或行政部门协调或补偿，移民将无偿获得建房所需的宅基地，获得与当地居民相同份额的承包耕地、草场或林场等；移民享受与当地居民平等的权利。

（4）不论何种形式的迁移与居民点规划建设，移民的迁移必须是自愿的，原住地居民接收移民也必须是自愿的。

（5）其他有关搬迁与建房的补助将通过实施细则作具体的规定。

4. 对口支援政策

积极鼓励国内发达地区对口支援该州，鼓励国内各行各业支持帮助该州实施生态环境易地安居致富工程。

（1）投资。积极鼓励州内外、省内外、国内外的友好人士参与、投资该州生态环境易地安居致富工程建设，支持将外地的技术和管理优势与该州的资源优势结合起来，优势互补，开发有高原特色的农牧业、中药藏药业和旅游业等有潜力的行业，实现双赢。投资企业享受该州出台的各项优惠政策。

（2）捐助。接受各种形式的捐助，尤其在教育、卫生等社会公共事业和基础设施等方面，欢迎单位、个人进行捐助。受捐助单位的名称可以有灵活的命名。

（3）志愿者。鼓励各类志愿者到该州工作，他们不仅能带来外界的新信息、先进的技术和管理经验，而且可以把康巴地区的风土人情告诉给外界的朋友。志愿者可从事教育、卫生、农林牧、旅游等技术与管理行业的工作。

（4）挂职培训。该州愿意派遣各级地方干部、技术人员、管理人员及其他有关人员到对方单位挂职工作，在实践中接受培训，以提高派遣人员的实际水平，回来为该州的经济社会发展服务。

（二）保障措施

1. 加强领导，明确职责

实施生态移民及易地创业致富工程投资高、涉及面广、任务重、工作难度大、时间紧迫、政策性强，因此必须加强政府组织领导，明确职责，精心组织，精心实施。生态移民及易地创业致富工程的方针、政策和重大问题，由州委、州人民政府制定和处理。州政府可以成立专门的协调领导小组，负责易地开发项目的组织、管理、实施、协调和处理日常事务。

有接收安置任务的乡（镇）要从全局利益出发，自觉服从州委、州人民政府的统一部署，把生态移民及易地创业致富工程列入重要工作日程，成立相应的机构，指定分管领导，明确工作职责，协调搞好易地开发扶贫工作。

2. 健全机构，保障服务效率

健全生态移民及易地创业致富工程领导机构，做到组织领导、政策措施、任务目标、资金、服务"五个到位"。

各级有关部门，各企事业单位，要积极行动起来，从贫困地区人民群众的利益出发，把生态移民及易地创业致富工程纳入重要议事日程和职责范围，提出明确措施，作出具体部署，并对这项工作给予优先审批项目，优先安排资金，特事特办，急事急办，切实落实涉及本部门、本单位的相关事项。

切实落实生态移民及易地创业致富工程责任制，州、乡、村层层抓落实，签订责任书，并将此作为考核干部政绩的重要指标。

3. 做好项目实施规划，严格科学管理

科学地、实事求是地制定各子项目的实施规划。子项目实施规划一定要具有可操作性和针对性。

严格按项目批准计划实施，不得随意更改。严格执行招投标制、项目法人制和项目定期审计制。在资金管理上实行专户储存、专户管理、专款专用，逐步推进报账制，按工程进度拨款。

4. 分步实施，注重实效，逐步推开

整个工程项目是分阶段、分地区逐步实施的。在全面实施以前，工程项目区所属地应总结现在已经比较成功的人口迁移经验，确定有关地区的若干个条件相对成熟的地方进行探索性试点，摸索经验，逐步制定具有可操作性的比较完善的政策。

参 考 文 献

[1]〔美〕埃德加·M. 胡佛：《区域经济学导论》，商务印书馆，1990。
[2]〔英〕P. 霍尔：《城市和区域规划》，中国建筑工业出版社，1985。
[3] 覃成林：《区域经济空间组织原理》，湖北教育出版社，1996。
[4] 刘小鹏：《区域经济分析与规划研究》，宁夏人民出版社，2005。
[5] 王毓基：《区域规划系统工程》，湖南大学出版社，2006。
[6] 裴杭：《城镇规划原理与设计》，中国建筑工业出版社，1992。
[7] 裴中金、王勇：《小城镇发展规划》，东南大学出版社，2001。
[8] 金红英：《小城镇规划建设管理》，东南大学出版社，2001。
[9] 曾庆凯：《浅谈现代中国的城市规划要求》，《科技信息》2006年第1期。
[10] 刘天齐：《区域环境规划方法指南》，化学工业出版社，2001。
[11] 金笙、刘冰、刘鑫：《区域环境影响评价及其方法论》，《辽宁大学学报》2007年第3期。
[12] 傅朗：《区域环境与经济协调发展的评价研究——以广东省为例》，《中国期刊网全国优秀硕博士论文》2003年第7期。
[13] 周汉鹏：《浅析广州港口发展的制约因素》，《水路运输文摘》2003年第1期。
[14] 吴颖高：《港口资源的优化配置》，《中国港口》2004年第2期。
[15] 郭文彬：《中国主要沿海港口城市经济水平空间差异与发展建议》，《海洋开发与管理》，2007。
[16] 彭震伟：《区域研究与区域规划》，同济大学出版社，2005。
[17] 朱祖石：《港口开发与港口城市规划》，《海洋与海岸带开发》1992年

第 1 期。
- [18] 刘云刚:《中国资源型城市的发展机制及其调控对策研究》,《中国期刊网全国优秀硕博士论文》2002 年第 7 期。
- [19] 徐婷:《科学发展观视角下资源型城市转型研究》,《硕士论文》,2006。
- [20] 刘玉宝:《资源型城市产业转型的国际经验及其对我国的启示》,《世界地理研究》2005 年第 4 期。
- [21] 李忠红:《谈资源型城市规划的几个问题》,《山西建筑》2008 年第 4 期。
- [22] 刘世丽:《资源型城市可持续发展中必须关注的几个因素》,《工业技术经济》2001 年第 2 期。
- [23] 郑恩才、张涛川:《资源型城市可持续发展的城市规划建设构想》,《北方论丛》2001 年第 5 期。
- [24] 张沛:《区域规划概论》,化学工业出版社,2006。
- [25] 武廷海:《中国近现代区域规划》,清华大学出版社,2006。
- [26] 周广生、渠丽萍:《农村区域规划与设计》,中国农业出版社,2006。

后　记

　　市场经济条件下，政府与市场的关系已经发生了根本的变化，政府不可能再运用计划经济手段直接控制经济和区域发展。制定符合市场经济原则的区域发展规划，指导各地经济和区域发展方向，明确区域发展重点，确定政府扶持、引导社会资本投资方向，已经成为各地各级政府宏观调节经济的主要手段。建立符合市场经济要求的现代产业规划理论体系，总结各地各主要行业产业规划实践已有的经验和教训，具有非常重要的意义。

　　由于我国正处于向社会主义市场经济转轨时期，区域规划体系编制、执行和分析手段还不够完善，经验也不够丰富，因此，本书在研究我国区域规划理论和方法的同时，采用了较多的案例分析，也借鉴了发达国家的一些区域发展理论、区域规划理论。

　　本书主要是为了适应市场经济发展的要求，为使各地各级政府机构及相关管理部门工作人员与经济学、管理学和社会学各专业师生掌握与运用必要的现代区域规划理论和方法而编写的。

　　本书写作分工如下：鲁静负责第一章、第六章、第七章；郭志海负责第二章；任宪亮负责第三章；施继胜负责第四章；张晨瑜负责第五章；陈文晖负责第八章到第十二章。全书由陈文晖、鲁静总纂和定稿。

　　本书的编写我们借鉴了国内外众多作者的观点与思想，也借用了中国国际工程咨询公司大量的案例，在此表示特别感谢。

　　由于我们水平有限，对现代区域规划理论与方法的研究尚不够系统与全面，书中定有疏漏与错误，望读者不吝赐教。

作　者

2010 年 3 月

社会科学文献出版社网站
www.ssap.com.cn

1. 查询最新图书　　2. 分类查询各学科图书
3. 查询新闻发布会、学术研讨会的相关消息
4. 注册会员，网上购书

　　本社网站是一个交流的平台，"读者俱乐部"、"书评书摘"、"论坛"、"在线咨询"等为广大读者、媒体、经销商、作者提供了最充分的交流空间。

　　"读者俱乐部"实行会员制管理，不同级别会员享受不同的购书优惠（最低7.5折），会员购书同时还享受积分赠送、购书免邮费等待遇。"读者俱乐部"将不定期从注册的会员或者反馈信息的读者中抽出一部分幸运读者，免费赠送我社出版的新书或者光盘数据库等产品。

　　"在线商城"的商品覆盖图书、软件、数据库、点卡等多种形式，为读者提供最权威、最全面的产品出版资讯。商城将不定期推出部分特惠产品。

咨询/邮购电话：010-59367028　　邮箱：duzhe@ssap.cn
网站支持（销售）联系电话：010-59367070　　QQ：168316188　　邮箱：service@ssap.cn
邮购地址：北京市西城区北三环中路甲29号院3号楼华龙大厦　社科文献出版社读者服务中心　邮编：100029
银行户名：社会科学文献出版社发行部　　开户银行：工商银行北京东四南支行　　账号：0200001009066109151

图书在版编目（CIP）数据

区域规划研究与案例分析/陈文晖，鲁静编著.—北京：
社会科学文献出版社，2010.7
ISBN 978－7－5097－1591－8

Ⅰ.①区… Ⅱ.①陈… ②鲁… Ⅲ.①区域规划－研究－
中国 Ⅳ.①TU982.2

中国版本图书馆 CIP 数据核字（2010）第 111108 号

区域规划研究与案例分析

编　　著 / 陈文晖　鲁　静
出 版 人 / 谢寿光
总 编 辑 / 邹东涛
出 版 者 / 社会科学文献出版社
地　　址 / 北京市西城区北三环中路甲 29 号院 3 号楼华龙大厦
邮政编码 / 100029
网　　址 / http：//www.ssap.com.cn
网站支持 / （010）59367077
责任部门 / 财经与管理图书事业部 （010）59367226
电子信箱 / caijingbu@ ssap.cn
项目负责人 / 周　丽
责任编辑 / 王玉山
责任校对 / 孙丽华
责任印制 / 董　然　蔡　静　米　扬
总 经 销 / 社会科学文献出版社发行部
（010）59367080　59367097
经　　销 / 各地书店
读者服务 / 读者服务中心（010）59367028
排　　版 / 北京步步赢图文制作中心
印　　刷 / 三河市尚艺印装有限公司
开　　本 / 787mm×1092mm　1/16
印　　张 / 20.5
字　　数 / 332 千字
版　　次 / 2010 年 7 月第 1 版
印　　次 / 2010 年 7 月第 1 次印刷
书　　号 / ISBN 978－7－5097－1591－8
定　　价 / 59.00 元

本书如有破损、缺页、装订错误，
请与本社读者服务中心联系更换

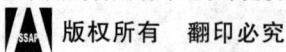

版权所有　翻印必究